朝倉物理学大系
荒船次郎|江沢 洋|中村孔一|米沢富美子=編集

13

量子力学特論

亀淵　迪
表　　實
［著］

朝倉書店

編集

荒船次郎
大学評価・学位授与機構教授

江沢　洋
学習院大学名誉教授

中村孔一
明治大学名誉教授

米沢富美子
慶應義塾大学名誉教授

序——量子力学特論

　本書は通常の量子力学教科書と同じく，主としていわゆる非相対論的量子力学を対象としている．「量子力学特論」と銘打っているが，ここでの「特」には，とくに次の二つの意味を持たせてある．すなわち，(1) 特別な主題のみを，(2) 特別な仕方で，論ずるということである．因みに，大学で通常行われている同一題目の講義でも，この (1) と (2) は講師・聴講者の双方で当然なことと了解されているようであり，ここでもそれが許されるものと期待したい．

　本書の内容は，Ⅰ 波動性と粒子性，Ⅱ 波動関数と演算子，Ⅲ 補遺の三部に大別される．ただし，「波動性と粒子性」あるいは一般に「物質の二重性」は，Ⅰのみならず，本書の全体を貫いて流れる通奏低音のようなものであり，量子力学の諸問題を，この主題に留意しつつ検討し直すこと，を目標としている．

　いま，習慣に従い「二重性」と言ったが，ディラックの変換理論の観点よりするならば，これはむしろ「物質の多重性」と呼ばれてしかるべきものである．波動性と粒子性は，いわば連続スペクトル中の両極端に対応する性質に過ぎないからである．因みに，これら二性質のみがとくに強調されるのは，両者がたまたま古典物理学の概念でもあったため，前期量子論の段階で重要な役割を演じた，という歴史的事情によるのであろう．

　さて，波動や粒子を論ずるわけであるが，この点に関して通常の教科書の採る方法には，いろいろ不満足な点がある——と筆者は日頃感じている．それらの原因は，突き詰めれば，量子力学への導入が，いまなお前期量子論的な観点よりなされ，ためにその展開が歴史的順序に従って行われている，という点に帰着する．言うまでもなく，歴史的発展は紆余曲折の途を辿るのが常であり，歴史的順序は必ずしも，完成した理論体系の論理的・構造的な順序とは一致しない．量子力学成立時以来，すでに七十有余年も経過したのであるから，その

記述にあたっては，徒に故事来歴にまで遡ることは止め，完成された理論の立場から，それに固有の自然な順序に従って事を成すべきではなかろうか．本書はその方向での，一つの予備的な試みである．

先に波動・粒子の通常の記述に不満があると述べたが，具体的には，差し詰め，次の二点について検討し改善を試みたい．先ず波動について．多くの教科書はその第1ページにおいて，波動量 ψ を登場させる．問題はその物理的意味付け，あるいは解釈であるが，ここで，これら著者たちは電子の波動性を示す実験事実を引用し，それを波動 ψ の根拠とする．しかし，おそらく初心者は，これにより，ψ を古典物理学における電磁場の如き「実在波」として理解するのではなかろうか．そして，著者自身も，この段階では，こうした実在波的解釈をあながち否定はしないか，あるいは努めて態度を曖昧にしている，かのように見受けられる．

ところが，当該教科書第10ページに至るや，著者たちは急遽旗幟を鮮明にし，ψ に対してボルンの確率解釈を付与する．初心者にとって，これは恐らく予想だにしなかったコペルニクス的転回であり，彼らを徒に混乱させ困惑させることとなる．これに鑑み本書では，物理的な実在波—物質に対しては「物質波」—と数学的な「確率波」とを概念的に峻別する立場をとる．両者は多くの場合，同一の方程式—シュレーディンガー方程式—を満たすが，これは両者を同一視する理由には決してなり得ない．両者は全くの別物であるから，解釈の変更は当然不必要となる．

因みに，ここでいう確率とは，もちろん物理的実在をある状態に見出す確率のことである．しかしながら，通常の定式化は，対応する確率波，すなわちシュレーディンガーの確率振幅のみを問題とする．そこでは，従って，実在そのものの姿が，理論の背景に押しやられてしまっている．競馬に喩えるならば，競争馬やそのレースは見ず，ただ馬券の選択の仕方のみを論ずるようなものである．これに反し本書の方式では，最初に実在を表わす物質波があり，確率波はそれに対する数学的補助量として導出される．「物理学とは，本来，物理的実在そのものを探求すべきもの」とする古典的感覚の持主には，本書の如き考え方は，あるいは一種の安堵感を与えるかもしれない．

次に粒子について．量子力学で波動とか粒子とか言うときに，その定義を明

確にしている書はあまりない．そこではただ，「古典物理学で慣れ親しんできたそれぞれの描像でもって考えよ」との前提が暗暗裡になされているようである．しかしながら，量子力学が，古典力学を一つの特殊ケースとして包含する，より一般的な理論体系であるならば，すべての概念・定義などは，後者に依拠せず，前者の枠組の中で与えられるべきである．このことは，もちろん，波動や粒子の場合にも当てはまる．なお，この他についてもいろいろと問題があるが，それらについては本文に譲る．

　先に本書の議論は"(2)特別な仕方で"行うと述べたが，その一つに以下のことがある．通常の量子力学教程では，粒子の量子論から始め，場の量子論への移行はその後に行われる．しかしながら本書では，この順序をば逆転し，場の量子論から出発し，これより粒子の量子論を導出する．その理由は，「物質の原形態は場である」との物質観に基づく．さらに物質のみならず，物質間の力もまた場によるとする場一元論の立場である．そしてこの場を，先述の物質場と同定するわけである．元来，場は，古典的にみれば波動的存在であるが，その量子論的属性の一つとして粒子性が顕在化する．この場合，場の量子が，その場に固有な同種粒子に相当する．従って同種粒子の量子論は，場に対する一般的要請から，総て導出される．このようにして，波動性と粒子性との融合が，ここでは極めて自然な形で実現され，理解されることになる．われわれが，場の理論から出発するのは，このような事情からである．

　本書に見られる数学的表式の多くは，読者にとって既に馴染み深いものであろう．しかし筆者の意図は，先にも述べたように，それらを新しい順序に再配列し，でき得ればそこに新しい光をあてることにある．また，そこで述べられる見解には，筆者独自の，一面的で偏ったものが多いのでは，と恐れている．それ故読者諸賢には，本書をば批判的・非妥協的立場よりお読み頂くようお願い致したい．そして，筆者の見解がたとえ正当ではない場合にも，それが少なくとも反面教師的役割を果たすであろうことを，ひそかに期待している．

目　　　次

序——量子力学特論 ……………………………………………………… i

I 部　波動性と粒子性

1　場の一元論 …………………………………………………………… 2
　1.1　物質と力の担い手としての場 …………………………………… 2
　1.2　場の性質と役割 …………………………………………………… 4
　　1.2.1　古典場 ………………………………………………………… 4
　　1.2.2　量子場 ………………………………………………………… 7

2　場の方程式 …………………………………………………………… 11
　2.1　ガリレイ相対性 …………………………………………………… 11
　2.2　ガリレイ変換と5次元形式 ……………………………………… 13
　　2.2.1　第5座標の導入 ……………………………………………… 13
　　2.2.2　テンソルとスピノル ………………………………………… 15
　2.3　ガリレイ共変な場の方程式 ……………………………………… 20
　　2.3.1　クライン–ゴルドン型方程式 ………………………………… 21
　　2.3.2　ディラック型方程式 ………………………………………… 23
　　2.3.3　バーグマン–ウィグナー型方程式 …………………………… 25
　2.4　場の量による G_5 の表現 ……………………………………… 28

3　場の相互作用 ………………………………………………………… 31
　3.1　一般的性質 ………………………………………………………… 31
　　3.1.1　外力の導入 …………………………………………………… 31

    3.1.2 重力相互作用 …………………………………… 32
    3.1.3 質量の保存 ……………………………………… 34
  3.2 電磁相互作用 ………………………………………… 36
    3.2.1 ゲージ不変性 …………………………………… 36
    3.2.2 二，三の例 ……………………………………… 37
  3.3 非慣性系と慣性力 …………………………………… 39
    3.3.1 座標変換の一般化 ……………………………… 39
    3.3.2 一般座標系における場の方程式 (1) ………… 42
    3.3.3 一般座標系における場の方程式 (2) ………… 44
    3.3.4 等価原理 ………………………………………… 53

4 量子化 …………………………………………………… 56
  4.1 量子力学の基礎仮定 ………………………………… 56
  4.2 量子化に対する要請と手続き ……………………… 60
    4.2.1 ハイゼンベルクの運動方程式 ………………… 60
    4.2.2 量子化条件 ……………………………………… 62
  4.3 調和振動子の場合 …………………………………… 63
    4.3.1 ボーズ型振動子 ………………………………… 63
    4.3.2 ボーズ型演算子の群論的性質 ………………… 67
    4.3.3 フェルミ型振動子 ……………………………… 69
    4.3.4 フェルミ型演算子の群論的性質 ……………… 71
    4.3.5 交換子と反交換子 ……………………………… 72
  4.4 場の量子化 …………………………………………… 74
    4.4.1 場に対する量子化条件 ………………………… 74
    4.4.2 量子化のための三つの仮定 …………………… 75
    4.4.3 条件 (4.56) の帰結 ……………………………… 77
    4.4.4 場の交換関係 …………………………………… 79

5 量子場の性質 1 ………………………………………… 82
  5.1 理論の構成 …………………………………………… 82

	5.1.1 一般的注意 ……………………………………………… 82
	5.1.2 二重性と統計性 …………………………………………… 85
	5.1.3 物理量と局所性 …………………………………………… 87
	5.1.4 状態ベクトル ……………………………………………… 92

- 5.2 波動性と物質波 …………………………………………… 96
  - 5.2.1 コヒーレント状態 ……………………………………… 96
  - 5.2.2 物質波 …………………………………………………… 100
- 5.3 粒子性と確率波 …………………………………………… 103
  - 5.3.1 波動演算子と粒子演算子 ……………………………… 103
  - 5.3.2 シュレーディンガーの形式 …………………………… 104
- 5.4 3種の波動量 ……………………………………………… 110

6 量子場の性質 2 ……………………………………………… 112
- 6.1 シュレーディンガーの形式の拡張 ……………………… 112
  - 6.1.1 粒子数非保存の場合 …………………………………… 112
  - 6.1.2 異種粒子共存の場合 …………………………………… 115
- 6.2 クラスター性 ……………………………………………… 116
  - 6.2.1 全体系と部分系 ………………………………………… 116
  - 6.2.2 クラスター性の導出 …………………………………… 117
  - 6.2.3 クラスター性成立の意義 ……………………………… 122
- 6.3 干渉現象 …………………………………………………… 124
  - 6.3.1 ボーズ場の場合 ………………………………………… 124
  - 6.3.2 フェルミ場の場合 ……………………………………… 127

II 部　波動関数と演算子

7 時間依存性 …………………………………………………… 130
- 7.1 シュレーディンガー方程式の形式解 …………………… 130
  - 7.1.1 基礎公式 ………………………………………………… 130
  - 7.1.2 公式の適用例 …………………………………………… 133
  - 7.1.3 公式の一般化 …………………………………………… 136

目次

- 7.1.4 時間発展の演算子 …………………………………………… 139
- 7.2 時間的変化と対称性 ………………………………………………… 141
  - 7.2.1 シュレーディンガー方程式の不変性 ………………… 141
  - 7.2.2 演算子 $G(t)$ の性質 …………………………………… 143
  - 7.2.3 $G(t)$ の固有値と固有状態 …………………………… 144
  - 7.2.4 ハイゼンベルク表示との関係 ………………………… 145
- 7.3 演算子 $G(t), U(t,0)$ の実例 ……………………………………… 148
  - 7.3.1 保存量 $G(t)$ ……………………………………………… 148
  - 7.3.2 時間発展の演算子 $U(t,0)$ …………………………… 155
- 7.4 再帰状態とその位相 ………………………………………………… 157
  - 7.4.1 再帰状態 …………………………………………………… 157
  - 7.4.2 幾何学的位相とゲージ変換 …………………………… 160
  - 7.4.3 位相 ξ_n に対する二,三の例 ……………………… 164

8 作用変数・角変数・位相 …………………………………………… 167
- 8.1 古典論的考察 ………………………………………………………… 167
  - 8.1.1 断熱不変量と保存量 …………………………………… 167
  - 8.1.2 一般振動子の古典的取り扱い (1) …………………… 168
  - 8.1.3 一般振動子の古典的取り扱い (2) …………………… 172
  - 8.1.4 $A(t)$ と $f(t)$ の関係 ………………………………… 174
- 8.2 量子論的考察 ………………………………………………………… 176
  - 8.2.1 一般振動子の量子力学 ………………………………… 176
  - 8.2.2 一般振動子のコヒーレント状態 ……………………… 180
- 8.3 ハミルトン–ヤコビ表示 …………………………………………… 182
  - 8.3.1 新しい表示への移行 …………………………………… 182
  - 8.3.2 H–J 表示のハミルトニアン …………………………… 185
  - 8.3.3 変換 $T(t)$ の演算子による表現 …………………… 187
  - 8.3.4 状態の H–J 表示 ………………………………………… 188
- 8.4 具体的な例 …………………………………………………………… 192
  - 8.4.1 調和振動子 ………………………………………………… 192

8.4.2　減衰振動子 ··· 194
　　　8.4.3　単振子 ·· 195

III 部　補　遺

9　相対論的な場と粒子性 ·· 198
　9.1　スカラー場の場合 ·· 198
　　　9.1.1　基本関係式 ·· 198
　　　9.1.2　粒子演算子 ·· 200
　　　9.1.3　粒子状態と位置座標 ·· 203
　　　9.1.4　ニュートン–ウィグナーの局在状態 ····························· 206
　9.2　ディラック場の場合 ·· 209
　　　9.2.1　基本関係式 ·· 209
　　　9.2.2　粒子・反粒子状態 ·· 214
　　　9.2.3　フォルディ変換との関係 ······································ 217
　　　9.2.4　確率振幅 ·· 221
　9.3　共変性・局所性・因果性 ·· 225
　　　9.3.1　χ 場とローレンツ変換 ···································· 225
　　　9.3.2　状態の時間発展 ·· 228
　　　9.3.3　時空的記述 ·· 230
　　　9.3.4　二，三の付加事項 ·· 233

10　その他の関連問題 ··· 237
　10.1　5次元形式の場の理論 ·· 237
　　　10.1.1　5次元場の正準形式 ·· 237
　　　10.1.2　形成演算子 ··· 241
　10.2　ハミルトンの主関数とシュレーディンガーの波動関数 ················· 246
　　　10.2.1　ハミルトン–ヤコビ方程式との関係 ···························· 246
　　　10.2.2　二，三の具体例 ··· 247
　10.3　中性スカラー場の密度流 ··· 249
　10.4　関数 $G_\nu^{(\pm)}(\vec{x}, t)$ ································· 251

10.4.1　$t \neq 0$ のときの表式 ……………………………………251
　　10.4.2　$t = 0$ のときの表式 ……………………………………252

跋──量子力学小論 ……………………………………………255

索　　引 …………………………………………………………261

I 部

波動性と粒子性

1
場 の 一 元 論

1.1 物質と力の担い手としての場

「自然界の構造・変化・発展は，そこに存在する物質の諸性質に帰因する」「すべては法則性に支配される」——これが物理学の第一および第二の教義である．そしてさらに，「物質は'原子'より成る」とする'原子論'が，その第三であり，量子力学は，とりわけ，これに関わる．ここでの'原子'とは，もちろん物質を構成する基本的な粒子の謂であり，現代物理学においては，いわゆる'素粒子'が，これに相当する．言うまでもないが，この語の意味するところは，どの段階での理論を考えるかによって異なる．例えば，旧来の'原子物理学'では，それは電子，光子，陽子，…であり，'素粒子論'では，クォーク，レプトン，ゲージ粒子，ヒッグス粒子，…となる．

しかし，'素粒子'という言葉自体も，量子力学の立場からすると，あまりよいものではない．例えば電子の場合，デヴィッソン–ガーマー (C.J.Davisson-L.H.Germer) やトムソン (G.P.Thomson) の実験以来，波動としての性質をもつことが知られているからである．このため，一時期，物質の二重性を考慮して'wavicle'なる新造語が提案されたことがあったが，定着するには至らなかった．しかし，この語とて，変換理論の観点よりすれば，不満足なものである．先にも述べたように，電子の状態を示すのには，連続無限の可能性があり，粒子と波動は，それらの中の二つの特殊な場合に過ぎないからである．

他方，理論物理学者のド・ブロイ (L.de Broglie) やシュレーディンガー (E.Schrödinger) が，当初，波動力学 (wave mechanics) を提唱したとき，この波動は，'物理的空間'における実際の波動—実在波 (realistic wave) —であると考えた．ここで物理的空間とは，われわれが棲息し，実験物理学者が実験を行

う空間，いわゆる四次元時空を意味する．ところで，量子力学が現在採用している解釈によれば，シュレーディンガーの波動関数は，確率振幅を表わすのであり，配位空間と呼ばれる抽象的な空間 (n 個の電子の場合には，$3n$ 次元の空間) における波動—確率波 (probability wave) —であるとされる．物理的空間を実際に伝播し，実験物理学者の観測装置にかかる実在波または物質波 (matter wave) と，理論物理学者が理論的に構想した確率波とは，本来，概念的には別物であり，両者は峻別される必要がある．しかしながら，先にも述べたように，多くの教科書は概ね歴史的発展に沿って議論を展開するためか，同一の記号 ψ を用い，それに対する意味づけが，物質的なものから確率的なものに変化してきた，と説くようである．こうした方式は，しかしながら，理論構成や基礎概念の説明として，あまり好ましいものではない．

物質波と確率波の区別を明確にするために，以下では，「物質とは，本来，場である」との立場をとる．場 (field) とは，数学的には，時空の一点 $(\vec{x}, t)$ において，ある特定の値をもつ量であり，物理的には，物理的空間を波動として伝播するので，波動場 (wave field) とも呼ばれている．従って，この立場では，物質を先ず波動であると考えて出発する．場は，もちろん，古典力学によっても取り扱えるが，本書では量子力学によって論じる．いわゆる場の量子論 (quantum field theory) の立場であり，物質のもつ粒子性および粒子的諸性質は，この理論からの必然的な帰結となる．場から出来する，このような粒子のことを場の量子 (field quanta) と呼ぶ．例えば，電磁場の量子が光子であり，電子場の量子が電子に相当する．物質のもつ粒子性と波動性は，このようにして，まったく自然な形で融合されることとなる．

歴史的には，電磁場や重力場におけるように，場は物体間の相互作用—力—を伝達する機構として導入された．換言すれば，場は，本来，力の担い手であった．しかし場の量子論の立場よりするならば，場自体が粒子性をもつので，同時に，物質の担い手ともなる．この結果，力は粒子—場の量子—の交換から生じることになる．物質よりなる物体が力を及ぼし合う，とするのが古典物理学の構図であったが，ここでは物質と力が統一され，両者の対立は解消する．このようにして，「始めに場ありき」とも言うべき，場の一元論が成り立つことになる．

ところで，すべての物理的存在(エネルギーをも含めて)を支えるものが'原子'ではなくて'場'であるとすると，教義第三に言う「原子論」なる言葉も再解釈の必要に迫られる．すなわち，現代の原子論とは，「現象的なすべての場は，いくつかの基本的な場から構成される」とすべきであろう．要するに，原子論の本質を，その要素性に認めるわけである[*1]．

1.2 場の性質と役割

物理理論の概念装置としての場，とくにそれの果たす役割について概観してきたが，ここではさらに立ち入って，この概念が物理学の基本的パラダイム自体と密接に関わり，それを支える役割をも演じていることを指摘しておきたい．「場」慣れした現代のわれわれにとって，場はすでに日常的な存在となっているが，先駆者たちにとっては，アインシュタイン (A.Einstein) の言う如く，「大胆な空想力を必要とする概念であった」ことも，以下の考察から認められよう．

1.2.1 古 典 場

先ず，古典物理学の枠内での場，すなわち古典場 (classical field) より始めよう．議論を具体的にするために，電磁場を例にとって考える．この場合の電磁場は，もちろん，荷電(あるいは磁気能率などをもった)粒子間に働く電磁力を媒介する．

いま，荷電粒子1が時刻 t_1 において，例えば外力によって反挑効果を受け，電磁波(場)を放出したとしよう．この電磁波は光速 c でもって空間を伝播し，距離 r に位置する荷電粒子2に，時刻 t_2 において到達し，吸収される．その結果，粒子2は反挑効果を受けるが，ここで働く力が粒子1が粒子2に及ぼす遅延力 (retarded force)$(t_2 > t_1) F_r(1,2)$ である．この場合，時間領域 $t_1 < t < t_2$ において，電磁場は，空間のある点 $\vec{x}$ に，ある値 $\vec{E}(\vec{x},t), \vec{H}(\vec{x},t)$ をもって存在する，と考えるのが場の理論の立場である．

[*1] 19世紀末，'エネルギー論 (Energetik)' 対 '原子論 (Atomistik)' の論争が激しかったが，その文脈には '連続性' 対 '不連続性' の対立と言うことがあった．しかし，現代の '原子' である '場' は，本来連続的な存在であるから，件の対立は，現代的観点よりすれば，さして本質的なものではなかったことになる．

しかし，われわれは，このような場を観測によって直接確認しているわけではない．それを確認するためには，何らかの観測装置—例えば目—をそこにもってきて観測する必要があるが，この際，観測にかかるのは，網膜内の荷電粒子 3 に起こる反挑効果であり，これは粒子 1 の及ぼした遅延力 $F_r(1,3)$ の効果に他ならない．要するに観測によって直接確認しているのは，常に F_r であって，電磁場そのものではない．さらに，総ての点 x に対して，このような確認を一々行うわけでもない．有限個の点における確認結果が，総ての点においても同様であると類推するのである．この意味で電磁場 $\vec{E}(\vec{x},t), \vec{H}(\vec{x},t)$ は，F_r を記述するための補助変数であるとも言える．

荷電粒子 1 が 2 に及ぼす作用 $F_r(1,2)$ は，2 の立場からすれば，次のように解釈される．すなわち，2 が 1 に及ぼす反作用は，その効果が時間を遡って発現する先進力 (advanced force)$F_a(2,1)$ である，と．もし，作用・反作用の法則が普遍的妥当性をもつべきであり，従って何れが作用で何れが反作用かは，単に便宜上の問題に過ぎず，かつ，荷電粒子 1 と 2 が，本来，同等視すべき存在であるとするならば，F_a に対しても F_r と同等な理論的地位を与えなくてはならない．因みに，場の存在を前提とせず，遅延力 F_r と先進力 F_a のみに基づいて電磁現象を論じる立場を遠隔作用 (action at a distance) 論と呼んでいる[*2]．これに対して，場の理論は近接作用 (action through medium) 論であり，F_a に対応する先進解は捨てる，との付帯条件をおくことが前提とされる．特別な境界条件の下では，両種の理論が物理的に同等の結果を与えることが知られている[*3]．

このように場は，観測事実の膨大な外捜の上に成立する概念である (もっとも，物理学とは本来，このようなものであるが)．それにも拘わらず，例えば電磁場は，以下に示すように，物理理論の構成上，幾多の利点をもっている．このことは遠隔作用論との対比において，とくに明確となる．問題の本質は，光速 c が有限であり，電磁的効果が空間的に距離 r だけ隔たった点に作用を及ぼすには，時間 $\pm r/c$ を要するという点にある．

上述の例で，時間領域 $t_1 < t < t_2$ における系の状態について考えよう．時刻

[*2] 例えば J.A. Wheeler and R.P. Feynman : Rev. Mod. Phys. **17**(1945) 157, およびここに引用されている論文を参照されたい．
[*3] 宇宙創成時に電磁波が独自に存在していたとすると，もちろん，遠隔作用論は許されない．

t においては，粒子1に時刻 t_1 で起こった現象Cの結果は，いまだ粒子2に現れていない．しかし，場の理論においては，系の状態を記述する変数は，粒子の変数と場の変数 $\vec{E}, \vec{H}$ とから成っており，現象Cの効果は時刻 t においても，空間の適当な点における $\vec{E}(\vec{x}, t), \vec{H}(\vec{x}, t)$ として記録されている．場とは，この意味で，粒子に対して過去に起こった事柄を，現在の言葉に翻訳して記録するための装置であると言える．このため，任意の時刻における系の状態が，その時刻における系の変数のみによって，完全に規定されることになり，系の時間的記述は，力学におけると同様に，比較的に簡単になり，例えばハミルトン形式が可能となる．エネルギーや運動量などの保存則も，電磁場自体のエネルギーや運動量をも考慮に入れれば，成立する．これに反して，遠隔作用論の場合には，時間領域 $t_1 < t < t_2$ において，時刻 t での粒子変数のみを用いる限り，系のエネルギーや運動量の保存則を書き表わすことはできない．このため，時刻 t における系の状態を記述するのにも，t 以外の時刻における粒子変数の値をも考慮しなくてはならなくなる．運動の記述は，従って，t に関する微分や積分を含む複雑な形をとる．

　上記の事情は，さらに，因果関係の上にも反映される．場の理論においては，時刻 t_1 における原因Cに対する結果が，如何なる時刻 $t > t_1$ においても，空間の適当な場所に存在している．さらに，時刻 t における電磁場が原因となり，時刻 $t + \Delta t$ における結果を，その近傍に出現させる．つまり，時刻 t と $t + \Delta t$ に対しても，因果関係が成り立つことになる．この場合の因果関係を'無限小因果律'と呼ぶことにしよう．粒子1に対する時刻 t_1 における原因が，時刻 t_2 において粒子2の上に結果Eを及ぼすが，このいわば'有限因果律'は，無限小因果律の連鎖の結果として保証される．これに反し，遠隔作用論の立場をとるならば，原因Cの結果は，時間領域 $t_1 < t < t_2$ においては，空間のどこにも存在せず，時刻 t_2 において初めて出現する．要するに因果律は，場の理論の立場をとれば，任意の二時刻に対して成り立つのに対し，遠隔作用論の立場では，極めて間接的な形でしか云々できなくなる．ここでは F_r と F_a，すなわち過去と未来とが，以下に見るように多粒子間に錯綜するので，それらの総合効果としての因果律を導出するためには，迂遠な議論を必要とする．これを要するに場の概念の導入によって，物理学の基本的なパラダイムの一要素—因果律

一が，極めて素朴な形で保証されることになる．

遠隔作用論ではさらに，以下のような事態も派生する．荷電粒子1の $t=t_1$ における運動が，F_r を通して，距離 r にある荷電粒子2の運動を，時刻 $t=t_2$ ($=t_1+r/c$) において変化させる．この変化の影響は，さらに，F_a を通して，荷電粒子1の上に時刻 $t=t_1$ に跳ね返ってくる．この一連の現象は，r の大小によらずに起こる．従って，1の運動に着目するときにおいても，考察を1の近傍のみに限定することは許されず，任意の r，従って極めて遠方にある粒子の影響をも考慮しなくてはならない．これに反し場の理論においては，遅延解のみを採用する限り，考察を局所的領域 $r<R$ に限定することが可能となる．元来物理学は，考察の対象を限定することから出発するが，場の理論はまさにこれに適した構造をもっている．

このように，場は，物理学の通常のパラダイムに沿った—あるいはその成立にとって極めて本質的な—概念装置となっている．

1.2.2 量　子　場

前節で述べたように，場の示す粒子的側面を通常の素粒子としてみなそうということであるから，場それ自体をも量子論的に取り扱う必要がある．与えられた系の振舞いを古典力学によって記述するときの変数を，ある種の演算子と再解釈することによって，われわれは量子力学に移行する．この手続きのことを量子化 (quantization) と呼ぶ．量子力学は古典力学とは別個の理論体系であるから，別に古典力学から出発しなくてもよいのであるが，系に対して直観的なイメージを描くためには，古典力学における状況を念頭におくと便利なので，通常はこのようなアプローチをとっている．例えば，調和振動子とか水素原子とかいった系の特定あるいは定義は，古典的な対応物によってなされることが多い．いま，古典力学における場の量を $\psi(\vec{x},t)$, その複素共役な量を $\psi^*(\vec{x},t)$ と書いたとき，これらの量を演算子とみなすこと，すなわち，量子化することを，とくに'場の量子化' (field quantization) と呼んでいる．

世上，場の量子化のことを第二量子化 (second quantization) と呼ぶ習慣が，未だに根強く続いている．物理的空間に存在する場は—そして如何なる物理的対象も—一回だけ量子化すればよいのであり，二回，三回と繰り返す必要は毛

頭ない．上の言葉は，それ故，論理的にまったく無意味である．量子力学の歴史的な発展は，他の歴史におけると同様に紆余曲折の道を辿ったが，第二量子化なる語も，おそらくは，物質場の量子化を，シュレーディンガーの確率波—ここでは既に量子力学に移行している—の量子化と誤解した時代の遺物であろう．

　量子化された場，すなわち量子場 (quantum field) に対する理論が，場の量子論 (quantum field theory) である．この理論は，幾多の重要な帰結をもたらすが，その要点は以下のとおりである．先にも述べたように，一つの場—例えば電子場—を量子化することにより，場の量子すなわち電子と称する"粒子"が出現する．元来量子論のもつ特徴の一つに，物理量の多くが不連続的な (固有) 値をとる，ということがある．こうした物理量の中には，固有値が $0, 1, 2, \cdots$ となるようなものも含まれており，この値をある物の"個数"とみなし，そのある物を"粒子"と解釈するわけである．

　場の方程式を導くラグランジアンの中には，幾つかの定数が含まれているが，場の性質ならびにこれらの定数はそのまま，各粒子に受け継がれる．その結果，これらの粒子は，共通の質量，電荷，スピン，…をもつことになる．つまり，出現する粒子は，すべて同種粒子であることがわかる．このようにして，最初の場に対する理論が，出来する同種粒子の性質を悉く決定する．従って，例えば単一の電子場が存在するとの仮定から，自然界には限りない数の電子が存在し，それらはすべて同一の性質をもつこと，が結論される．

　昔，哲学者のライプニッツ (G.W.Leibniz) は，原子論に反対して，「自然界には，例えば，まったく同じ形をした木の葉は2枚とて存在しない．まったく同一の性質をもった原子が数限りなく存在すると仮定する原子論は，それ故，極めて不自然な考え方である」と主張したと伝えられている．場の量子論は，しかしながら，このライプニッツの反論に対して，最終的な回答を与える．すなわち，われわれは場の量子論に至って，初めて，原子論に対する理論的な基礎を得たことになる．

　場の量子化とは，場の演算子相互間に，—広い意味での—交換関係を適当に設定することにある．'適当に'と言ったのは，物理的な基本的条件に合致するように，との意である．それでもなお，場の量子化には無限の可能性があり，それらはボーズ型量子化 (Bose-like quantization) とフェルミ型量子化 (Fermi-like quantization) とに二大別される．そして，各々の型でもっとも簡単な場合が，ボーズ量子化 (Bose quantization) およびフェルミ量子化 (Fermi quantization) に対応する．

　同種粒子系のもつ最も重要な性質の一つに，統計性 (statistics) がある．与えられた一つの場をボーズ量子化した場合に出現する粒子は，ボーズ統計 (Bose statistics) に従い，フェルミ量子化した場合に出現する粒子はフェルミ統計 (Fermi statistics) に従う．ボーズ統計とは，一つの状態を占め得る同種粒子の個数に何らの制限もない場合である．これに反して，フェルミ統計とは，一つの状態を占め得る同種粒子の個数が 0 個か 1 個に限られる場合をいう．この統計性は同種粒子に固有な性質であって，ある特定の同種粒子は一方の統計性のみをもち，時間の経過とともに変わることはない．ボーズ統計に従う粒子をボゾン (boson)，フェルミ統計に従う粒子をフェルミオン (fermion) と呼んでいる．

　さらに，n 個の同種ボゾンよりなる系に対する状態あるいは波動関数は，n 粒子の変数の置換に関して完全対称であり，n 個のフェルミオンの場合には，それらは完全反対称となる．同種粒子に対するこれらの諸性質は，通常の取り扱いの場合のように新たな仮定として追加する必要はなく，すべて，対応する場理論から一意的に導出される．さらに，場理論が相対論的に不変であることを要請すると，いわゆるスピンと統計の定理 (spin-statistics theorem) が証明される．この定理の内容は，「整数スピンの粒子はボーズ統計に従い，半整数スピンの粒子はフェルミ統計に従う」ということであるが，非相対論的な理論では，このような制約は存在しない．

　以下においては，これらの事柄を場の量子論の立場より，具体的に検討する．ただし，本書では，通常の量子力学教程におけると同様に，主として議論を—アインシュタイン (A.Einstein) の意味での—'非相対論的' な場合に限ることとする．この場合にも，量子場のもつ本質的な性質のかなりの部分が含まれているからである．ただし，粒子状態の定義に関しては，相対論的な場合に著しい相違が現れるので，第 9 章では例外的に，相対論的な場が論じてある．

　非相対論的場の理論を具体的に展開するにあたり，本書では現代物理学のパラダイムに従い，対称性をその基礎におく．相対論的理論におけるローレンツ共変性 (Lorentz covariance) に対応する基本対称性は，非相対論的力学において

はガリレイ共変性 (Galilean covariance) である．従って本書では，ガリレイ共変な式を，場の方程式として採用する．このことは幾多の帰結をもたらし，質量の保存・慣性力・等価原理等が議論可能な問題となる．また，場の量子化に当たっては，通常の正準量子化よりも，さらに一般的な方法を採用する．波動や粒子を扱うのに，'波動演算子' や '粒子演算子' を用いるのも，本書の特徴の一つであろう．

2
場 の 方 程 式

アインシュタインの意味での非相対論的力学といえども，ガリレイの相対性原理(Galilean principle of relativity) を満たし，いわゆるガリレイ変換 (Galilei transformation) の下で不変となっている．同様なことは，対応する場の理論ついても真でなくてはならない．以下においては，自由場の方程式をガリレイ共変性に基づいて決定し，その性質を調べる．共変性はここでも強力な指導原理となる．

2.1 ガリレイ相対性

「物理法則はいかなる慣性系においても同一の形をもつ」．とくに，二つの慣性系SとS′が互いに等速運動をしており，それぞれに対応する座標$(\vec{x}, t) = (x, y, z, t)$ および $(\vec{x}', t') = (x', y', z', t')$ が，後出の変換 (2.1) によって結びつけられているとき，上記の要請を，ガリレイの相対性原理 (Galilean principle of relativity) と呼んでいる[*1]．現代的な言い方をすれば，この原理は，「物理法則は変換 (2.1) のもとで共変である」となる．ガリレイ (Galileo Galilei) の名が冠せられているのは，彼がこの原理について述べた最初の人だったからであろう．実際，彼の大著『プトレマイオスとコペルニクスとの二大世界体系についての対話』—通称『天文対話』—には，次のような叙述がある．

> サルヴィアチ：君(サグレド)がたれか友人と大きな船の上の甲板の下にある大きな部屋に閉じこもり，そこへ蠅や蝶やそれに似た飛ぶ小動物をもってゆき，また魚を中に入れた大きな水の容器をおき，また高いところに何か小さな水桶を吊るし，その下におかれた口の狭い別な容器

[*1] 変換をローレンツ変換 (Lorentz transformation) とすれば，アインシュタインの特殊相対性原理となる．

に水を一滴一滴こぼします．君は船をじっとさせて，それらの飛ぶ小動物がどのように同じ速さで部屋のあらゆる方向に進むか，また魚がどのように無差別にあらゆる方向に進むか，また静かに落ちる水滴全てがどのように下におかれた容器に入るかを熱心に観察してください．また君が友人に何か投げるとき，距離が同じであればある方向の場合は他の方向の場合より強く投げねばならぬということはありえません．また足をくっつけて跳べば，どちらへ跳んでも等しい距離を跳ぶでしょう．船がじっとしている間はそうなるということには何の疑いもありませんが，これらのことを熱心に観察したならば，船をお望みの速さで動かしなさい．そうすると（この運動が斉一的であり，あちこちに揺れないかぎり）<u>君は先にあげた出来事すべてにわずかな変化も認めず，またそれらのどれからも，船が進んでいるか，じっとしているかを知ることはできないでしょう．</u>…これらの出来事のすべてが一致していることの原因は，船の運動が船に含まれているすべてのもの，空気もそうですが，に共通していることです．…

(岩波文庫『天文対話』 青木靖三訳，下線は筆者)

さて，二つの慣性系 S, S′ を結びつける変換，いわゆるガリレイ変換は次式によって与えられる：

$$\vec{x} \to \vec{x}' = R\vec{x} - \vec{v}t + \vec{a}, \quad t \to t' = t + b. \tag{2.1}$$

ここで，R は定数の行列要素をもつ3行3列の直交行列 ($R^t R = I_3$) であり，$\vec{a}$, $\vec{v}$ および b は，それぞれ定数成分のベクトルおよび定数である．以下では，変換 (2.1) を G_4 と呼ぶことにする．とくに，$R = I_3, \vec{a} = 0, b = 0$ の場合は，固有ガリレイ変換 (proper Galilei transformation) と呼ばれている．

変換 G_4 は，R, $\vec{a}$, $\vec{v}$ および b によって指定されるが，これらをパラメーターとして，一つのリー群 (Lie group)，いわゆるガリレイ群 (Galilei group) を形成する[*2]．これらのパラメーターに対応する形成演算子 (generator)[*3] を，それぞれ $\vec{L}, \vec{P}, \vec{G}$ および P_t とし，便宜上次の形に書こう：

[*2] 群要素の積は $(R_2, \vec{a}_2, \vec{v}_2, b_2)(R_1, \vec{a}_1, \vec{v}_1, b_1) = (R_2 R_1, R_2 \vec{a}_1 - \vec{v}_2 b_1 + \vec{a}_2, R_2 \vec{v}_1 + \vec{v}_2, b_2 + b_1)$ となる．
[*3] 生成演算子と呼ばれることが多いが，本書ではこの名称を他の演算子にあてるので，暫定的に上記のようにしておく．

$$\vec{L} = -\vec{x}\times\vec{\nabla}, \quad \vec{P} = -\vec{\nabla}, \quad \vec{G} = -t\vec{\nabla}, \quad P_t = \frac{\partial}{\partial t}. \qquad (2.2)$$

これらの演算子は，以下のような意味で閉じた代数を作る：

$$\begin{aligned}
&[L_i, L_j] = \epsilon_{ijk}L_k, \quad [P_i, P_j] = 0, \quad\quad [L_i, P_j] = \epsilon_{ijk}P_k, \\
&[L_i, P_t] = 0, \quad\quad\; [P_i, P_t] = 0; \\
&[G_i, G_j] = 0, \quad\quad [L_i, G_j] = \epsilon_{ijk}G_k, \quad [P_t, G_i] = P_i, \\
&[P_i, G_j] = 0,
\end{aligned} \qquad (2.3)$$

ここで，$[A, B] = [A, B]_- \equiv AB - BA$ は交換子 (commutator) である．ついでながら，反交換子 (anti-commutator) を $[A, B]_+ \equiv AB + BA$ で定義しておく．

2.2　ガリレイ変換と5次元形式

2.2.1　第5座標の導入

変換 G_4 の諸性質を調べるために，もっとも簡単な古典的力学系，すなわち，質量 m をもった一個の自由粒子の場合を考えよう．この系のラグランジアンは，

$$\mathcal{L} = \frac{m}{2}\dot{\vec{x}}^2 \qquad (2.4)$$

であり，運動方程式 $\ddot{\vec{x}} = 0$ は，変換 G_4 に対して共変的である．しかし，ラグランジアンは不変ではなく，次のように変換する：

$$\mathcal{L} \to \mathcal{L}'\left(\equiv \frac{m}{2}\dot{\vec{x}}'^2\right) = \mathcal{L} + m\frac{df}{dt}, \qquad (2.5)$$

ただし

$$f \equiv -(R\vec{x})\cdot\vec{v} + \frac{1}{2}\vec{v}^2 t + \text{const.} \qquad (2.6)$$

後に見るようにラグランジアン自体が不変でないことが，—例えばローレンツ変換の場合に比し—問題をいささか複雑にし，ひいては '明白な共変性' (manifest covariance) を欠く原因となっている．

座標 $\vec{x}$ に正準共役な運動量を $\vec{p}$ とし，(2.2) で導入した形成演算子を，正準変数 $\vec{x}, \vec{p}$ の関数として表現することを試みよう．変換 (2.1) が当該力学系で意味をもつためには，このことが望ましい．ただし，この場合，(2.3) の交換子 [,] をポアソン括弧 { , } (Poisson brackets) で置き換えるものとする．物理的な予

想から，次のようにおいてみる：

$$\vec{L} = \vec{x} \times \vec{p}, \qquad \vec{P} = \vec{p},$$
$$\vec{G} = t\vec{p} - m\vec{x}, \quad P_t = \frac{\vec{p}^2}{2m}(\equiv H). \tag{2.7}$$

これらはまた，すべて保存量でもある．これらの演算子が，(2.1) の (無限小形の) 変換に対する形成演算子になっていることは，容易に確かめられる．相互のポアソン括弧は，(2.3) の対応する式の右辺に，最後の式を除いて一致する．ただし問題の式は

$$\{P_i, G_j\} = m\delta_{ij} \tag{2.8}$$

となり，右辺には演算子が現れない．

この点を改めるために，$\mathcal{L}$ を適当に変形し，それが G_4 の下で不変になるようにできないか，を考えてみる．しかし，変形が $\mathcal{L} + \triangle\mathcal{L}(\vec{x}, \dot{\vec{x}})$ の形のものでは不十分であることは，容易にわかる．そこでマルモ (G.Marmo) 等の方法[*4]を用い，系に新しい自由度 s を導入し，ラグランジアンとして

$$\widetilde{\mathcal{L}} = \mathcal{L} - m\dot{s} \tag{2.9}$$

を採ってみる．この場合，$\delta\widetilde{\mathcal{L}} \equiv (\mathcal{L}' - m\dot{s}') - (\mathcal{L} - m\dot{s}) = 0$ は，もし s が (2.1) と共に，次のように変換する量であるとするならば実現される：

$$s \to s' = s + f = s - (R\vec{x}) \cdot \vec{v} + \frac{1}{2}\vec{v}^2 t + c, \tag{2.10}$$

ここに c は定数である．この式の右辺は，もちろん m には依存しないので，s は $\vec{x}$ や t と同様に，空間自体の座標―あるいは粒子のもう一つの自由度―ともみなすことが可能となる．そこで5次元座標 $\vec{x}, t, s$ に対する時空的変換 (2.1)，(2.10) を，ガリレイ変換 G_5 と呼ぶことにする．G_5 もパラメーター $R, \vec{a}, \vec{v}, \vec{b}, c$ をもつリー群である．

変換 G_5 に対しては，(2.2) で与えられたものの他に，パラメーター c に対応する形成演算子 $\frac{\partial}{\partial s}$ が存在し，これに応じて $\vec{G}$ が変更をうけ

$$P_s = -\frac{\partial}{\partial s}, \quad \vec{G} = -t\vec{\nabla} - \vec{x}\frac{\partial}{\partial s} \tag{2.2'}$$

となる．これらの形成演算子は

[*4] G.Marmo, G.Morandi, A.Simoni and E.C.G.Sudarshan : Phys.Rev.**D37**(1988)2196.

$$[L_i, P_s] = 0, \quad [P_i, P_s] = 0, \quad [P_t, P_s] = 0,$$
$$[G_i, P_s] = 0, \quad [P_i, G_j] = -\delta_{ij} P_s ; \tag{2.3'}$$

他の関係式は (2.3) と同じ

を満たす．結局，G_5 は群 G_4 の中心拡大 (central extension) になっていることがわかる．

他方，座標 $\vec{x}, s$ をもつ粒子には，新たに s に対応する運動量 p_s が付与され，これら正準変数による形成演算子の表現は

$$P_s = p_s, \quad \vec{G} = t\vec{p} + \vec{x} p_s, \tag{2.7'}$$

他の関係式は (2.7) と同じ

となる．これらの量に対するポアソン括弧式は，$\{P_t, G_i\}$ を除いて (2.3') と同型となる．ところで

$$\{P_t, G_i\} = -\frac{1}{m} P_s P_i \tag{2.11}$$

となるが，ラグランジアン $\tilde{\mathcal{L}}$ から，$p_s \simeq -m$ であり，結局 P_s に対しても第一次 (primary) かつ第一種 (first class) の束縛条件 (constraint): $P_s + m \simeq 0$ が存在することになる．この条件式を用いれば

$$\{P_t, G_i\} \simeq P_i \tag{2.11'}$$

が得られ，(2.3) における該当式を復活する．

このように，新しい自由度 s を導入することによって，必要な形成演算子すべてに対する表式が求められた．物理的解釈のためには，しかしながら，新自由度は最終的に，束縛条件を設けることによって消去されねばならない．これは，たんに事態を形式的に複雑にするだけのように見えるかもしれないが，間もなく示すように幾多の利点をもっている．

2.2.2 テンソルとスピノル

a. テンソル解析

変換 G_5 を論ずるために，上で導入された座標 s を含む 5 次元空間を考え，その反変座標 (contravariant coordinate) を x^μ ($\mu = 1, 2, \cdots, 5$) と書く．ここで $(x^1, x^2, x^3) \equiv \vec{x}, x^4 \equiv ut, x^5 \equiv s/u$，ただし u は次元を揃えるために導入された速度の次元をもつ任意の定数とする．また非斉次の項をまとめて α^μ とし，

$(\alpha^1, \alpha^2, \alpha^3) \equiv \vec{a}, \alpha^4 \equiv b, \alpha^5 \equiv c$ とする. このとき

$$\begin{aligned} x'^i &= R^i{}_j x^j - \frac{v^i}{u} x^4 + \alpha^i , \\ x'^4 &= x^4 + \alpha^4 , \\ x'^5 &= x^5 - \frac{v_i}{u}(R^i{}_j x^j) + \frac{1}{2}\frac{\vec{v}^2}{u^2} x^4 + \alpha^5 \end{aligned} \qquad (2.12)$$

となる[*5]. ここで, $i,j = 1,2,3$, $(v^1, v^2, v^3) = (v_1, v_2, v_3) \equiv \vec{v}$ である. 上式はまとめて

$$x'^\mu = \Lambda^\mu{}_\nu x^\nu + \alpha^\mu \qquad (2.12')$$

とも表わせる. ただし, 同一のギリシャ (ローマ) 添字が上下に現れる場合には, それらについて 1 から 5 (1 から 3) までの和を意味するものとする. また行列 $\Lambda^\mu{}_\nu$ は

$$\|\Lambda^\mu{}_\nu\| = \begin{pmatrix} R^1{}_1 & R^1{}_2 & R^1{}_3 & -\frac{v^1}{u} & 0 \\ R^2{}_1 & R^2{}_2 & R^2{}_3 & -\frac{v^2}{u} & 0 \\ R^3{}_1 & R^3{}_2 & R^3{}_3 & -\frac{v^3}{u} & 0 \\ 0 & 0 & 0 & 1 & 0 \\ -\frac{v_i}{u}R^i{}_1 & -\frac{v_i}{u}R^i{}_2 & -\frac{v_i}{u}R^i{}_3 & \frac{1}{2}\frac{\vec{v}^2}{u^2} & 1 \end{pmatrix} \qquad (2.13)$$

で与えられる.

ついでながら, もう一つの反変ベクトルとして $p^\mu \equiv (\vec{p}, mu, E_p/u)$ がある.

さて, 以下においては, (2.12′) で $\alpha^\mu = 0$ とした G_5 の斉次変換に限ることにしよう:

$$x'^\mu = \Lambda^\mu{}_\nu x^\nu . \qquad (2.12'')$$

この場合, 二次形式 $\eta_{\mu\nu} x^\mu x^\nu$ を不変に保つような, いわゆる計量テンソル (metric tensor) $\eta_{\mu\nu}$ は, 容易に確かめられるように, ただ一つだけ存在し, 次の形で与えられる:

[*5] M.Omote, S.Kamefuchi, Y.Takahashi and Y.Ohnuki : Fortschr.Phys. **37** (1989)12, 933.

$$\|\eta_{\mu\nu}\| = \|\eta^{\mu\nu}\| = \begin{pmatrix} 1 & 0 & 0 & 0 & 0 \\ 0 & 1 & 0 & 0 & 0 \\ 0 & 0 & 1 & 0 & 0 \\ 0 & 0 & 0 & 0 & -1 \\ 0 & 0 & 0 & -1 & 0 \end{pmatrix}. \tag{2.14}$$

このとき, $\eta_{\mu\nu}x^\mu x^\nu = \vec{x}^{\,2} - 2ts$ であり, また定義より

$$(\Lambda^t \eta \Lambda)_{\mu\nu} = \eta_{\mu\nu} \tag{2.15}$$

である. さらに, 反変ベクトル $p^\mu \equiv (\vec{p}, mu, E/u)$ が, 5次元ベクトルに対する大きさ 0 の条件 $\eta_{\mu\nu}p^\mu p^\nu = 0$ を満たすとき, $E = \vec{p}^{\,2}/2m$ が得られることを注意しておく.

ここで新しい変数 $x_\pm \equiv (x^4 \pm x^5)/\sqrt{2}$ を導入すると, $\eta_{\mu\nu}x^\mu x^\nu = \vec{x}^{\,2} + x_-^2 - x_+^2$ となる. われわれの斉次ガリレイ群は, 従って, 5次元ローレンツ群の一つの部分群—そこでは x^4 が不変に保たれる—に相当することがわかる. さきに定義した固有ガリレイ変換 (群) は (2.12) で $R = I_3$, $\alpha^\mu = 0$ の場合に相当する. 因みに, 通常の (4次元) ローレンツ群は, 二つの空間座標—無限大運動量系 (infinite-momentum frame) における二つの横座標 (transverse coordinate)—に関する3次元ガリレイ群を部分群として含んでいる.

変換 (2.12″) の下でのスカラー $\phi(x)$ は, 次の変換に従う:

$$\phi'(x') = \phi(x). \tag{2.16}$$

ただし, 例えば, $\phi(x)$ は $\phi(x^1, x^2, \ldots, x^5)$ の略記である. また, 一般の反変ベクトル (contravariant vector) $V^\mu(x)$ の変換は

$$V'^\mu(x') = \frac{\partial x'^\mu}{\partial x^\nu} V^\nu(x) = \Lambda^\mu{}_\nu V^\nu(x) \tag{2.17}$$

で与えられる. 反変テンソル (contravariant tensor) に対しても, 各添字に関して上記と同様な変換を行えばよい.

他方, 微分演算子 $\partial_\mu \equiv \partial/\partial x^\mu$ の変換は共変的 (covariant) である:

$$\partial'_\mu = \frac{\partial x^\nu}{\partial x'^\mu} \partial_\nu. \tag{2.18}$$

(2.12″), (2.14) および (2.15) を用いれば

$$\frac{\partial x^\nu}{\partial x'^\mu} = \eta_{\mu\rho}\Lambda^\rho{}_\sigma\eta^{\sigma\nu} \equiv \Lambda_\mu{}^\nu \tag{2.19}$$

となり，$\Lambda_\mu{}^\nu$ は

$$\|\Lambda_\mu{}^\nu\| = \begin{pmatrix} R_1{}^1 & R_1{}^2 & R_1{}^3 & 0 & \frac{v_1}{u} \\ R_2{}^1 & R_2{}^2 & R_2{}^3 & 0 & \frac{v_2}{u} \\ R_3{}^1 & R_3{}^2 & R_3{}^3 & 0 & \frac{v_3}{u} \\ \frac{v^i}{u}R_i{}^1 & \frac{v^i}{u}R_i{}^2 & \frac{v^i}{u}R_i{}^3 & 1 & \frac{1}{2}\frac{\vec{v}^2}{u^2} \\ 0 & 0 & 0 & 0 & 1 \end{pmatrix} \tag{2.19'}$$

で与えられる．共変ベクトル (covariant vector)V_μ は

$$V_\mu \equiv \eta_{\mu\nu}V^\nu \tag{2.20}$$

で定義され，その変換則は

$$V'_\mu = \Lambda_\mu{}^\nu V_\nu \tag{2.21}$$

である．共変テンソル (covariant tensor) への拡張も容易である．明らかに共変座標 (covariant coordinate)$x_\mu \equiv \eta_{\mu\nu}x^\nu$ および ∂_μ は共変ベクトルとなる．ここで $x_4 = -s/u, x_5 = -ut, p_4 = -E/u, p_5 = -mu$ に留意されたい．

とくに，固有ガリレイ変換の下での ∂_μ の変換は，後にしばしば用いることがあるので，具体的に書き下ろしておく：

$$\begin{aligned} \partial'_i &= \partial_i + \frac{v_i}{u}\partial_5, \\ \partial'_4 &= \partial_4 + \frac{v^i}{u}\partial_i + \frac{1}{2}\frac{\vec{v}^2}{u^2}\partial_5, \\ \partial'_5 &= \partial_5. \end{aligned} \tag{2.22}$$

b. スピノル解析

われわれのガリレイ変換 G_5 は，5 次元ローレンツ変換に相当することは先に述べた．そこで G_5 の下でのスピノル (spinor) $\chi(x)$ を，4 次元ローレンツ変換の場合に倣い，次のように変換する量として定義する：

$$\chi'(x') = T\chi(x). \tag{2.23}$$

ここで T は変換 (2.12'') に依存する行列であり，

$$T^{-1}\gamma^\mu T = \Lambda^\mu{}_\nu \gamma^\nu \tag{2.24}$$

を満たすべきものである．また，γ^μ ($\mu = 1, 2, \ldots, 5$) は，

$$\gamma^\mu\gamma^\nu + \gamma^\nu\gamma^\mu = 2\eta^{\mu\nu} \tag{2.25}$$

に従う数値的な行列であり，5次元クリフォード代数 (Clifford algebra) を形成する．

ところで，クリフォード代数に関する一般的な定理によれば，5次元 γ^μ には2種類の互いに同値でない (inequivalent) 規約表現が存在し，何れも4行4列の行列として与えられる[*6]．以下では，便宜上，次の表示を用いることにする：

$$\gamma^i = \begin{pmatrix} \sigma_i & 0 \\ 0 & -\sigma_i \end{pmatrix}, \ \gamma^4 = \begin{pmatrix} 0 & 0 \\ -\sqrt{2} & 0 \end{pmatrix}, \ \gamma^5 = \begin{pmatrix} 0 & \sqrt{2} \\ 0 & 0 \end{pmatrix}, \quad (2.26)$$

ここで σ_i はパウリ行列 (Pauli matrix) であり，"$\sqrt{2}$" と "0" はそれぞれ $\sqrt{2} \times I_2, 0 \times I_2$ (I_2 は2行2列の単位行列) を表わすものとする．もう一種の規約表現の具体的な表示を $\widetilde{\gamma^\mu}$ と書くことにすると，これは例えば (2.26) の γ^μ から，γ^4 と γ^5 の役割を入れ替えたものとして得られる．すなわち $\widetilde{\gamma^i} = \gamma^i, \widetilde{\gamma^4} = \gamma^5, \widetilde{\gamma^5} = \gamma^4$ である．しかし，理論の後の段階で判明することであるが (25ページ参照)，$\widetilde{\gamma^\mu}$ を用いても，物理的観点からは本質的に新しい事柄は生じない．以下では，それ故，(2.26) の表示のみに限定する．

結局，$\chi(x)$ は4成分 $\chi_\alpha(x)$ ($\alpha = 1, 2, 3, 4$) をもつ量となり，

$$\chi'_\alpha(x') = T_{\alpha\beta} \chi_\beta(x) \quad (2.23')$$

と書かれる．添字 α はスピノル添字と呼ばれている．

変換 (2.12″) の $\Lambda^\mu{}_\nu$ が無限小変換である場合には，行列 T が具体的に求められる．先ず，$\lambda^\mu{}_\nu$ を無限小量として

$$\Lambda^\mu{}_\nu = \delta^\mu{}_\nu + \lambda^\mu{}_\nu \quad (2.27)$$

と書くと，(2.24) を満たす T は，(2.25) を用いて容易に確かめられるように，次式で与えられる：

$$T = \exp\left(\lambda^\mu{}_\nu \Sigma^\nu{}_\mu\right), \quad (2.28)$$

ただし

$$\Sigma^\nu{}_\mu \equiv -\frac{1}{8}(\gamma^\nu \gamma_\mu - \gamma_\mu \gamma^\nu), \quad (2.28')$$

$$\lambda^\mu{}_\nu \Sigma^\nu{}_\mu \equiv \frac{1}{4}\left\{\sum_{i<j} \omega_{ij}[\gamma^i, \gamma^j] - \sum_i \frac{v^i}{u}[\gamma^i, \gamma^4]\right\}, \quad \lambda^i{}_j = \omega_{ij}. \quad (2.28'')$$

[*6] 例えば，Y.Ohnuki and S.Kamefuchi : *Progress in Quantum Field Theory*, Eds.H.Ezawa and S.Kamefuchi (North Holland,Amsterdam, 1986) p.133.

ここで

$$\zeta \equiv \begin{pmatrix} 0 & -i \\ i & 0 \end{pmatrix} \tag{2.29}$$

なる行列を導入しよう．ただし，各行列要素は $0 \times I_2$ または $\pm i \times I_2$ を意味する．この場合

$$\zeta \gamma^{\mu\dagger} \zeta = -\gamma^\mu \tag{2.30}$$

が成り立つ．記号 † はエルミート共役を示す．次に，$\chi(x)$ の共役量 (adjoint) $\bar{\chi}(x)$ を

$$\bar{\chi}(x) \equiv \chi^*(x) \zeta \tag{2.31}$$

によって定義する．記号 * は複素共役 (と転置) を示す．このとき，(2.23), (2.28) および (2.30) を用いれば，(2.23) に対応して

$$\bar{\chi}'(x') = \bar{\chi}(x) T^{-1} \tag{2.23''}$$

となる．ここで (2.24) を考慮すれば，2 次形式 $\bar{\chi}(x) \gamma^{\mu_1} \gamma^{\mu_2} \cdots \gamma^{\mu_n} \chi(x)$ は，変換 (2.12'') の下で n 階の反変テンソルとして振舞うことがわかる．従って，例えば，$\chi(x)$ から構成される 5 次元 (電) 流 (5-current) は

$$j^\mu \equiv \frac{u}{\sqrt{2}\,i} \bar{\chi}(x) \gamma^\mu \chi(x) \tag{2.32}$$

と書かれる．

ベクトルからテンソルへの一般化に対応して，スピノルの場合にも，n 個のスピノル添字をもった n 階の多重スピノル (multi-spinor) $\chi_{\alpha_1 \alpha_2 \cdots \alpha_n}(x)$ を考えることができる．その変換性は，各添字 α_i $(i = 1, 2, \cdots, n)$ が (2.23') と同形の変換に従うものとして定義される．

2.3　ガリレイ共変な場の方程式

通常の—アインシュタインの意味での—相対論的理論は，言うまでもなくローレンツ不変であり，基本方程式をローレンツ共変性が明白に (manifestly) 見てとれるような形に書くことが，一般に行われている．われわれの考察の対象であるガリレイ不変な理論でも，同じことができるならば，たんに便利であるのみならず，理論的な見通しが遥かによくなるであろう．しかしながら，ガ

リレイ変換に対して G_4 を用いる限り,明白な共変性 (manifest covariance) は,以下のような理由から,期待できない.

基本的な場は,通常,関係する群の規約表現であることが要請される.ところで,ローレンツ群の場合には,この表現がいわゆるベクトル表現 (vector representation) であり得るのに対し,ガリレイ群 G_4 の場合には,射影表現 (projective representation) となる.いま,群の要素 g_1, g_2 に対する表現行列を,それぞれ $\mathcal{D}(g_1), \mathcal{D}(g_2)$ としたとき,要素 $g_3 = g_1 g_2$ に対する $\mathcal{D}(g_3)$ との間に,前者の場合には $\mathcal{D}(g_1)\mathcal{D}(g_2) = \mathcal{D}(g_3)$ が成り立つのに対し,後者の場合には $\mathcal{D}(g_1)\mathcal{D}(g_2) = \epsilon(g_1, g_2)\mathcal{D}(g_3)$ となる.ここに $\epsilon(g_1, g_2)$ は g_1, g_2 に依存する位相因子である.そして,まさにこの位相因子の存在が,式の明白な共変性を損なうのである.しかしながら,ガリレイ変換に対して G_5 を採用するならば,再びわれわれはベクトル表現を問題にすればよいことになり,その結果,理論を明白に共変な形で書き下すことが可能となる.さきに,5次元形式のもつ利点と言ったのは,このことであった.

2.3.1 クライン–ゴルドン型方程式

G_5 の下での最も簡単な表現は,1次元あるいは,(2.16) を満たすスカラー表現 $\phi(x)$ である.この場は1成分のみであるので,空間の軌道運動以外の自由度—例えば固有角運動量 (spin) など—はもたないことが予想される.この $\phi(x)$ に対して,明白なガリレイ共変性 (不変性) を備えたクライン–ゴルドン (O.Klein, W.Gordon) 型方程式を仮定してみよう:

$$\eta^{\mu\nu}\partial_\mu\partial_\nu\phi(x) = 0. \tag{2.33}$$

この方程式,とくに第5座標 x^5 の物理的意味を探るために,'平面波' の解 $\phi(x) = \exp(ip_\mu x^\mu/\hbar)$ を考える.ここで $\hbar$ は,当分の間,次元を合わせるために導入された定数と考えられたい.(2.21), (2.19$'$) より,上で導入された共変ベクトル p_μ の変換は

$$\begin{aligned}
\vec{p} \to \vec{p}{\,'} &= R\vec{p} + \frac{\vec{v}}{u}p_5, \\
p_4 \to p_4' &= p_4 + \frac{\vec{v}}{u}\cdot(R\vec{p}) + \frac{1}{2}\frac{\vec{v}^2}{u^2}p_5,
\end{aligned} \tag{2.34}$$

$$p_5 \to p_5' = p_5$$

となる．そこで $p_5 = p_5' = -mu$ とおいてみると，(2.33) より得られる $\eta^{\mu\nu}p_\mu p_\nu = 0$ は $p_4 = \vec{p}^2/(2p_5) = -\vec{p}^2/(2mu) \equiv -E/u$ を与える．従って，共変ベクトルは，質量 m の粒子に対する運動量ベクトル (前出) と同じになる．このような見地から，一般の ϕ に対して，次の束縛条件をおくことにしよう：

$$(i\hbar\partial_5 + p_5)\phi(x) = 0, \quad \Rightarrow \quad (\partial_s + i\frac{m}{\hbar})\phi(x) = 0. \tag{2.35}$$

ここで ∂_5 も p_5 も，ともに共変ベクトルの第 5 成分であり，(2.22), (2.34) に見られるように斉次ガリレイ変換 (2.12″) の下で不変である．条件 (2.35) は，従って，変換の下で不変な関係式となる．(2.33) との両立性も明らかである．

束縛条件 (2.35) の下では，(2.33) を満たす $\phi(x)$ は次の形のものに制限される：

$$\phi(x) = \exp\left(\frac{ip_5 x^5}{\hbar}\right)\psi(\vec{x}, x^4) = \exp\left(\frac{-ims}{\hbar}\right)\psi(\vec{x}, x^4) . \tag{2.36}$$

この結果に鑑み，以後，x^5 の変域を $[0, \ell/u]$ とおく．また $\phi(x)$ の x^5 依存性に関しては，周期的境界条件をおくこととする．

(2.36) を (2.33) に代入すれば，直ちに次の式が得られる：

$$i\hbar\frac{\partial\psi(\vec{x}, t)}{\partial t} = -\frac{\hbar^2}{2m}\vec{\nabla}^2\psi(\vec{x}, t) . \tag{2.37}$$

これがわれわれの基本的な，そして最も簡単なガリレイ不変な場の方程式である．ただし，記号節約のため $\psi(\vec{x}, x^4) \equiv \psi(\vec{x}, t)$ とした (以下同様)．斉次ガリレイ変換の下では $\phi'(x') = \phi(x)$ であるが，この式の両辺に (2.36) を代入すれば

$$\psi'(\vec{x}', t') = \exp[\frac{im}{\hbar}(s'-s)]\psi(\vec{x}, t) = \exp(\frac{im}{\hbar}f)\psi(\vec{x}, t) , \tag{2.38}$$

ここで f は (2.6) で const. $= 0$ とおいたものに一致する．因みに，G_4 の立場では，$\psi(\vec{x}, t)$ が直接関与するので，スカラー量の変換に対しても，位相因子 $\exp(imf/\hbar)$ が現れる．いま簡単のために固有ガリレイ変換をとり，g_1, g_2 をパラメーター $\vec{v}$ および $\vec{v}'$ によって指定される要素とすると，前出の位相因子 $\epsilon(g_1, g_2)$ は $\exp(-imt\vec{v}\vec{v}'/\hbar)$ となる．このため，G_4 の基本式 (2.37) のガリレイ共変性は，よく知られたように明白とはならない．

場 $\phi(x)$ の作る (電) 流の 5 次元ベクトル $j^\mu(x)$ は，$\partial^\mu \equiv \partial/\partial x_\mu = \eta^{\mu\nu}\partial_\nu$ を用いて，

$$j^\mu(x) = \frac{\hbar}{2im}(\phi^*(x) \overset{\leftrightarrow}{\partial}{}^\mu \phi(x)) \tag{2.39}$$

で定義される．ただし，$A \overleftrightarrow{\partial^\mu} B \equiv -\partial^\mu(A)B+A(\partial^\mu B)$ である．このとき $j^4 = u\psi^*\psi \equiv u\rho$ であり，j^μ は

$$\sum_{\mu=1}^{5} \partial_\mu j^\mu(x) = 0 \tag{2.40}$$

の意味で'保存'し，通常の4元(電)流 $(\vec{j},\rho)$ の保存則と同等である．従って，$\phi(x)$ のノルム (norm) を

$$\parallel \phi \parallel^2 = \frac{u}{\ell} \int j^\mu(x) d\sigma_\mu \Big(= \int \psi^*(\vec{x},t)\psi(\vec{x},t)d^3x\Big) \tag{2.41}$$

によって定義すればよい．ここで，面積要素 $d\sigma_\mu$ は，$d\sigma_4 = d^3x dx^5$ であるような'時間的 (time-like)'ベクトルである[*7]．もっとも，本章の議論は，場に対する線形な方程式のみに関わっており，場のスケールや次元を決定する要素は何らない．上では暫定的に $\psi(\vec{x},t)$ が通常の次元 $[L^{-3/2}]$ をもつとした (これらについては 10.1 節を参照)．

なお，(2.33) の代わりに $(\eta^{\mu\nu}\partial_\mu\partial_\nu+\text{const.})\phi = 0$ を採用してもよいが，容易にわかるように，これはエネルギーの零点を変更するだけの効果しかもたない．このことは以下の場合についても同様である．

2.3.2 ディラック型方程式

今度は $\chi(x)$ をスピノル量とし，これに対してディラック (P.A.M.Dirac) 型の方程式を仮定してみよう．すなわち，

$$\gamma^\mu \partial_\mu \chi(x) = 0 \ . \tag{2.42}$$

この方程式が変換 (2.12″) の下で不変であることは，(2.18)，(2.19)，(2.24) および (2.17)，(2.19) より得られる $\Lambda^\mu{}_\nu \Lambda_\mu{}^\lambda = \delta_\nu{}^\lambda$ を用いれば，容易に示される．この $\chi(x)$ に対しても (2.35) と同型の束縛条件

$$\Big(\partial_s + i\frac{m}{\hbar}\Big)\chi(x) = 0 \tag{2.43}$$

をおくことにする．この式の (2.42) との両立性は明らかである．

行列 γ^μ が (2.26) の形をもつことに対応して，$\chi(x)$ を次のように書こう：

[*7] $\epsilon_{\mu\nu\lambda\kappa\sigma}$ を完全反対称な共変テンソルで $\epsilon_{12345} = 1$ とすれば，$d\sigma_\mu \equiv \frac{-1}{4!} \epsilon_{\mu\nu\lambda\kappa\sigma} \, dx^\nu \wedge dx^\lambda \wedge dx^\kappa \wedge dx^\sigma$ で与えられる．

$$\chi(x) = \begin{pmatrix} \chi_1(x) \\ \chi_2(x) \end{pmatrix}. \tag{2.44}$$

上式で上成分 $\chi_1(x)$ も下成分 $\chi_2(x)$ も，ともに2成分をもった量である．先に，無限小変換に対する $\chi(x)$ の変換行列 T を (2.28) において求めたが，純粋な空間回転 (パラメーター $\vec{\omega} \equiv (\omega_{23}, \omega_{31}, \omega_{12})$ によって指定される) の場合の $T = T(\vec{\omega})$ は次の形をとる：

$$T(\vec{\omega}) = 1 + \frac{i}{2}\begin{pmatrix} \vec{\omega}\cdot\vec{\sigma} & 0 \\ 0 & \vec{\omega}\cdot\vec{\sigma} \end{pmatrix}, \tag{2.45}$$

すなわち，χ_1 も χ_2 も，全く同様な変換をうける．一般に，空間回転の下での変換行列が $T = \exp(i\vec{\omega}\cdot\vec{S})$ で与えられるとき，この場はスピン $\hbar\vec{S}$ をもつという．また $\vec{S}^2 = S(S+1)$ で定義される S を，$\vec{S}$ の大きさと呼んでいる．上の場合には，$\vec{S} = \vec{\sigma}/2, S = 1/2$ となる．言うまでもなく，先のスカラー場の場合には，$T = 1$ であるから，$\vec{S} = S = 0$ である．

他方，固有ガリレイ変換に対する $T = T(\vec{v})$ は

$$T(\vec{v}) = 1 - \frac{1}{\sqrt{2}}\begin{pmatrix} 0 & 0 \\ \frac{\vec{v}}{u}\cdot\vec{\sigma} & 0 \end{pmatrix} \tag{2.46}$$

となる．この場合，上式右辺における行列の特殊性から $T(\vec{v})T(\vec{v}') = T(\vec{v}+\vec{v}')$ となり，結局，(2.46) は有限の大きさの $\vec{v}$ に対しても成り立つことがわかる．この場合には，χ_1 は不変で，χ_2 のみが変換をうける．(2.36) と同様に，

$$\chi(x) = \begin{pmatrix} \chi_1(x) \\ \chi_2(x) \end{pmatrix} \equiv \exp\left(-\frac{ims}{\hbar}\right)\begin{pmatrix} \psi_1(\vec{x}, x^4) \\ \psi_2(\vec{x}, x^4) \end{pmatrix} \tag{2.47}$$

とすると，$\chi'_1(x') = \chi_1(x)$ であるから，ψ_1 は変換の下で，スカラー量の場合と同じ位相因子 $\exp(imf/\hbar)$ を得ることになる．

さて，(2.47) を (2.42) に代入し，(2.26) を用いると

$$\begin{aligned} -\sqrt{2}\partial_4\psi_1(\vec{x}, x^4) - \vec{\sigma}\cdot\vec{\nabla}\psi_2(\vec{x}, x^4) &= 0, \\ \psi_2(\vec{x}, x^4) &= \frac{\hbar}{\sqrt{2}imu}(\vec{\sigma}\cdot\vec{\nabla})\psi_1(\vec{x}, x^4) \end{aligned} \tag{2.48}$$

となる．結局，ψ_1 と ψ_2 は独立ではなく，後者は余計な成分 (redundant component)

となっている．(2.48) の第2式を第1式に代入すれば，ψ_1 に対して

$$i\hbar\frac{\partial \psi_1(\vec{x},t)}{\partial t} = -\frac{\hbar^2}{2m}\vec{\nabla}^2\psi_1(\vec{x},t) \tag{2.49}$$

が得られる．もちろん，ψ_2 に対しても同じ式が成り立つ．自由場に対する上式では，ψ_1 の2成分構造が隠れてしまっている．後に見るように，その効果は相互作用のある場合にあらわとなる．因みに，(2.26) に同値でない表現 $\tilde{\gamma}^\mu$ を用いた場合，上記の議論では，たんに，ψ_1 と ψ_2 の役割が入れ替わるのみである．

(2.32) で定義された流れ j^μ を ψ_1, ψ_2 で書くと

$$\begin{aligned}j^i &= \frac{\hbar}{2im}\psi_1^*(x)\overleftrightarrow{\partial^i}\psi_1(x) + \frac{\hbar}{2m}\epsilon_{ijk}\partial_j(\psi_1^*(x)\sigma_k\psi_1(x)), \\ j^4 &= u\psi_1^*(x)\psi_1(x) \equiv u\rho, \qquad j^5(x) = u\psi_2^*(x)\psi_2(x)\end{aligned} \tag{2.50}$$

となる．因みに，$(\vec{j},\rho)$ に対する上の表式は，相対論的なディラック方程式 (Dirac equation) に基づく4元流 j^μ に対して，非相対論的あるいはパウリ近似 (Pauli approximation) を施して得られるものと同一である[*8]．

この場合，保存則は

$$\sum_{\mu=1}^{5}\partial_\mu j^\mu(x) = 0 \tag{2.51}$$

と書かれ，通常の4元流 $(\vec{j},\rho)$ に対する保存則と一致する．なお，$j^i(x)$ の表式の右辺第二項は，スピンの流れ (spin current) を表わし，単独でも保存する．$\chi(x)$ のノルムは，(2.41) と同じく

$$\|\chi\|^2 = \frac{u}{\ell}\int j^\mu(x)d\sigma_\mu \left(= \int \psi_1^*(\vec{x},t)\psi_1(\vec{x},t)d^3x\right) \tag{2.52}$$

で定義すればよい．

2.3.3 バーグマン–ウィグナー型方程式

上では，スピンの大きさ $S=0$ および $(1/2)\hbar$ の場合を考察したが，一般の S に対しては，多重スピノルを用い，これに対して，バーグマン–ウィグナー (V.Bargmann, E.P.Wigner) 型の方程式を仮定すればよい．一例として，多重スピノル $\chi_{\alpha_1\alpha_2\cdots\alpha_n}$ が n 個のスピノル添字に関して完全対称であるとしよう．各添

[*8] 実際，ディラック理論のパウリ近似での計算は，数式上，上記のものとほとんど平行して行われる．ただし，一方では近似式であるものが，他方では厳密な式となる．

字 α_k ($k=1,2,\cdots,n$) ごとに (2.25) を満たす行列 $\gamma^{(k)\mu}$ を導入し，この行列は α_k のみに作用するものとする．各 k に対し，$\gamma^{(k)\mu}$ を用い，(2.28) により行列 $T^{(k)}$ を作れば，斉次ガリレイ変換の下で，$\chi_{\alpha_1\alpha_2\cdots\alpha_n}$ は，$\chi'(x') = T\chi(x)$ により変換する．ただし，

$$T \equiv \prod_{k=1}^{n} T^{(k)} \tag{2.53}$$

である．$\chi_{\alpha_1\alpha_2\cdots\alpha_n}$ の共役量 $\bar{\chi}_{\alpha_1\alpha_2\cdots\alpha_n}$ も，各 α_k に対して (2.29) と同じ型の $\zeta^{(k)}$ を導入すれば，

$$\bar{\chi}_{\alpha_1\alpha_2\cdots\alpha_n}(x) \equiv \chi^*_{\beta_1\beta_2\cdots\beta_n}(x)\, \zeta^{(1)}_{\beta_1\alpha_1}\zeta^{(2)}_{\beta_2\alpha_2}\cdots\zeta^{(n)}_{\beta_n\alpha_n} \tag{2.54}$$

によって定義される．

さて各 α_k に対して，(2.42) と同形の—バーグマン-ウィグナー型—の方程式

$$(\gamma^{(k)\mu})_{\alpha_k\beta_k}\partial_\mu \chi_{\alpha_1\alpha_2\cdots,\beta_k,\cdots\alpha_n} = 0 \quad (k=1,2,\cdots,n) \tag{2.55}$$

を，さらに束縛条件としては

$$\left(\partial_s + i\frac{m}{\hbar}\right)\chi_{\alpha_1\alpha_2\cdots\alpha_n}(x) = 0 \tag{2.56}$$

を仮定しよう．(2.55) のガリレイ共変性は，各 α_k に対して (2.42) の場合の議論を繰り返すことによって示される．ここで，(2.55) は，n(実際には $4n$) 個の連立方程式となっていることに留意されたい．

2.3.2項におけるように，$\chi_{\alpha_1\alpha_2\cdots\alpha_n}(x)$ から x^5 依存性を除いて $\psi_{\alpha_1\alpha_2\cdots\alpha_n}(x)$ に移り，各 α_k について同様な議論を行えば，(2.48) 第二式および (2.49) に対応して

$$\psi_{\alpha_1\alpha_2\cdots\eta_k\cdots\alpha_n}(\vec{x},t) = \frac{\hbar}{\sqrt{2}imu}(\sigma^{(k)}\cdot\vec{\nabla})_{\eta_k-2,\xi_k}\psi_{\alpha_1\alpha_2\cdots\xi_k\cdots\alpha_n}(\vec{x},t) , \tag{2.57}$$

$$i\hbar\frac{\partial}{\partial t}\psi_{\alpha_1\alpha_2\cdots\xi_k\cdots\alpha_n}(\vec{x},t) = -\frac{\hbar^2}{2m}(\sigma^{(k)}\cdot\vec{\nabla})^2_{\xi_k\xi'_k}\psi_{\alpha_1\alpha_2\cdots\xi'_k\cdots\alpha_n}(\vec{x},t) \tag{2.58}$$

を得る．ただし，添字 $\xi_k=1,2; \eta_k=3,4$ は，添字 α_k に関する上成分および下成分に対応する．(2.57) より，ψ の添字のうち，少なくとも 1 個が η であれば，その成分が余計な成分であることがわかる．結局，場の記述には，添字がすべて ξ であるような成分 $\psi_{\xi_1\xi_2\cdots\xi_n}(x)$ を用いれば十分であることになり，基礎方程式としては

$$i\hbar\frac{\partial}{\partial t}\psi_{\xi_1\xi_2\cdots\xi_n}(\vec{x},t) = -\frac{\hbar^2}{2m}(\vec{\sigma}^{(k)}\cdot\vec{\nabla})^2_{\xi_k\xi'_k}\psi_{\xi_1\xi_2\cdots\xi'_k\cdots\xi_n}(\vec{x},t) \tag{2.59}$$

2.3 ガリレイ共変な場の方程式

$$\left(= -\frac{\hbar^2}{2m}\vec{\nabla}^2\psi_{\xi_1\xi_2\cdots\xi_n}(\vec{x},t)\right) \quad (k=1,2,\cdots,n)$$

を考えればよい．$\psi_{\xi_1\xi_2\cdots\xi_n}(x)$ の独立な成分の総数は $n+1$ 個であり，これは後に示すように $2S+1$ に等しい．(2.59) の n 個の方程式は，結局，すべて同一となるから，代わりに単一の方程式—添字を省略して—

$$i\hbar\frac{\partial\psi(\vec{x},t)}{\partial t} = -\frac{\hbar^2}{2m}\frac{1}{n}\sum_{k=1}^{n}(\vec{\sigma}^{(k)}\cdot\vec{\nabla})^2\psi(\vec{x},t) \tag{2.60}$$

$$= -\frac{\hbar^2}{2m}\vec{\nabla}^2\psi(\vec{x},t) \tag{2.60'}$$

を考えれば十分である．

純粋な空間回転に対する変換行列 $T(\omega)$ は，(2.53) の各 T^k に (2.45) と同形のものを代入することにより

$$T(\omega) = 1 + \frac{i}{2}\sum_{k=1}^{n}\begin{pmatrix} \vec{\omega}\cdot\vec{\sigma}^{(k)} & 0 \\ 0 & \vec{\omega}\cdot\vec{\sigma}^{(k)} \end{pmatrix} \tag{2.61}$$

として求められる．従って，この場合のスピン行列 $\vec{S}$ は

$$\vec{S} = \sum_{k=1}^{n}\frac{1}{2}\vec{\sigma}^{(k)} \tag{2.62}$$

となる．$\vec{S}$ は，n 個のスピン添字について完全対称なベクトル空間で作用する行列であるから，$\vec{S}^2 = \frac{n}{2}(\frac{n}{2}+1)$，すなわち，$S=n/2$ が結論される．S は従って整数か，半奇数—いわゆる半整数—に限られることがわかる．

ガリレイ共変な，χ についての2次形式は，2.2.2項におけると同様，$\gamma^{(k)\mu}$ の何れの組 (k) を用いても構成できるが，各スピノル添字について対称的な $\Gamma^\mu \equiv \sum_{k=1}^{n}\gamma^{(k)\mu}/n$ を用いると便利なこともあろう．ノルムの定義についても，とくに付言することはない．

さて，本節の結果を要約すれば，以下の通りである．(2.37), (2.49) および (2.60') に見られるように，ガリレイ共変な場の方程式は，何れの場合にも，(2.37) と同型のものに帰着される．スピン依存性は，ただ，$\psi(\vec{x},t)$ の独立な成分の数 $(2S+1)$ に反映される．(2.37) は，数学的には，いわゆるシュレーディンガー方程式 (Schrödinger equation) と同型であるが，物理的には，あくまでも，古典場ないしは量子場に対する基本方程式であること，を改めて強調しておく．

おわりに，さらに次のことも注意しておこう．上記の議論では，当初自由粒子系に対して導入された G_5 変換の下での不変性を，場の理論に対しても成り立つべき一般的性質であるとして要請した．ここでのわれわれの理論的立場は，アインシュタインが相対論の定式化において採った立場と同じである．当初ローレンツ (H.A.Lorentz) が電磁場に対して見出したローレンツ不変性を，アインシュタインは，自然の総てに対して要請したのであった．実際，もし何かが理論の基本的要素であるならば，それは如何なる系においても体現されるべきであろう[*9]．

2.4　場の量による G_5 の表現

2.1節や2.2.1項においては，G_4 あるいは G_5 の形成演算子を質点の正準変数によって表現することを試みた．以下では同じ問題を，古典場の理論において考え直してみる．

このために，まずこの理論を正準形式に書くことから始めよう．正攻法としては，前節までのように5次元空間の場から出発し，可能な限り共変性を保ちながら作業するのが望ましいが，議論は束縛条件の存在のため，いささか複雑となる．それ故，このことの詳細は後節 10.1 に廻すことにし，ここでは捷径をとって，(2.37)—あるいは (2.49)，(2.60′)—を満たす4次元空間の場 $\psi(\vec{x},t)$ から出発することにする．ただし以下では簡単のため，$S=0$ の場合に制限する．

必要なラグランジアン (密度) は

$$\mathcal{L} = i\hbar \psi^*(\vec{x},t) \frac{\partial}{\partial t} \psi(\vec{x},t) - \frac{\hbar^2}{2m} \vec{\nabla} \psi^*(\vec{x},t) \vec{\nabla} \psi(\vec{x},t) \tag{2.63}$$

で与えられる．後の便宜のためにここでも定数 $\hbar$ を導入した．この $\mathcal{L}$ に対するオイラー–ラグランジュ方程式 (Euler-Lagrange equation) として (2.37) が得られることは自明である．座標 $\psi(\vec{x},t)$ に対する正準共役量を $\pi(\vec{x},t)$ とすると，$\pi(\vec{x},t) = i\hbar \psi^*(\vec{x},t)$ であるから，直ちに次のポアソン括弧が得られる：

[*9] 一般に非相対論的理論は，相対論的理論の一近似に過ぎず，この意味で前者は後者に従属し，後者より低次の理論であるとみなされることが多い．しかし，両者はともにそれぞれの対称性の基盤の上に築かれるのであり，少なくとも理論構成の観点より見る限り，理論として対等の地位を占めると言える．

$$\{\psi(\vec{x},t),\psi(\vec{x}',t)\} = 0,$$
$$\{\psi(\vec{x},t),\psi^*(\vec{x}',t)\} = \tfrac{1}{i\hbar}\delta(\vec{x}-\vec{x}'). \tag{2.64}$$

またハミルトニアン (Hamiltonian) H は

$$H = \frac{\hbar^2}{2m}\int d^3x \vec{\nabla}\psi^*(\vec{x},t)\vec{\nabla}\psi(\vec{x},t)$$
$$\left(=\int d^3x \psi^*(\vec{x},t)\left(-\frac{\hbar^2}{2m}\triangle\right)\psi(\vec{x},t)\right) \tag{2.65}$$

となり,$\dot{\psi}(\vec{x},t) = \{\psi(\vec{x},t),H\}$ が (2.37) を与えることも容易に確かめられる.

さてわれわれの問題は,(2.3′) と同形の—そこでの [,] を { , } で置き換えて得られる—関係式を満たす G_5 の形成演算子を,上記 (2.65) のように,場の量 ψ,ψ^* を用いて表わすことである.ここで次の公式を引用しておく:

$$\left\{\int d^3x \psi^*(\vec{x},t)\mathcal{A}\psi(\vec{x},t),\int d^3x' \psi^*(\vec{x}',t)\mathcal{B}\psi(\vec{x}',t)\right\}$$
$$= \tfrac{1}{i\hbar}\int d^3x \psi^*(\vec{x},t)[\mathcal{A},\mathcal{B}]\psi(\vec{x},t), \tag{2.66}$$

ただし $\mathcal{A},\mathcal{B}$ は $\vec{x}$ や $\vec{\nabla}$ より成る演算子とする[*10].

(2.66) に鑑み,2.1 節や 2.2.1 項で与えられた表式を考慮して,先ず以下のようにおいてみる:

$$\vec{P} = \int d^3x\ \psi^*(\vec{x},t)\left(-i\hbar\vec{\nabla}\right)\psi(\vec{x},t),$$
$$P_t = \int d^3x\ \psi^*(\vec{x},t)\left(-\tfrac{\hbar^2}{2m}\triangle\right)\psi(\vec{x},t),$$
$$P_s = -m\int d^3x\ \psi^*(\vec{x},t)\psi(\vec{x},t) \equiv -M \equiv -mN, \tag{2.67}$$
$$\vec{L} = \int d^3x\ \psi^*(\vec{x},t)\left(-i\hbar\vec{x}\times\vec{\nabla}\right)\psi(\vec{x},t),$$
$$\vec{G} = t\vec{P} - m\vec{X};$$

ただし,

$$\vec{X} = \int d^3x\ \psi^*(\vec{x},t)\vec{x}\psi(\vec{x},t) \tag{2.68}$$

であり,これは $\{X_j,P_k\} = \delta_{jk}N$ を満たす.この意味で $\vec{X}$ は,場全体に対する'位置座標' と考えることができる.実際,上記の表式が (2.3′) に相当する総ての関係式を満たすことは,(2.66) を用いて容易に確かめられる.とくに質点の

[*10] (2.66) 式で,左辺の { , } を [,] で,右辺の ψ^* を $\psi^\dagger$ で置き替え,かつ数係数 $1/(i\hbar)$ を省けば,この式は交換関係 (4.66)(後出) を満たす量子場に対しても成り立つ.

正準変数による表式とは異なり，(2.11′) が直接得られるのは興味深い．因みに，それぞれの無限小変換の下での場の量 ψ の変化 $\delta\psi$ (正確には ψ のリー微分) は，$\delta\psi \sim \{\psi, 形成演算子\}$ として求められる (10.1.2 項参照)．

(2.67) の物理量は，数学的には上のように，変換に対する形成演算子に対応するが，物理的には，質点の場合と同一の意味をもつと考えられる．すなわち，保存量 $\vec{P}, H, M$ および $\vec{L}$ は，それぞれ，場のもつ全運動量，全エネルギー，全質量および全角運動量を表わす．このことから

$$\psi^*(\vec{x},t)\psi(\vec{x},t) \equiv \rho(\vec{x},t) \tag{2.69}$$

は点 $(\vec{x},t)$ における場の (物質的) 密度であるとする解釈が可能となる．もっともこうした解釈のためには，(2.67) の各積分が有限でなくてはならない．このとき

$$\vec{X}_G \equiv \vec{X} / \int d^3 x \rho(\vec{x},t) \tag{2.68′}$$

は，場の質量中心あるいは重心座標を与える．この表式は，分母 = 0 の場合，すなわち対象が真空である場合に不定となる．これは真空には重心が定義できないという事情に対応している．場に対しても，もちろん，$\vec{G}$ は保存するが，これは場の重心が等速直線運動をすることに対応している．$\vec{G}$ はまたガリレイ推進 (Galilean boost) に，M は―任意の $A = \int d^3 x \psi^*(\vec{x},t) A \psi(\vec{x},t)$ に対してつねに $\{M, A\} = 0$ であるから―質量超選択則 (mass superselection rule) に対応する，と言われることもある．なお，この問題については，さらに 3.1.3 項で再論する．

3

場 の 相 互 作 用

これまでの議論は，自由場 (free field) すなわち相互作用をもたない場に限られていたが，以下では相互作用のある場合について考察する．自由場の波動方程式に付加項を与えることにより，相互作用が導入される．その際，束縛条件との両立性が相互作用に対して制約を与え，帰結の一つとして質量保存則が導かれる．外的なゲージ場―重力場・電磁場―との相互作用も，ガリレイおよびゲージ共変性に基づいて規定される．また，変換 G_5 をさらに一般的な座標変換に拡張することにより，非慣性系における諸問題―慣性力，重力場との関係，等価原理等―を論ずることができる．

3.1 一 般 的 性 質

3.1.1 外 力 の 導 入

自由場の方程式に相互作用をもたせるためのもっとも簡単な方法は，例として (2.33) の場合をとると，この式を

$$(\eta^{\mu\nu}\partial_\mu\partial_\nu - U(x))\phi(x) = 0 \tag{3.1}$$

のように変更することである．ここで $U(x)$ は，$\phi(x)$ とは無関係な，x の与えられた関数であるとする．もし $U(x)$ が変換 G_5 の下でのスカラー量であるならば，(3.1) の不変性は保たれよう．しかし，ここでは $U(x)$ を系の外部から挿入された関数であると考えているので，別の座標形 S′ (座標 x'^μ) においては，$U(x)$ はそのまま $U(x)|_{x^\mu = f^\mu(x')}$ であるとみなすべきである．この意味で $U(x)$ の導入は (3.1) 式の共変性を，一般には損なう[*1]．

他方束縛条件 (2.35) に関しては，$\phi(x)$ の質量を決定する式であるので，$U(x)$ 導入後もそのままの形に維持したい．つまり $\phi(x)$ は，つねに第 5 座標 s に関し

[*1] 理論の具体的応用の際には，実際，G_5 共変性を破るような相互作用を用いることが多い．

てフーリエ成分 $\sim \exp(-ims/\hbar)$ のみをもつと考える．このとき，(3.1)式との両立性から，$U(x)$ は，s にまったく依存しない関数であることが要求される．すなわち，$U(x) = U(\vec{x}, t)$ でなくてはならない．

それ故，再び (2.36) を (3.1) に代入すれば，

$$i\hbar\frac{\partial\psi(\vec{x},t)}{\partial t} = \left(-\frac{\hbar^2}{2m}\vec{\nabla}^2 + V(\vec{x})\right)\psi(\vec{x},t) \tag{3.1'}$$

が得られる．ただし，$V(\vec{x}) = (\hbar^2/2m)U(\vec{x})$ とおいた．

同様な手続きを，さらに (2.42) に対して行って，

$$\left(\gamma^\mu\partial_\mu + U(x)\right)\chi(x) = 0 \tag{3.2}$$

とおこう．左辺の行列で対角項の偶奇性 (parity) を揃えるためには，$U(x)$ を擬スカラー (pseudo-scalar) にとる必要がある．束縛条件 (2.43) を維持するならば，$U(x)$ に対する制約は先の場合と同様になる．従って，上式に (2.47) を代入すれば

$$i\hbar\frac{\partial\psi_1(\vec{x},t)}{\partial t} = \left[-\frac{\hbar^2}{2m}(\vec{\nabla})^2 - \vec{\sigma}\left(\vec{\nabla}V(\vec{x})\right) + \frac{2m}{\hbar^2}V^2(\vec{x})\right]\psi_1(\vec{x},t) \tag{3.2'}$$

が得られる．(2.49) の場合とは異なり，ここでは $\psi_1(\vec{x}, t)$ の 2 成分性があらわとなり，スピン運動が軌道運動と結合 (couple) している．(3.1'), (3.2') 右辺括弧内の付加項は，外力のポテンシャルに対応する．

上の方法では，ψ, ψ_1 に対するポテンシャル項には大きな差異が現れている．両者の形を似かよったものにするには，テンソル的な項を付加すればよい．例えば (2.33) に対しては，その中の計量テンソル $\eta^{\mu\nu}$ を一時的に $g^{\mu\nu}$ と書き，その中の g^{55} のみを $g^{55} \to g^{55} + U(x)$ のように置き換え，しかる後に $g^{\mu\nu} = \eta^{\mu\nu}$ とおく．また (2.42) に対しては，予め同式を $\gamma^\mu\partial_\mu\chi(x) = \eta^{\mu\nu}\gamma_\nu\partial_\mu\chi(x) = 0$ と書き換えておき，これに対して上記と同様にする．ここに $\gamma_\mu = \eta_{\mu\nu}\gamma^\nu$，従って $\gamma_4 = -\gamma^5, \gamma_5 = -\gamma^4$ である．上記の置き換えの結果出来するポテンシャル項は，(2.33) および (2.42) の場合に，それぞれ $V(\vec{x})$ および $2V(\vec{x})$ となる．ただし，ここでは $V(\vec{x}) \equiv (mu^2/2)U(\vec{x})$ である．

3.1.2 重力相互作用

スカラー場に対する $\psi(\vec{x}, t)$，およびスピノル場に対する $\psi_1(\vec{x}, t)$ に対する方程

式が全く同一のポテンシャル項をもつようにするには，以下のようにすればよい．一組の量 $h_\alpha^\mu = \delta_\alpha^\mu$ $(\mu, \alpha = 1, 2, \cdots, 5)$ を用い，(2.33) 中の $\eta^{\mu\nu}$ を $h_\alpha^\mu h_\beta^\nu \eta^{\alpha\beta}$ に，(2.42) 中の γ^μ を $h_\alpha^\mu \gamma^\alpha$ と形式的に書き直し，それぞれにおいて

$$h_4^5 \to h_4^5 - \frac{1}{u^2}\Phi(\vec{x}) \tag{3.3}$$

なる書き換えを行い，しかる後に $h_\alpha^\mu = \delta_\alpha^\mu$ とおく．因みにこの h_α^μ は，一般に 5 脚場 (fünfbein) $h_\alpha^\mu(x)$ と呼ばれる量の特殊な場合に相当している (3.3.3 項参照)．このとき，それぞれの方程式に対するポテンシャル項は，ともに $m\Phi(\vec{x}, t)$ となる．すなわち，$\Psi(\vec{x}, t) \equiv \psi(\vec{x}, t), \psi_1(\vec{x}, t)$ とするとき

$$i\hbar\frac{\partial}{\partial t}\Psi(\vec{x}, t) = \left[-\frac{\hbar^2}{2m}\vec{\nabla}^2 + m\Phi(\vec{x})\right]\Psi(\vec{x}, t) \tag{3.4}$$

である．

ここで以下の点に注目したい．先ず (3.3) は純粋に幾何学的な置き換えであり，従って総ての場に対して共通であること，そして，出来するポテンシャル項は斉しく $m\Phi(\vec{x})$ であり，それぞれの場の質量に比例していることである．事情は明らかに，一般のバーグマン–ウィグナー場についても同様である．この結果，$\Phi(\vec{x})$ を重力に対するニュートン・ポテンシャルとみなすことが許される．換言すれば，置き換え (3.3) はニュートン・ポテンシャル $\Phi(\vec{x})$ を導入するための一般規則を与える．これはよく知られた電磁場導入に対する'ゲージ不変な置き換え'(次節 (3.13) 参照) に対応するものと考えられる．もちろん，ここでは $\Phi(\vec{x})$ を外場として考えている．本来，重力場や電磁場それ自体は，アインシュタイン相対論によって取り扱われるべきものであり，ガリレイ不変な理論のなし得ることは，上記のように，外場としての取り扱い以上にはないと思われる．

おわりに，ポテンシャル項一般について，二三の注意を付加しておく．上述の議論で，$V(\vec{x})$ の代わりに $U(x) \sim V(\vec{x}, \vec{\nabla})$ であるとしても，事情は本質的に変わらない．

また，例えば上記 (3.1′) において，もし定数 $\hbar$ をプランク定数 (Planck constant) とみなすならば，これは量子力学でよく知られた一粒子に対するシュレーディンガー方程式と，数学的に全く同型になる．そこでの $V(\vec{x}, \vec{\nabla})$ は，確かに粒子 (座標 $\vec{x}$) に対して働く外力のポテンシャルとされている．実際，後に一般的に

証明するように (5.3.2 項参照), 場 $\psi(\vec{x},t)$ が (3.1′) を満たすとき—その量子化の結果として粒子が現れるが—, 1 粒子状態に対する確率振幅 $\varphi(\vec{x},t)$ もまた, (3.1′) とまったく同型の, いわゆるシュレーディンガー方程式を満たす. 従って, $\psi(\vec{x},t)$ と $\varphi(\vec{x},t)$ の物理的意味の相違は別として, 前者に対する形式的・数学的性質の多くは, そのまま後者に移行する. これが, 場についてかくも詳しく議論している理由の一つでもある. 以下本書では

$$i\hbar\frac{\partial\Psi(\vec{x},t)}{\partial t}=\left[-\frac{\hbar^2}{2m}\vec{\nabla}^2+V(\vec{x},\vec{\nabla})\right]\Psi(\vec{x},t)\equiv\mathcal{H}_1\Psi(\vec{x},t) \quad (3.5)$$

の型の偏微分方程式のことを, S 型方程式と呼ぶことにしたい.

3.1.3 質量の保存

議論は一般の場に対しても本質的に同様であるので, ここでは例として, スカラー場に対する (3.1) 式の場合を考察する. これまでは, $U(\vec{x})$ を与えられた関数であるとしてきたが, 以下では, 他のスカラー場 $\tilde{\phi}_\alpha(x)(\equiv\phi_\alpha(x),\phi_\alpha^*(x);\alpha=1,2,\cdots)$ の積よりなるスカラー量であると考えてみよう. すなわち, 2 組以上の場の共存系を考え, とくに着目する場 $\phi(x)$ を $\phi_1(x)$ とし, これらの場は相互作用 (ラグランジアン密度)

$$\text{const.}\times\phi_1^*(x)U(x)\phi_1(x), \qquad U(x)\equiv\tilde{\phi}_{\alpha_1}(x)\tilde{\phi}_{\alpha_2}(x)\cdots\tilde{\phi}_{\alpha_j}(x)=U^*(x) \quad (3.6)$$

をもつとする[*2]. ここで, われわれの基本的仮定は, 相互作用 (3.6) の存在下においても, 各 $\phi_\alpha(x)$ は束縛条件 (2.35), すなわち

$$\left(\partial_s+i\frac{m_\alpha}{\hbar}\right)\phi_\alpha=0 \quad (3.7)$$

を満たす, ということである. 従って各 $\phi_\alpha(x)$ は, 変数 s に関して, フーリエ成分 $\sim\exp(-im_\alpha s/\hbar)$ のみをもつことになる.

このとき, 場の方程式 (3.1) と束縛条件 (3.7) の両立性から, 直ちに $m_1-m_1+\sum_j\tilde{m}_{\alpha_j}=0$, すなわち

$$\sum_\alpha\tilde{m}_\alpha=0 \quad (3.8)$$

が要求される. ここに $\sum_\alpha$ は, 相互作用 (3.6) に含まれるすべての $\tilde{\phi}_\alpha$ について

[*2] 自由場のラグランジアンを後出 (10.1) のように取れば, 上記の const.$=-\frac{\hbar^2}{2m}$ となる.

の和であり，$\tilde{\phi}_\alpha = \phi_\alpha$ であれば $\tilde{m}_\alpha = m_\alpha$，$\tilde{\phi}_\alpha = \phi_\alpha^*$ であれば $\tilde{m}_\alpha = -m_\alpha$ とする．換言すれば，(3.8) を満たす相互作用のみが，われわれの理論で許容されることになる．

以上の結果は，さらに一般的に次のように述べることができる．われわれの定式化は第 5 座標 $x^5 \equiv s/u$ を用いているが，これは形式上の目的から導入されたものに過ぎず，理論の最終結果は，通常の変数 $\vec{x}, t$ のみによって記述されねばならない．s が最終結果に残存しては，その物理的解釈が困難となるからである．この要請は従って，次のように定式化される．

いま変数 s に対して変換—(2.12) の特殊な場合—

$$s \to s + \lambda \quad (\lambda : 実数) \tag{3.9}$$

を行うとき，各々の場 $\phi_\alpha(x)$ は位相あるいは 'ゲージ変換' (gauge transformation)

$$\phi_\alpha(x) \to \exp(-im_\alpha \lambda/\hbar)\phi_\alpha(x) \tag{3.9'}$$

を受ける．このとき上記の要請は，'すべての物理量は変換 (3.9') の下で不変であるべし' として表現される[*3]．不変であれば，最終結果で実質的に $s=0$ とおいてよく，s の物理的解釈は不要となる．

各 $\phi_\alpha(x)$ に対して，(2.36) に従い $\phi_\alpha(x) \equiv \exp(-im_\alpha s/\hbar)\psi_\alpha(\vec{x}, t)$ として $\psi_\alpha(\vec{x}, t)$ を導入すれば，変換 (3.9') は

$$\psi_\alpha(\vec{x}, t) \to \exp(-im_\alpha \lambda/\hbar)\psi_\alpha(\vec{x}, t) \tag{3.9''}$$

となる．この変換に対する形成演算子は，すでに (2.67) で与えた $M = -P_5$ であり，いまの場合

$$M = \sum_\alpha m_\alpha \int d^3x \, \psi_\alpha^*(\vec{x}, t)\psi_\alpha(\vec{x}, t) \tag{3.10}$$

の形をとる．実際，λ =無限小とするとき，$\delta\psi_\alpha \equiv (-im_\alpha\lambda/\hbar)\psi_\alpha(\vec{x}, t) = \lambda\{\psi_\alpha(\vec{x}, t), M\}$ である．総ての物理量 A がゲージ変換 (3.9'') の下で不変であるから，$\{M, A\} = 0$ である．ここで $A = H$ と取れば，もちろん M の保存則 $\dot{M} = \{M, H\} = 0$ が得られるが，上の結果はさらにそれ以上に，M が超選択則に従う量であることを示している．なお，M のこの性質については，すでに 2.4 節で触れた．

因みに，上記の定式化は，電荷保存に対する通常の定式化と，数学的には全

[*3] この場合，相互作用ラグランジアンとしては，(3.6) よりも一般的で $\tilde{\phi}_1, \phi_\alpha$ から成る任意の多項式が許される．

く同一である．ただし，ここでは総ての物質場が'電荷' m_α をもつ[*4].

3.2 電磁相互作用

3.2.1 ゲージ不変性

本節では，場が電磁場と相互作用をしている場合について考える．言うまでもなく，ガリレイ不変な理論は，物体の速度 v が光速 c に較べて小さいときに意味をもつ．他方，電磁場はつねに光速でもって伝播し，非相対論的な状況はあり得ない．このことは，後に述べる粒子的な言葉を使うならば，マックスウエル方程式 (Maxwell equation) の中に，電磁場の量子—光子—の質量に対応するパラメーターが入っていないこと—あるいは $m=0$—に反映されている．要するに電磁場は，重力場と同様，典型的に—アインシュタインの意味で—相対論的な存在なのである．このような事情から，電磁場に対して，ゲージおよびガリレイ不変な理論を，満足な形で定式化することはできないと思われる．実際，これがアインシュタイン相対論の出発点でもあった[*5].

以下では，従って，電磁場が外場である場合に制限し，それが一つの5次元反変ベクトル $A^\mu(x)$ によって与えられると仮定する．また，(2.35) で $m=0$ とした束縛条件

$$\frac{\partial}{\partial x^5}A^\mu(x)=0 \tag{3.11}$$

が成り立つと仮定すると，$A^\mu(x)$ は x^5 によらないこととなる．他方，通常の電磁理論における電磁4元ポテンシャルの空間および時間成分を $\vec{\mathcal{A}}, \mathcal{A}$ とし，関係する諸量の次元，および後に述べるゲージ共変な置き換え $\partial_\mu \to \mathcal{D}_\mu$ の可能性な

[*4] '質量保存の法則' (law of conservation of mass) あるいは '物質不滅の法則' (law of indestructibility of matter) は，1774年にラヴォアジェ (A.L.Lavoisier) により，化学の法則として発見されたと伝えられる．しかしながら，物理学は，以後アインシュタイン (1905年) に到るまでの一世紀余，この法則の理論的基礎付けに関しては，ひたすら沈黙を続けた．まことに奇怪な状況と言わざるを得ない．

他方，物理学者間には，一般に，次のような見解が受容されている．理論が新しい理論へと進化するとき，(1) 旧理論では別個の保存則であったものが，新理論では一つの保存則として統合される；また (2) 新理論はある近似の下で，旧理論に近づく．古典力学と相対論的力学の関係を，(1) と (2)，何れの立場から眺めるにせよ，質量保存の法則は，前者に於いて，確実な理論的基礎を与えられていなければならないと思われる．

[*5] ガリレイ共変な理論で，電磁場をいかように取り扱うかについては，例えば H.Le Bellac and J.M.Lévy-Leblond : Nuovo Cimento, **14B**(1973)217 を参照．

3.2 電磁相互作用

どを考慮して，次のようにおこう：
$$A^\mu \equiv \left(\vec{\mathcal{A}}, 0, \frac{c}{u}\mathcal{A}\right). \tag{3.12}$$
ここに $A^4 = 0$ の性質は他の座標系でも保たれる[*6]．

いま，任意の自由場 $\Psi(x)$ に対する方程式を $F(\partial_\mu)\Psi(x) = 0$ としたとき，この式にゲージおよびガリレイ共変な仕方で相互作用項を導入するには，通常の処方箋に従い，次の手続きをとればよい．すなわち，$F(\partial_\mu)$ 中の ∂_μ に対して
$$\partial_\mu \to D_\mu \equiv \partial_\mu - (ie/c\hbar)A_\mu(x) \tag{3.13}$$
なる置き換えを行うのである．ここで共変な $A_\mu(x) = \eta_{\mu\nu}A^\nu(x)$ は $(\vec{\mathcal{A}}, -\frac{c}{u}\mathcal{A}, 0)$ によって与えられる．また $\Psi(x)$ に対する束縛条件に関しては，(2.35) と同じく $(\partial_5 + imu/\hbar)\Psi(x) = 0$ であるが，各座標系において $A_5 = 0$ であるので $D_5 = \partial_5$ となり，変更の要はない．場の方程式との両立性についても，問題はない．

いま $\Lambda(x)$ を x^5 によらない関数として，ゲージ変換を
$$\begin{aligned}\Psi(x) &\to \widetilde{\Psi}(x) = \exp\left[\frac{ie}{c\hbar}\Lambda(x)\right]\Psi(x), \\ A_\mu(x) &\to \widetilde{A}_\mu(x) = A_\mu + \partial_\mu\Lambda(x)\end{aligned} \tag{3.14}$$
で与えれば，場の方程式 $F(\mathcal{D}_\mu)\Psi(x) = 0$，そしてもちろん束縛条件も，明らかにゲージ不変となる．

3.2.2 二，三 の 例

前節で述べた方法を，2.3節で論じた3種の場に対して，具体的に適用してみよう．

a. 先ずスカラー場 $\phi(x)$ の場合，(2.33) において置き換え (3.13) を行うと
$$\eta^{\mu\nu}D_\mu D_\nu \phi(x) = 0 \tag{3.15}$$
が得られる．この $\phi(x)$ に対しても (2.35) が成り立つから，(2.36) で定義された $\psi(\vec{x},t)$ に対しては
$$i\hbar\frac{\partial}{\partial t}\psi(\vec{x},t) = \left[-\frac{\hbar^2}{2m}\left(\vec{\nabla} - \frac{ie}{c\hbar}\vec{\mathcal{A}}\right)^2 + e\mathcal{A}\right]\psi(\vec{x},t) \tag{3.15'}$$
が得られる．この結果は，もちろん，(2.37) から通常の置き換え $\partial_j \to \partial_j -$

[*6] 実際，上記 A^μ の変換は，4元ベクトル $(\vec{\mathcal{A}}, \mathcal{A})$ に対するローレンツ変換で，$v^2/c^2 \ll 1$ かつ $|\mathcal{A}|/|\vec{\mathcal{A}}| \ll 1$ とした場合の近似的表式と同一である．

$(ie/c\hbar)\mathcal{A}_j$ $(j=1,2,3), \partial_t \to \partial_t+(ie/\hbar)\mathcal{A}$ によって，直接導いた表式と一致する．(3.15′) は S 型方程式の一例である．

b. 次にスピノル場 $\chi(x)$ の場合を考える．(2.42) において，置き換え (3.13) を行い，これに (2.47) を代入すれば，(2.48) の第二式，および (2.49) に対応する式は，それぞれ

$$\psi_2(\vec{x},t) = \frac{\hbar}{\sqrt{2}imu}(\vec{\sigma}\cdot\vec{D})\psi_1(\vec{x},t), \tag{3.16}$$

$$i\hbar\frac{\partial\psi_1(\vec{x},t)}{\partial t} = \left[-\frac{\hbar^2}{2m}\left(\vec{\nabla}-\frac{ie}{c\hbar}\vec{\mathcal{A}}\right)^2 - \frac{e\hbar}{2mc}(\vec{H}\cdot\vec{\sigma})+e\mathcal{A}^4\right]\psi_1(\vec{x},t)$$
$$(\equiv \mathcal{H}_{el}\psi_1(\vec{x},x^4)) \tag{3.17}$$

となる．ここで，$\vec{H}\equiv\mathrm{rot}\vec{\mathcal{A}}$ とした．

(3.17) においても，ψ_1 の 2 成分性は，右辺第二項に現れている．この項は，磁気モーメント $\vec{\sigma}\left(\frac{e\hbar}{2mc}\right)\equiv g\vec{S}\left(\frac{e\hbar}{2mc}\right)$ をもった粒子に対する結合項 (coupling term) と同じ形である．ただし，g 因子 (g-factor) は上の場合 $g=2$ となっている．通常，この結論は，アインシュタイン相対性に基づくディラックの相対論的波動方程式の特性とされているが，ガリレイ相対性でも十分であることがわかる[*7]．

c. バーグマン-ウィグナー場の場合には，しかしながら，新たな注意が必要となる．置き換え $\partial_\mu \to D_\mu$ を，どの方程式で行うかによって，結果が異なってくるからである．先ず，この操作を '単一' の式 (2.60) で行えば

$$i\hbar\frac{\partial\psi(\vec{x},t)}{\partial t} = \left[-\frac{\hbar^2}{2m}\left(\vec{\nabla}-\frac{ie}{c\hbar}\vec{\mathcal{A}}\right)^2 - \frac{1}{S}\left(\frac{e\hbar}{2mc}\right)(\vec{H}\cdot\vec{S})+e\mathcal{A}\right]\psi(\vec{x},t) \tag{3.18}$$

となる．この場合の g 因子は $g=1/S$ である．

他方，$\partial_\mu \to D_\mu$ の置き換えを (2.60′) で行えば，もちろん，スピンを含む項は現れず，$g=0$ となる．

同じ置き換えを，さらに，もとの連立方程式 (2.55) で行う場合を考えてみよう．このとき $\gamma^{(k)\mu}D_\mu\chi=0$ $(k=1,2,\cdots,n)$ が得られるが，これら n 個の式が互いに矛盾しないこと，あるいは，この連立方程式が積分可能であることのためには，$[\gamma^{(k)\mu}D_\mu,\gamma^{(\ell)\nu}D_\nu]=0$ $(k,\ell=1,2,\cdots,n)$ が要求される．しかし，この交換子は $[\ ,\ ]=(e/ic\hbar)\gamma^{(k)\mu}\gamma^{(\ell)\nu}F_{\mu\nu}$ （ただし $F_{\mu\nu}\equiv\partial_\mu A_\nu-\partial_\nu A_\mu$）となり，$F_{\mu\nu}\neq 0$ の

[*7] この事実は，例えば次の文献に述べられている．J.M.Lévy-Leblond : Comm.Math.Phys. **6**(1967)286. C.R.Hagen and W.J.Hurley : Phys.Rev.Lett. **24**(1970)1381.

場合には 0 とはならない．従って，一般に，上記の連立方程式は正しくないことになる．置き換え $\partial_\mu \to D_\mu$ は，おそらく，必要な方程式全てを導出し得るようなラグランジアン—これは単一の表式である—において行うのが無難であろう．もっとも，この場合にも，得られた式相互間の無矛盾性は，場合ごとに検証してみなければならない．しかしながら，上のようなラグランジアンは，一般の S に対して未だ知られていないようである．

因みに，ローレンツ不変な場の理論では，$S > 1$ の場合，電磁相互作用を導入すると関係式間に矛盾を生じる例が，古くから知られている[*8].

3.3 非慣性系と慣性力

3.3.1 座標変換の一般化

これまでの考察は，いわゆる慣性系に限られたものであり，実際，変換 G_4 あるいは G_5 は，任意の二つの慣性系を結ぶものであった．本節では，この考察を一般化し，非慣性系における，対応する状況について検討してみたい．

このための手順としては，特殊相対論から一般相対論に移行する場合のそれを踏襲すればよい．すなわち，一つの慣性系から，これに対して非慣性的になっている別の座標系，すなわち非慣性系への座標変換を設定し，慣性系における既知の方程式を，変換後の式が共変的になるように書き直せば，これが一般座標系における方程式となる．

さてここでは，一般的な座標変換として，次のようなものを考える．S_0 を一つの慣性系，S を他の一般座標系とし，それぞれの座標を $(\vec{x},t),(\vec{x}',t')$ と書く．空間軸は簡単のため，ともに直交座標系とする．両座標を結ぶ変換としては，(2.1) を一般化して

$$\vec{x}' = R(t)\vec{x}+\vec{A}(t), \quad t' = t \tag{3.19}$$

ととる．ここに直交行列 $R(t)$ およびベクトル $\vec{A}(t)$ は，一般に時間 t に依存するものとする．とくに $R(t) = $ 定数行列，$\vec{A}(t) = -\vec{v}t+\vec{a}$ ならば，(3.19) は (2.1) に帰着し，S もまた慣性系となる．$R(t),\vec{A}(t)$ がこの形以外の場合には，従って，(3.19) は慣性系 S_0 と非慣性系 S とを結ぶ変換となると考えられる．

[*8] W.Pauli and M.Fierz : Proc.Roy.Soc.A**173**(1939)211 ; Helv.Phys.Acta. **12**(1939) 297.

$i, j = 1, 2, 3$ に対しては $\eta_{ij} = \delta_{ij}$ であり，テンソルの空間成分に対して，共変・反変の区別をする必要はない．それ故，表式を簡単にするため，当分の間，添え字はすべて下付きとする．このとき $R_{ik}R_{jk} = \delta_{ij} = R_{ki}R_{kj}$ であるから，(3.19) すなわち $x'_i = R_{ij}x_j + A_j$ より

$$x_i = R_{ji}x'_j - \tilde{A}_i, \tag{3.20}$$

ただし

$$\tilde{A}_i \equiv R_{ji}A_j, \tag{3.20'}$$

が得られる．

ここで後の便宜のため，ラグランジアン (2.4) を S 系における変数 $(\vec{x}', t')$ で書き直しておく[*9]：

$$\begin{aligned}\mathcal{L} &= \frac{m}{2}\dot{\vec{x}}^2 \\ &= \frac{m}{2}\dot{\vec{x}}'^2 + \frac{m}{2}\dot{R}_{ji}\dot{R}_{ki}x'_j x'_k + m\dot{R}_{ji}R_{ki}x'_j \dot{x}'_k + mR_{ji}x'_j \ddot{\tilde{A}}_i - m\frac{d}{dt}f(\vec{x}', t') \\ &\tag{3.21} \\ &\equiv \mathcal{L}'(\vec{x}', t') - m\frac{d}{dt}f(\vec{x}', t').\end{aligned}$$

ここに

$$f(\vec{x}', t') \equiv R_{ji}x'_j \dot{\tilde{A}}_i - \frac{1}{2}\int_0^{t'}\dot{\tilde{A}}_j(\tau)\dot{\tilde{A}}_j(\tau)d\tau. \tag{3.22}$$

さて (3.19) に伴う第 5 座標 s の変換を求めるために，2.2.1 項で行ったと同様に，上記 $\mathcal{L}$ の代わりに次の $\tilde{\mathcal{L}}$ を採用する：

$$\tilde{\mathcal{L}} \equiv \mathcal{L}(\vec{x}, t) - m\frac{ds}{dt}, \quad \tilde{\mathcal{L}}' \equiv \mathcal{L}'(\vec{x}', t') - m\frac{ds'}{dt'}. \tag{3.23}$$

ここで，$\tilde{\mathcal{L}} = \tilde{\mathcal{L}}'$ が成り立つためには，第 5 座標 s は

$$s' = s + f(\vec{x}, t) \tag{3.24}$$

として変換すれば十分である．ただしここで記号上の便法 $f(\vec{x}'(\vec{x}, t), t'(t)) \equiv f(\vec{x}, t)$ を用いた (以下同様)．従って

$$f(\vec{x}, t) = \dot{\tilde{A}}_j x_j + \tilde{A}_j \dot{\tilde{A}}_j - \frac{1}{2}\int_0^t \dot{\tilde{A}}_j(\tau)\dot{\tilde{A}}_j(\tau)d\tau. \tag{3.22'}$$

(3.24) は (2.10) の一般化になっている．

[*9] (2.5) では $\mathcal{L}'$ を，(3.21) では $\mathcal{L}$ を書き替えていることに注意．

3.3 非慣性系と慣性力

(3.19), (3.24) をまとめ, 2.2.2項で導入した座標 $x^\mu (\mu=1,2,\cdots,5)$ を用いれば

$$\begin{aligned}
x'_i &= R_{ij}x_j + A_i, \\
x'^4 &= x^4, \\
x'^5 &= x^5 + \check{\tilde{A}}_j x_j + \tilde{A}_j \check{\tilde{A}}_j - \frac{1}{2}\int_0^{x^4} \check{\tilde{A}}_j(\tau)\check{\tilde{A}}_j(\tau)d\tau.
\end{aligned} \qquad (3.25)$$

ここで, 再び記号上の便法 $\tilde{A}_j(t) \equiv \tilde{A}_j(x^4)$ を用い, また ˇ $\equiv d/dx^4$ とした.

上記に関連して, 5次元空間における計量テンソルを求めておく. S_0 系においては $g^{\mu\nu} = \eta^{\mu\nu}$ であるから, S系における $g'^{\mu\nu}(x')$ は, 公式 $g'^{\mu\nu} = (\partial x'^\mu/\partial x^\alpha)(\partial x'^\nu/\partial x^\beta)\eta^{\alpha\beta}$ を用いれば

$$\begin{aligned}
g'^{ij} &= \delta^{ij}, \quad g'^{i4} = 0, \quad g'^{i5} = -\check{R}_{ij}R_{kj}x'_k, \\
g'^{44} &= 0, \quad g'^{45} = -1, \quad g'^{55} = -2R_{ji}\check{\tilde{A}}_i x'_j
\end{aligned} \qquad (3.26)$$

で与えられる. さらに, (3.26) あるいは公式 $g'_{\mu\nu}(x') = (\partial x^\alpha/\partial x'^\mu)(\partial x^\beta/\partial x'^\nu)\eta_{\alpha\beta}$ より

$$\begin{aligned}
g'_{ij} &= \delta_{ij}, & g'_{i4} &= R_{ik}\check{R}_{jk}x'_j, & g'_{i5} &= 0, \\
g'_{44} &= \check{R}_{ji}\check{R}_{ki}x'_j x'_k + 2R_{ji}\check{\tilde{A}}_i x'_j, & g'_{45} &= -1, & g'_{55} &= 0
\end{aligned} \qquad (3.26')$$

となる.

われわれの定式化においては, 個々の一般座標系, あるいは非慣性系 S は, ある特定の慣性系 S_0 に対して定義された行列 R およびベクトル $\vec{A}$ によって特定されている. いま二つの一般座標系 S_1 (座標 x'^μ), S_2 (座標 x''^μ) をとり, それぞれの上記特定量を $R^{(1)}, \vec{A}^{(1)}$ および $R^{(2)}, \vec{A}^{(2)}$ としよう. このとき, 一般座標系 S_1 より一般座標系 S_2 への変換は, S_0 を媒介すれば容易に求められる. すなわち

$$\begin{aligned}
x''_i &= K_{ij}x'_j + B_i, \\
x''^4 &= x'^4, \\
x''^5 &= x'^5 + R_{ji}^{(1)}(\check{\tilde{A}}_i^{(2)} - \check{\tilde{A}}_i^{(1)})x'_j + \check{\tilde{A}}_i^{(2)}(\tilde{A}_i^{(2)} - \tilde{A}_i^{(1)}) \\
&\quad + \frac{1}{2}\int_0^{x'^4}\left(\check{\tilde{A}}_i^{(1)}(\tau)\check{\tilde{A}}_i^{(1)}(\tau) - \check{\tilde{A}}_i^{(2)}(\tau)\check{\tilde{A}}_i^{(2)}(\tau)\right)d\tau.
\end{aligned} \qquad (3.27)$$

ただし,

$$\begin{aligned}
\tilde{A}_i^{(1)} &\equiv R_{ji}^{(1)}A_j^{(1)}, & \tilde{A}_i^{(2)} &\equiv R_{ji}^{(2)}A_j^{(2)}, \\
K_{ij} &\equiv R_{ik}^{(2)}R_{jk}^{(1)}, & B_i &\equiv -R_{ij}^{(2)}\tilde{A}_j^{(1)} + A_i^{(2)}.
\end{aligned} \qquad (3.27')$$

とくに S_1 が慣性系であれば，(3.27) はもちろん (3.25) に帰着する．

3.3.2　一般座標系における場の方程式 (1) ―クライン–ゴルドン型の場合―

本項においては，2.3.1 項で与えられた慣性系における自由スカラー場の方程式が，一般座標系においてはどのような形をとるのか，について検討する．非慣性系の場合に新たに現れる付加項が，いわゆる慣性力 (inertial force) に対応する．

a.　一般式の導出

慣性系 S_0 (座標 x^μ) におけるスカラー場 $\phi(x)$ は (2.33)，(2.35) を満たす．すなわち

$$\eta^{\mu\nu}\partial_\mu\partial_\nu\phi(x) = 0, \tag{3.28}$$

$$(i\hbar\partial_5 - mu)\phi(x) = 0. \tag{3.28'}$$

さて S_0 と変換 (3.25) で結ばれた一般座標系を S (座標 x'^μ) としよう．上の式を S 系で妥当する共変的な形に書き改めるには，先にも述べたように，一般相対論で用いられている手法をそのまま借用すればよい．

以後，S_0 系での量に $'$ を付して対応する S 系での量を表わすことにし，一般に次の置き換えを行う：$\phi(x) \to \phi'(x') = \phi(x), \eta^{\mu\nu} \to g'^{\mu\nu}(x'), \partial_\mu \to \mathcal{D}'_\mu$．ここに $\mathcal{D}_\mu$ はいわゆる共変微分 (covariant derivative) の演算子であり，スカラー量に作用するときには ∂_μ に等しく，またテンソル量，例えば反変または共変ベクトル $V^\nu(x), V_\nu(x)$ に作用するときには

$$\begin{aligned}\mathcal{D}_\mu V^\nu(x) &= \partial_\mu V^\nu(x) + \Gamma^\nu_{\mu\lambda}V^\lambda(x), \\ \mathcal{D}_\mu V_\nu(x) &= \partial_\mu V_\nu(x) - \Gamma^\lambda_{\mu\nu}V_\lambda(x)\end{aligned} \tag{3.29}$$

となる．この $\Gamma^\lambda_{\mu\nu}$ はアフィン接続係数 (affine connection) と呼ばれる量で

$$\Gamma^\lambda_{\mu\nu} = \frac{1}{2}g^{\lambda\rho}\Big(\partial_\mu g_{\rho\nu} + \partial_\nu g_{\rho\mu} - \partial_\rho g_{\mu\nu}\Big) \tag{3.30}$$

で与えられる[*10]．(3.26)，(3.26') を上式に代入すれば，$\Gamma'^\lambda_{\mu\nu}(x')$ は

[*10]　(3.30) で与えられる接続係数を，とくにクリストフェル記号 (Christoffel symbol) と呼ぶ．

$$\Gamma'^i_{4j} = R_{ik}\check{R}_{jk}, \qquad \Gamma'^i_{44} = R_{ij}\check{\check{R}}_{kj}x'_k - R_{ij}\check{\check{A}}_j,$$
$$\Gamma'^5_{4i} = -R_{ij}\check{\check{A}}_j, \qquad \Gamma'^5_{44} = -2\check{R}_{ij}\check{\check{A}}_j x'_i - R_{ij}\check{\check{\check{A}}}_j x'_i, \qquad (3.31)$$
他の成分はゼロ

となる.ここで再び $\check{} \equiv \partial/\partial x'^4$ とした.

このようにして,(3.28) の一般形は $g'^{\mu\nu}\mathcal{D}'_\mu\mathcal{D}'_\nu\phi'(x') = 0$ となる.ところで(上式左辺)$= g'^{\mu\nu}(\partial'_\mu\mathcal{D}'_\nu - \Gamma'^\lambda_{\mu\nu}\mathcal{D}'_\lambda)\phi' = g'^{\mu\nu}(\partial'_\mu\partial'_\nu - \Gamma'^\lambda_{\mu\nu}\partial'_\lambda)\phi'$ であり,さらに (3.26) と (3.31) を用いれば $g'^{\mu\nu}\Gamma'^\lambda{}_{\mu\nu} = 0$ であるから,上式は単に

$$g'^{\mu\nu}\partial'_\mu\partial'_\nu\phi'(x') = 0 \qquad (3.32)$$

となる.他方,束縛条件 (3.28′) については,共変ベクトルの第 5 成分は (3.27) の下では不変であることを考慮すると,$\mathcal{D}'_5\phi'(x') = \partial'_5\phi'(x') = \partial_5\phi(x)$ となるから,S 系においてもまったく同型の

$$(i\hbar\partial'_5 - mu)\phi'(x') = 0 \qquad (3.32')$$

が成り立つことがわかる.この式の (3.32) との両立性は,$g'^{\mu\nu}$ が x'^5 を含まないので問題はない.

従って,S_0 系での (2.36) と同様に,(3.32′) を考慮すれば

$$\phi'(x') = \exp\left(\frac{-ims'}{\hbar}\right)\psi'(\vec{x}',t') \qquad (3.33)$$

と書ける.(3.26),(3.33) を (3.32) に代入すれば,$\psi'(\vec{x}',t')$ に対して

$$i\hbar\frac{\partial\psi'(\vec{x}',t')}{\partial t'} = \left(-\frac{\hbar^2}{2m}\vec{\nabla}'^2 - mR_{jk}\check{\check{A}}_k x'_j - i\hbar\dot{R}_{\ell j}R_{kj}x'_k\partial'_\ell\right)\psi'(\vec{x}',t')$$
$$\equiv (\mathcal{H}'_0 + \mathcal{H}'_{\text{inert}})\psi'(\vec{x}',t') \qquad (3.34)$$

が成立することとなる.ただし,$\mathcal{H}'_0 \equiv -(\hbar^2/2m)\vec{\nabla}'^2$ とする.

また $\phi'(x') = \phi(x)$ であり,これに (3.33),(2.36) を代入すれば,(3.24) により

$$\begin{aligned}\psi'(\vec{x}',t') &= e^{im(s'-s)/\hbar}\psi(\vec{x},t) \\ &= e^{imf(\vec{x},t)/\hbar}\psi(\vec{x},t)\end{aligned} \qquad (3.35)$$

が得られる.ここに関数 $f(\vec{x},t)$ は,すでに (3.22′) で与えられている.もちろん $\psi(\vec{x},t)$ に対する (2.37) より出発し,これに対して座標変換 (3.19) および位相変換 (3.35) を行えば,(3.34) が得られる.これは演習問題として適当であろう.因みに,(3.34) は,スカラー場の一般相対性理論からニュートン近似によって得られる結果に一致している.

b. 慣 性 力

(3.34) 右辺 $\mathcal{H}'_{\text{inert}}$ 中の 2 項は，一般に慣性力に対応すると考えられる．以下ではこのことを，特別な場合について確かめてみよう．

1) $\dot{R} = 0, \vec{A}(t) = \frac{1}{2}\vec{a}t^2$ ($\vec{a}$: 定数ベクトル)，すなわち S 系が S_0 系に対して等加速度運動をしている場合．このとき $\mathcal{H}'_{\text{inert}}$ 中の第 2 項 = 0．そして第 1 項 = $-m\vec{a}\cdot\vec{x}'$ となる．これは通常の古典力学より期待される結果である．

2) $\vec{A} = 0, \dot{R}(t) \neq 0$，すなわち S 系が S_0 系に対して回転している場合．もちろん $\mathcal{H}'_{\text{inert}}$ の第 1 項 = 0，また第 2 項中の $R(t)$ は直交行列であるから，$\dot{R}R^t = -R(\dot{R^t}) = -R(\dot{R})^t = -(\dot{R}R^t)^t$，すなわち $\dot{R}R^t$ は 3 行 3 列の実反対称行列である．従って，3 個の独立な実反対称行列 $(iJ_k)_{\ell m} = \epsilon_{k\ell m}(k=1,2,3)$ を用いて，一般に $\dot{R}R^t = i\Omega_k(t)J_k = i\vec{\Omega}(t)\cdot\vec{J}$ と表わせる．このとき第 2 項 = $-i\hbar(\dot{R}R^t)_{\ell m}x'_m\partial'_\ell = -i\hbar\Omega_k(t)\epsilon_{k\ell m}x'_m\partial'_\ell = -\vec{\Omega}(t)\cdot\vec{L}'$ となる．ただし $\vec{L}' = -i\hbar\vec{x}\times\vec{\nabla}'$ とおいた．とくに $R(t) = \exp\left[i(\vec{\omega}\cdot\vec{J})t\right]$ ($\vec{\omega}$: 定数ベクトル)，すなわち一様回転の場合には，$\vec{\Omega}(t) = \vec{\omega}$ である．これも予め期待された結果に他ならない．

3.3.3 一般座標系における場の方程式 (2) —ディラック型の場合—

a. スピノル場の変換性

スピノル場 $\chi(x)$ に対する場の方程式 (2.42) を変換 G_5 の下で共変にするために，2.2.2 項 b, 2.3.2 項では以下のように考えた．

$$\begin{aligned} 0 = \gamma^\mu\partial_\mu\chi(x) &= \gamma^\mu\frac{\partial x'^\lambda}{\partial x^\mu}\partial'_\lambda\chi(x) \equiv (\gamma^\mu\Lambda^\lambda{}_\mu)\partial'_\lambda\chi(x) \\ &= (T^{-1}\gamma^\lambda T)\partial'_\lambda\chi(x) = T^{-1}\gamma^\lambda\partial'_\lambda(T\chi(x)) \\ &= T^{-1}\gamma^\lambda\partial'_\lambda\chi'(x') \end{aligned} \tag{3.36}$$

より

$$\gamma^\mu\partial'_\mu\chi'(x') = 0. \tag{3.36'}$$

すなわち，変換 T はスピノル場 $\chi(x)$ に作用するものとし，行列 γ^μ は変換を受けず，変換後も同一の γ^μ を用いたのであった．これは量子力学で，時間発展を状態ベクトルに背負わせるシュレーディンガー表示 (Schrödinger representation) に類似した方式である．

しかしながら上式で
$$\gamma'^\lambda \equiv T^{-1}\gamma^\lambda T = \Lambda^\lambda{}_\mu \gamma^\mu \tag{3.37}$$
とおけば，γ^μ は反変ベクトルとして変換し，(3.36) は
$$0 = \gamma^\mu \partial_\mu \chi(x) = \gamma'^\mu \partial'_\mu \chi(x) \equiv \gamma'^\mu \partial'_\mu \chi'(x') \tag{3.36''}$$
とも書かれる．ここでは行列 γ^μ が変換を受けるので，スピノル場 $\chi(x)$ はスカラー量，すなわち $\chi'(x') = \chi(x)$ とみなしてよい．これは量子力学で，時間発展の原因を演算子のみに帰するハイゼンベルク表示 (Heisenberg representation) に類似した方式である．このとき，(2.15) により
$$\gamma'^\mu \gamma'^\nu + \gamma'^\nu \gamma'^\mu = 2\eta^{\mu\nu} \tag{3.38}$$
が成り立つ．実際この関係があるために，(3.37) におけるような行列 T が存在したのであった．要するに上記何れの方式に拠っても，変換と方程式の共変性は表現できるのである．通常，ディラック方程式の議論で，もっぱら第一の方式が採用されているが，これは開祖ディラックへの帰依，恭順によるのであろう．

しかしながら，G_5 を (3.25) のような一般座標変換に拡張した場合には，新しい状況が現れる．γ'^μ を反変ベクトルとして $\gamma'^\mu = (\partial x'^\mu / \partial x^\lambda)\gamma^\lambda$ とすると
$$\gamma'^\mu \gamma'^\nu + \gamma'^\nu \gamma'^\mu = 2g'^{\mu\nu}, \tag{3.39}$$
ただし
$$g'^{\mu\nu} = \frac{\partial x'^\mu}{\partial x^\lambda}\frac{\partial x'^\nu}{\partial x^\sigma}\eta^{\lambda\sigma} \tag{3.39'}$$
となる．一般に $g'^{\mu\nu}(x') \neq \eta^{\mu\nu}$ であり，従ってこのような γ'^μ を (3.37) のように $T^{-1}(x)\gamma^\mu T(x)$ の形に書くことはできない．それ故，上記第一の方式に従い，適当な行列 $\tilde{T}(x)$ を定義し，$\chi'(x') = \tilde{T}(x)\chi(x)$ と置いたとしても，変換全体を (3.36) のように簡単な形で定式化することはできないであろう．これに反して第二の方式は，一般座標変換の場合でもそのまま通用する．以下では従って，もっぱら第二の方式によることとする．

変換が G_5 から一般的なものへと移行した途端に，第一から第二の方式に切り替えるのは，いささか唐突に思われるかもしれない．これは，しかし，次のように考えるべきであろう．一般には第二の方式を採るべきであり，たまたま変換が G_5 の場合には，それが第一の方式をも可能にするのである，と．

b. 一般式と局所ガリレイ変換

当分の間，便宜上，慣性系 S_0 または他の慣性系でのテンソル添字を $a, b, c, \cdots$，一般系 S でのものを $\mu, \nu, \lambda, \cdots$ と記すことにする．さてここでの問題は，S_0 系でのスピノル場の方程式 (2.42) を一般化し，対応する S 系での式を求めることである．このとき，変換 (3.25) の下での共変性のみを要求するならば，S 系の方程式としては

$$\gamma'^\mu \partial'_\mu \chi'(x') = 0 \tag{3.40}$$

として十分である．ただし，

$$\gamma'^\mu \equiv \frac{\partial x'^\mu}{\partial x^a} \gamma^a \tag{3.41}$$

であり，これは (3.39) を満たす．他方，束縛条件については，(3.32′) と同じく

$$(i\hbar \partial'_5 - mu)\chi'(x') = 0 \tag{3.40′}$$

としてよい．(3.41), (3.27) より γ'^μ は x'^5 にはよらないから，(3.40) と (3.40′) の両立性は明らかである．

しかしながら，スピノル場の成分間の変換の自由度およびそれに伴う対称性を考慮に入れれば，上記方程式を次のように一般化することができる．すなわち，座標系の変換 $S_0 \to S$ とは別個に，スピノル場 $\chi'(x')$ に対する変換

$$\chi'(x') \to \tilde{\chi}'(x') = \tilde{T}(x')\chi'(x') \tag{3.42}$$

を考えてみよう．ここに変換行列 $\tilde{T}(x')$ は，一般に x' の関数であるが，束縛条件を同型に保つため，x'^5 にはよらないものとする．このとき $\tilde{\chi}(x')$ に対しては

$$\tilde{\gamma}'^\mu(x')\left(\partial'_\mu + \Gamma'_\mu(x')\right)\tilde{\chi}(x') = 0 \tag{3.43}$$

が成り立つ．ただし，

$$\tilde{\gamma}'^\mu(x') \equiv \tilde{T}(x')\gamma'^\mu(x')\tilde{T}^{-1}(x') = \frac{\partial x'^\mu}{\partial x^a}\tilde{T}(x')\gamma^a \tilde{T}^{-1}(x'), \tag{3.44}$$

$$\Gamma'_\mu(x') \equiv \tilde{T}(x')\left(\partial_\mu \tilde{T}^{-1}(x')\right) \tag{3.45}$$

とする．従って，$\tilde{\gamma}'^\mu(x')$ に対しても

$$\tilde{\gamma}'^\mu(x')\tilde{\gamma}'^\nu(x') + \tilde{\gamma}'^\nu(x')\tilde{\gamma}'^\mu(x') = 2g'^{\mu\nu}(x') \tag{3.46}$$

となる．

ここで議論をさらに具体化するために，$\tilde{T}(x')$ を S_0 または他の慣性系で定義された，x' 依存の G_5 変換—局所 G_5 変換—に対する行列であるとしよう．す

なわち,群 G_5 の要素を指定するパラメーターを,一般に x'^μ ($\mu=1,2,3,4$) の関数とみなすわけである.従って $\gamma^a\gamma^b+\gamma^b\gamma^a=2\eta^{ab}$ を満たす γ^a 行列に対して,(2.24),(2.19) により

$$\tilde{T}^{-1}(x')\gamma^a\tilde{T}(x') = \tilde{\Lambda}^a{}_b(x')\gamma^b, \tag{3.47}$$

あるいは

$$\tilde{T}(x')\gamma^a\tilde{T}^{-1}(x') = \tilde{\Lambda}_b{}^a(x')\gamma^b \tag{3.47'}$$

が成り立つものとする.このとき (3.44) は

$$\tilde{\gamma}'^\mu(x') = \frac{\partial x'^\mu}{\partial x^b}\Lambda_a{}^b\gamma^a \equiv h_a^\mu(x')\gamma^a \tag{3.44'}$$

となる.(3.44') より $\tilde{\gamma}'^\mu$ と $\tilde{\gamma}'^\nu$ の反交換関係を求め,これを (3.46) と比較することにより

$$g'^{\mu\nu}(x') = h_a^\mu(x')h_b^\nu(x')\eta^{ab} \tag{3.48}$$

が得られる.この $h_a^\mu(x')$ は,従って,先にも触れた 5 脚場[*11]に相当する量であることがわかる.

ここで $\tilde{T} = \tilde{T}^{(2)}\tilde{T}^{(1)}$ とすれば,これに対応して $\tilde{\Lambda}_a{}^b = \tilde{\Lambda}_a^{(2)c}\tilde{\Lambda}_c^{(1)b}$ であり,

$$h_a^\mu(x') = \frac{\partial x'^\mu}{\partial x^b}\tilde{\Lambda}_a{}^b = \frac{\partial x'^\mu}{\partial x^b}\tilde{\Lambda}_a^{(2)c}\Lambda_c^{(1)b} \equiv \tilde{\Lambda}_a^{(2)c}h_c^{(1)\mu}(x') \tag{3.49}$$

となる.上式で $h_a^{(1)\mu}(x')$ は,変換 $\tilde{T}^{(1)}$ に対応して定義された 5 脚場であり,これは変換 $\tilde{\Lambda}_a^{(2)c}$ の下では確かに共変ベクトルとして変換して $h_a^\mu(x')$ を与える.(3.48) に (3.49) を代入すれば,従って

$$g'^{\mu\nu}(x') = h_a^{(1)\mu}(x')h_b^{(1)\nu}(x')\eta^{ab} \tag{3.48'}$$

とも書かれる.すなわち,$g'^{\mu\nu}(x')$ は変換 $h_a^\mu(x') \to \tilde{\Lambda}_a^b(x')h_b^\mu(x')$ の下で不変である.換言すれば,同一の $g'^{\mu\nu}(x')$ を与える 5 脚場の選択には,無限の可能性がある.

次に $\Gamma'_\mu(x')$ を既知の量 $h_a^\mu(x')$ と γ^a で表わすことを試みる.(3.44'),(3.47') より得られる

$$\tilde{T}(x')\gamma^a\tilde{T}^{-1}(x') = \frac{\partial x^a}{\partial x'^\mu}h_b^\mu(x')\gamma^b \tag{3.50}$$

を辺々微分すれば,

[*11] 一般相対性理論でも同じような量が導入されるが,そこでは 4 次元時空を取り扱うので,$h_a^\mu(\mu, a=1,2,3,4)$ は 4 脚場 (vierbein) と呼ばれている.また一般の多次元空間の場合には,多脚場 (vielbein) という名称を用いることがある.

$$\partial'_\lambda \tilde{T}(x') \cdot \gamma^a \tilde{T}^{-1}(x') + \tilde{T}(x') \gamma^a \partial'_\lambda \tilde{T}^{-1}(x')$$
$$= \frac{\partial^2 x^a}{\partial x'^\lambda \partial x'^\mu} h_b^\mu(x') \gamma^b + \frac{\partial x^a}{\partial x'^\mu} \partial'_\lambda h_b^\mu(x') \cdot \gamma^b \tag{3.50'}$$

となる.ところで $\partial'_\lambda \tilde{T}(x') \cdot \tilde{T}^{-1}(x') = -\tilde{T}(x') \partial'_\lambda \tilde{T}^{-1}(x') = -\Gamma'_\lambda$ を用いれば

$$(3.50')\ 左辺 = \frac{\partial x^a}{\partial x'_\mu} h_b^\mu(x')[\gamma^b, \Gamma'_\lambda(x')] \tag{3.51}$$

となり,また S 系でのアフィン接続係数が $\Gamma'^\lambda_{\mu\nu}(x') = (\partial x'^\lambda/\partial x^a)(\partial x^a/\partial x'^\mu \partial x'^\nu)$ であることを用いれば[*12]

$$(3.50')\ 右辺 = \frac{\partial x^a}{\partial x'^\mu} \Big(\partial'_\lambda h_b^\mu(x') + \Gamma'^\mu_{\lambda\sigma}(x') h_b^\sigma(x') \Big) \gamma^b$$
$$= \frac{\partial x^a}{\partial x'^\mu} \mathcal{D}'_\lambda h_b^\mu(x') \gamma^b \tag{3.51'}$$

となる.(3.51),(3.50') より

$$h_a^\mu(x')[\gamma^a, \Gamma'_\lambda(x')] = \mathcal{D}'_\lambda h_a^\mu(x') \gamma^b \tag{3.52}$$

が得られる.Γ'_λ は γ^a について 2 次式でなければならないから,

$$\Gamma'_\lambda(x') = \frac{1}{8}[\gamma^a, \gamma^b] \xi_{\lambda[a,b]}(x') \tag{3.53}$$

とおき,(3.52) に代入すると

$$\mathcal{D}'_\lambda h_a^\nu(x') = h_c^\nu(x') \eta^{cb} \xi_{\lambda[b,a]}(x') \tag{3.53'}$$

となる.これを $\xi_{\lambda[b,a]}(x')$ について解けば

$$\xi_{\lambda[a,b]}(x') = g'_{\mu\nu}(x') h_a^\mu(x') \mathcal{D}'_\lambda h_b^\nu(x'), \tag{3.53''}$$

従って

$$\Gamma'_\lambda(x') = \frac{1}{8}[\gamma^a, \gamma^b] g'_{\mu\nu}(x') h_a^\mu(x') \mathcal{D}'_\lambda h_b^\nu(x') \tag{3.54}$$

となる.$\Gamma'_\lambda(x')$ を,一般相対性理論に倣い,スピン接続係数 (spin connection) と呼ぶことにする.

(3.43),(3.44'),(3.54) が,スピノル場 $\tilde{\chi}'(x')$ の一般方程式を与える.なお束縛条件 (3.40') は,変換 (3.42) の下で不変である.

c. ゲージ変換

スピン接続係数 Γ'_μ は,上記の導出から明らかなように,変換 $\tilde{T}(x')$ によって人為的に作り出された項であり,$\tilde{T}(x')$ の如何によって左右される.実際,

---
[*12] 例えば S_0 系での $\Gamma^\lambda_{\mu\nu}(=0)$ と,S 系での $\Gamma'^\lambda_{\mu\nu}$ とを結ぶ変換式を用いる.

$\tilde{T}(x') = \mathrm{I}$ ならば $\Gamma'_\mu(x') = 0$ であった．物理的意味は，従って，$\Gamma'_\mu(x')$ 別個にではなく，$(\partial'_\mu + \Gamma'_\mu(x'))$ 全体に対して与えられるべきであろう．

このことを確認するために，$\tilde{T}(x')$ が無限小変換の場合を考えてみよう．このとき，$\tilde{T}(x')$ の表式は (2.28)，(2.28′) で与えられているが，ここでの記法に従って

$$\begin{aligned}\tilde{T}(x') &= \exp\left(\lambda_{ab}(x')\Sigma^{ab}\right), \\ \Sigma^{ab} &\equiv \tfrac{1}{8}[\gamma^a, \gamma^b]\end{aligned} \tag{3.55}$$

と書く．ただし，無限小量 $\lambda_{ab}(x')(=-\lambda_{ba}(x'))$ は $x'^\mu(\mu=1,2,3,4)$ の関数とし，$\lambda_{ij}, \lambda_{i4}(=\lambda_{4i})$ 以外は 0 とする．この変換の下で，表式の変換性を損なう項は，(3.43) 式左辺の ∂'_μ から，明らかに

$$\Sigma^{ab}\partial'_\mu \lambda_{ab}(x') \tag{3.56}$$

である．他方，Γ'_μ からの寄与は，$h^\nu_b(x')$ が共変ベクトルとして変換することを考慮すれば，

$$\Sigma^{ab}\partial'_\mu \lambda_{bb'}(x')\left(g'_{\mu\nu}(x')h^\mu_a(x')h^\nu_{b''}(x')\eta^{b'b''}\right) \tag{3.56′}$$

である．ところで，上記括弧中の表式は，そこに含まれているそれぞれの量の定義を用いれば，単に $\delta^{b'}_a$ となる．(3.56′) はそれ故 $\Sigma^{ab}\partial'_\mu \lambda_{ba}(x') = -\Sigma^{ab}\partial'_\mu \lambda_{ab}(x')$ となり，結局 (3.56)+(3.56′) = 0，すなわち場の方程式 (3.43) は——そして明らかに束縛条件 (3.40′) も——上記変換の下で不変に保たれる．

この意味で変換 (3.55) は，スピノル場に対する一種の (非可換) ゲージ変換となっている．スピノル場の成分を示す添字 $\alpha(=1,2,3,4)$ は，場のもつ内部自由度を表わすと考えられるが，件のゲージ変換は，この自由度に関わるものである．従って，上記の結果をゲージ論的にまとめれば，場の方程式はゲージ不変であるが，$\Gamma'_\mu(x')$ はゲージ依存であり，特殊なゲージを取れば消失してしまう．

d. 具体的表式

S 系における波動方程式 (3.43) や Γ'_μ の形を具体的に求めてみよう．

1) 先ず，特別なゲージ，すなわち $\tilde{T}(x') = \mathrm{I}$ の場合には，上記導出から明らかなように $\Gamma'_\mu(x') = 0$ となる．実際，(3.49) より $h^\mu_a(x') = \partial x'^\mu/\partial x^a$ として 5 脚場を求めてみると

$$h^i_j(x') = R_{ij}, \quad h^i_4(x') = \check{R}_{ij}R_{kj}x'_k + R_{ij}\check{\tilde{A}}_j, \quad h^i_5(x') = 0;$$
$$h^4_i(x') = 0, \quad h^4_4(x') = 1, \qquad\qquad\qquad\quad h^4_5(x') = 0; \qquad (3.57)$$
$$h^5_i(x') = \check{\tilde{A}}_i, \quad h^5_4(x') = R_{ji}\check{\tilde{A}}_i x'_j + \tfrac{1}{2}\check{\tilde{A}}_i\check{\tilde{A}}_i, \quad h^5_5(x') = 1;$$
$$(i,j = 1,2,3)$$

となるが,これらを (3.52) に代入して,(3.26),(3.31) を用いると,すべての λ, ν, b に対して $\mathcal{D}'_\lambda h^\nu_b(x') = 0$. 従って,$\Gamma'_\mu(x') = 0$ であることが再確認される.波動方程式は従って (3.40) に帰着する.

この場合,(3.40′) により再び

$$\chi'(x') \equiv \exp\left(-i\frac{umx'^5}{\hbar}\right)\begin{pmatrix}\psi'_1(\vec{x}',t')\\ \psi'_2(\vec{x}',t')\end{pmatrix} \qquad (3.58)$$

と書き,γ'^μ に対しては (3.44) により $\gamma'^\mu = h^\mu_a(x')\gamma^a$ を用いると,(3.40) 式は

$$h^j_k\sigma_k\partial'_j\psi'_1 + \frac{um}{i\hbar}h^5_j\sigma_j\psi'_1 + \frac{\sqrt{2}um}{i\hbar}\psi'_2 = 0,$$
$$\sqrt{2}(h^j_4\partial'_j\psi'_1 + \frac{1}{u}\partial_{t'}\psi'_1 + \frac{um}{i\hbar}h^5_4\psi'_1) + h^j_k\sigma_k\partial'_j\psi'_2 + \frac{um}{i\hbar}h^5_j\sigma_j\psi'_2 = 0 \qquad (3.59)$$

となる.上記第一式を ψ'_2 について解き,これを第二式に代入し,$h^\mu_a(x')$ に対して (3.57) を用いて整理すると,$\psi'_1(\vec{x}',t')$ に対しては,スカラー場のときと同型の式

$$i\hbar\frac{\partial\psi'_1(\vec{x}',t')}{\partial t'} = (\mathcal{H}'_0 + \mathcal{H}'_{\text{inert}})\psi'_1(\vec{x}',t') \qquad (3.60)$$

が得られる.

2) 次に,$\Gamma'_\mu(x') \neq 0$ すなわち $\tilde{T}(x') \neq I$ の場合を考えてみよう.先ず,この際に有用な,一つの一般公式を与えておく.

二つの5脚場 $h^\mu_a(x'), h'^\mu_a(x') \equiv \Lambda_a{}^b(x')h^\mu_b(x')$ に対して

$$\Gamma_\lambda = \tfrac{1}{8}[\gamma^a, \gamma^b]g_{\mu\nu}h^\mu_a(x')\mathcal{D}'_\lambda h^\nu_b(x'),$$
$$\Gamma'_\lambda = \tfrac{1}{8}[\gamma^a, \gamma^b]g_{\mu\nu}h'^\mu_a(x')\mathcal{D}'_\lambda h'^\nu_b(x') \qquad (3.61)$$

とすると,

$$\mathcal{D}'_\lambda h^\mu_a(x') = \partial'_\lambda h^\mu_a(x') + \Gamma^\mu_{\lambda\nu}h^\nu_a(x'),$$
$$\mathcal{D}'_\lambda h'^\mu_a(x') = \Lambda_a{}^b(x')\mathcal{D}'_\lambda h^\mu_b(x') + \left(\partial'_\lambda\Lambda_a{}^b(x')\right)h^\mu_b(x') \qquad (3.61')$$

である．いま変換 $\Lambda_a{}^b(x')$ に対する場の変換行列を $T(x')$ とすると

$$\Gamma'_\lambda = T\Gamma_\lambda T^{-1} + \frac{1}{8}[\gamma^a, \gamma^b]\eta_{cd}\Lambda_a{}^c(x')\left(\partial'_\lambda \Lambda_b{}^d(x')\right) \tag{3.62}$$

が成り立つ．証明は容易である．

さて本題に帰り，S 系の $\chi'(x')$ から，$\tilde{T}$ 変換 (3.42) により，$\tilde{\chi}'(x')$ へと移行したとしよう．変換前・後のスピン接続係数と 5 脚場を，それぞれ Γ_λ, h_a^μ および $\Gamma'_\lambda, h'^\mu_a$ とすると，これらに対して公式 (3.62) が当てはまる．局所 G_5 変換として，ここでは簡単のため，時間依存の単なる空間回転の場合を考えてみよう．すなわち，$\tilde{\Lambda}_a{}^b(x')$ として

$$\tilde{\Lambda}_i{}^j = \tilde{R}_{ij}(t'), \quad \Lambda_4{}^4 = \Lambda_5{}^5 = 1, \\ 他の要素 = 0 \quad (i,j = 1,2,3) \tag{3.63}$$

と取る．ここに $\|\tilde{R}_i{}^j(t')\|$ は 3 行 3 列の直交行列である．

このとき

$$h'^i_j = \tilde{R}_{jk}h^i_k, \quad h'^5_i = \tilde{R}_{ij}h^5_j, \\ これ以外は \quad h'^\mu_a = h^\mu_a \tag{3.64}$$

となる．また，(3.62) に (3.63) を代入し，$\Gamma_\lambda = 0$ とおけば

$$\Gamma'_i = 0, \quad \Gamma'_5 = 0, \\ \Gamma'_4 = \frac{1}{4}\dot{\tilde{R}}_{\ell j}\tilde{R}_{kj}\,\epsilon_{k\ell m}\bar{\Sigma}_m, \tag{3.65}$$

ただし

$$\vec{\Sigma} \equiv \begin{pmatrix} \vec{\sigma} & 0 \\ 0 & \vec{\sigma} \end{pmatrix} \tag{3.65'}$$

とおいた．他方，(3.44') より

$$\tilde{\gamma}'^i = h'^i_j \gamma^j + h'^i_4 \gamma^4, \quad \tilde{\gamma}'^4 = \gamma^4, \\ \tilde{\gamma}'^5 = h'^5_i \gamma^i + h'^5_4 \gamma^4 + \gamma^5 \tag{3.66}$$

となる．

(3.65), (3.66) を (3.43) に代入し，先の場合と同様な計算を若干行うと，$\tilde{\chi}'_\alpha(x')$ の上成分 $\tilde{\psi}'_1(x')$ に対しては

$$i\hbar\frac{\partial \tilde{\psi}'_1(\vec{x}',t')}{\partial t'} = \left(\mathcal{H}'_0 + \mathcal{H}'_{\text{inert}} + \mathcal{H}'_{\text{spin}}\right)\tilde{\psi}'_1(\vec{x}',t'), \tag{3.67}$$

$$\mathcal{H}'_{\text{spin}} \equiv \frac{\hbar}{4}\dot{\tilde{R}}_{\ell j}\tilde{R}_{kj}\epsilon_{k\ell m}\sigma_m \tag{3.68}$$

が成り立つ．ここで 3.3.2 項 b におけると同様に，$\dot{\tilde{R}}\tilde{R}^t \equiv i\vec{\Omega}'(t')\cdot\vec{J}$ とおけば

$$\begin{aligned}\mathcal{H}'_{\text{spin}} &= -\vec{\Omega}'(t')\cdot\vec{S}, \\ \vec{S} &\equiv \tfrac{\hbar}{2}\vec{\sigma}\end{aligned} \tag{3.68'}$$

となる．とくに $\tilde{R} = R$ 従って $\vec{\Omega}' = \vec{\Omega}$ とおけば，(3.67) 中の角運動量依存の項は，$-\vec{\Omega}\cdot(\vec{L}+\vec{S})$ となるが，もちろんこれは特殊なゲージにおける特殊事情に過ぎない．一般にはしかし，$\vec{\Omega}'$ はまったく任意なのである[*13]．慣性力についての議論は，従って，3.3.2 項 b と同じになる．

上記の結果は，一般相対性理論において，対応するそれぞれの場合に対してニュートン近似を施した結果と符合する．

e. バーグマン–ウィグナー型方程式の場合

一般系 S に移行した場合に必要な変更は，2.3.3 項および 3.2.2 項における議論より明らかなように，ディラック型の場合の手続きを，そのまま $\chi'_{\alpha_1,\alpha_2,\cdots,\alpha_n}(x')$ の各添字 $\alpha_k (k=1,2,\cdots,n)$ に対して適用すればよい．すなわち，場の方程式および束縛条件としては，特別なゲージを選んで

$$\gamma'^{(k)\mu}\partial'_\mu\chi'_{\alpha_1,\alpha_2,\cdots,\alpha_n}(x') = 0, \tag{3.69}$$

$$(i\hbar\partial'_5 - mu)\chi'_{\alpha_1,\alpha_2,\cdots,\alpha_n}(x') = 0 \tag{3.69'}$$

とすればよい．場の独立成分 $\chi'_{\xi_1,\xi_2,\cdots,\xi_n}(x') = \exp(-imux'^5/\hbar)\psi'_{\xi_1,\xi_2,\cdots,\xi_n}$ $(\xi_k=1,2)$ に対しては，従って

$$i\hbar\frac{\partial \psi'_{\xi_1,\xi_2,\cdots,\xi_n}(\vec{x}',t')}{\partial t'} = (\mathcal{H}'_0 + \mathcal{H}'_{\text{inert}})\psi'_{\xi_1,\xi_2,\cdots,\xi_n}(\vec{x}',t') \tag{3.70}$$

が成り立つことになる．局所 G_5 変換，すなわちゲージ変換についても，定式

[*13] 上の例で，ハミルトニアン中のスピン依存項の係数は不定である．これは同一の計量テンソルを与える 5 脚場が一意的には決定されないことに起因する (事情は一般相対性理論の場合も同様である)．一般に $i\hbar\dot{\psi} = (H_0+aH_1)\psi$ において，$\dot{H}_0 = \dot{H}_1 = 0$ かつ $[H_0, H_1] = 0$ ($a, b=$ 定数) のとき，ユニタリ変換 $\psi \to \exp[-(i/\hbar)bH_1 t]\psi$ に対して，ハミルトニアンは $H_0+(a-b)H_1$ へと変換される．b は任意ゆえ，$(a-b)$ は不定となる．ゼーマン効果 (Zeeman effect) を説明するハミルトニアンにおけるスピン依存項は，こうした H_1 の例である．古典解析力学にせよ，量子力学にせよ，共変性をもつ一般理論は，正準ないしはユニタリ変換の下におけるハミルトニアンの変換性を規定はするが，何れのハミルトニアンが，ある特定の実験的状況におけるエネルギーに対応するかについては，何らの指示をも与えないようである．

化は自明である．

このように特別なゲージを取れば，$\mathcal{H}'_{\text{inert}}$ の形が場の種類 (スピン) に依らず同一であることは，注目に値する．

3.3.4　等　価　原　理

慣性系 S_0 におけるスカラー場 $\phi(x)$ およびスピノル場 $\chi(x)$ に対して，3.1.2 項で与えた置き換え (3.3) により，ニュートン・ポテンシャル $\Phi(\vec{x})$ を導入しよう．このとき場の方程式は―後者に対して特別なゲージを選べば―それぞれ

$$\left[\eta^{\mu\nu}\partial_\mu\partial_\nu+\frac{2}{u^2}\Phi(\vec{x})\partial_5\partial_5\right]\phi(x)=0, \tag{3.71}$$

$$\left[\gamma^\mu\partial_\mu-\frac{1}{u^2}\Phi(\vec{x})\gamma^4\partial_5\right]\chi(x)=0 \tag{3.72}$$

となる．以下ではとくに，$\Phi(\vec{x})=\vec{g}\cdot\vec{x}$ の場合を考えることにする．このとき，$\phi(x)$ と $\chi(x)$ に対して，それぞれ (2.36) と (2.47) によって定義された $\psi(\vec{x},t)$ と $\psi_1(\vec{x},t)$ は，(3.4) により

$$i\hbar\frac{\partial\Psi(\vec{x},t)}{\partial t}=\left(-\frac{\hbar^2}{2m}\vec{\nabla}^2+m\vec{g}\cdot\vec{x}\right)\Psi(\vec{x},t) \tag{3.73}$$

を満たす．ただし $\Psi(\vec{x},t)=\psi(\vec{x},t),\psi_1(\vec{x},t)$．これは場が一様重力場 (重力加速度：$\vec{g}$) の中に置かれた場合に対応している．

次にこの場を，S_0 系に対して一様な加速度運動をしている座標系 S より眺めてみる．この際，S_0, S を結ぶ変換としては，(3.19) において $R(t)=I, \vec{A}=\frac{1}{2}\vec{a}t^2 (\vec{a}$：定数ベクトル) としたものを選ぶ．このとき (3.25) は

$$\begin{aligned}\vec{x}' &= \vec{x}+\frac{1}{2u^2}\vec{a}(x^4)^2, \\ x'^4 &= x^4, \\ x'^5 &= x^5+\frac{\vec{a}\cdot\vec{x}}{u^2}x^4+\frac{\vec{a}^2}{3u^4}(x^4)^3\end{aligned} \tag{3.74}$$

となる．従って (3.26) より

$$g'^{55}(x')=-\frac{2}{u^2}\vec{a}\cdot\vec{x}', \quad 他の\ g'^{\mu\nu}(x')=\eta^{\mu\nu}, \tag{3.75}$$

また (3.41) より

$$\vec{\gamma}' = \vec{\gamma} + \frac{1}{u^2}\vec{a}x^4\gamma^4, \quad \gamma'^4 = \gamma^4,$$
$$\gamma'^5 = \gamma^5 + \frac{x^4}{u^2}\vec{a}\cdot\vec{\gamma} + \left(\frac{\vec{a}\cdot\vec{x}}{u^2} + \frac{\vec{a}^2(x^4)^2}{u^4}\right)\gamma^4 \tag{3.76}$$

である.

さて, (3.71), (3.72) を S 系に変換したときの表式は, 3.3.2 項, 3.3.3 項の議論により, それぞれ

$$\left[g'^{\mu\nu}(x')\partial'_\mu\partial'_\nu + \frac{2}{u^2}\Phi(\vec{x})\partial'_5\partial'_5\right]\phi'(x') = 0, \tag{3.71'}$$

$$\left[\gamma'^\mu\partial'_\mu - \frac{1}{u^2}\Phi(\vec{x})\gamma'^4\partial'_5\right]\chi'(x') = 0 \tag{3.72'}$$

となる. 上式で $\Phi(\vec{x})$ は外場 (すなわち与えられた関数) であるので, S 系でもそのまま $\Phi(\vec{x})$ とし, ただ変数 $\vec{x}$ を $\vec{x}' - \vec{a}(x'^4)^2/2u^2$ で置き換えたものとする. $\partial'_5 = \partial_5, \gamma'^4 = \gamma^4$ であるから, 上両式の左辺第二項は変換の下で不変である.

(3.75), (3.76) をそれぞれ (3.71'), (3.72') に代入し, 若干の計算を行うと, $\phi'(x'), \chi'(x')$ に対して S_0 系の場合と同様に定義された $\psi'(\vec{x}', t'), \psi'_1(\vec{x}', t')$ に対しては, 再び共通の S 型方程式

$$i\hbar\frac{\partial\Psi'(\vec{x}', t')}{\partial t'} = \left(-\frac{\hbar^2}{2m}\vec{\nabla}'^2 + m(\vec{g}-\vec{a})\vec{x}' - \frac{1}{2}m\vec{a}\cdot\vec{g}t^2\right)\Psi'(\vec{x}', t') \tag{3.77}$$

が満たされる. ただし $\Psi'(\vec{x}', t') = \psi'(\vec{x}', t'), \psi'_1(\vec{x}', t')$. 従って $\Psi'(\vec{x}', t') = \exp(m\vec{a}\vec{g}t^3/6i\hbar)\tilde{\Psi}'(\vec{x}', t')$ とおけば, $\tilde{\Psi}'(\vec{x}', t')$ に対しては

$$i\hbar\frac{\partial\tilde{\Psi}'(\vec{x}', t')}{\partial t'} = \left(-\frac{\hbar^2}{2m}\vec{\nabla}'^2 + m(\vec{g}-\vec{a})\vec{x}'\right)\tilde{\Psi}'(\vec{x}', t') \tag{3.77'}$$

が成立する. 容易にわかるように, バーグマン–ウィグナー場に対しても, 事情はまったく同様である. すなわちこの場合にも, 結果は場の種類 (スピン) に依らずつねに (3.77') となる.

上の結果は物理的に重要な意味をもっている. もし S 系を $\vec{a} = \vec{g}$ となるように選ぶならば, この系においては一様重力場の影響はまったく消失してしまう. これはまさに, 一般相対論において等価原理 (equivalence principle) の主張するところに他ならない.

この原理は '任意の世界点の近傍において, 局所的に適当な座標系を選ぶならば, この近傍におけるすべての物理的現象から重力の効果は完全に消去される' と主張する. (ただし, ここでは一様重力場の場合を考えたので, '適当な

局所的座標系' が '大域的' なものとなっている.) もちろん, 上記の議論は, 一般のニュートン・ポテンシャル $\Phi(\vec{x})$ の場合にも, そのまま拡張され, 本質的に同じ結果が得られる.

何れにせよ, ガリレイ共変な場によって記述される現象に関する限り, 等価原理に抵触するような要素はない, と考えてよいであろう. たびたび指摘してきたように, 場が S 型方程式を満たす場合には, 量子力学における一粒子に対する確率振幅も, これと同一の S 型方程式を満たす. 従って, 場に対する上記の議論は, そのまま量子力学の対応する場合にも当てはまることになる.

おわりに, 等価原理に関連して, 古典質点力学における状況との異同について一言しておこう. 先ず, それぞれの系に働く力が重力のみであると仮定する. このとき質点 (質量 m) の座標 $\vec{x}(t)$ に対する運動方程式は, m に全く依存しない. 他方, 古典場の規格化された波束 (全質量 m) に対しては, (2.68′) によって定義された重心座標 $\vec{X}_G(t) (= \vec{X}(t))$ に着目すると, この座標に対する運動方程式もまた, m には依存しない. 質点との相違は, 当然のことながら, 波動特有の現象に現れる. 実際, 波束の形の変化や干渉現象などは $m/\hbar$ に依存する. 因みに, 重力加速度 $\vec{g}$ が空間的に一様な場合には, $\vec{X}_G(t)$ に対する運動方程式は $\vec{x}(t)$ のそれと一致する.

4
量 子 化

ハイゼンベルクの運動方程式と，対象を特定する (古典的) 運動方程式との整合性を量子化に対する基本的要請とすることにより，量子化の問題を再検討する[*1]．

4.1 量子力学の基礎仮定

量子力学の第一の仮定は，状態 (state) に関するものである．われわれの考察ないしは観察の対象となる，与えられた一つの物理的な系は，各時刻において，一定の状態にある，と考えることから出発する．状態は，個々の系のもつ物理的性質の全てを包括するものであり，適当な実験的手続きによって準備 (preparation) され，また，以後の物理的観測 (observation) あるいは測定 (measurement) の結果を記述し得べきものである．以下では，個々の物理的な系のことを，個体 (individual system) あるいは単体 (single system) と呼ぶことにする．従って，状態は，先ず，与えられた各々の個体に対して付与される．

さて，上記の仮定は，以下のようにして数学的に具体化される．すなわち，状態 $|\ \rangle$ を複素ヒルベルト空間 (Hilbert space)，あるいは更に一般的な状態空間 (state-vector space) における 0 でない，従って 1 に規格化し得る，射線ベクトル (ray vector) とみなすことである．射線ベクトルとは，位相因子を法として決まるようなベクトルを意味する．ベクトルに対しては，一般にベクトル和が可能であり，これは，物理的に，状態同士の和が再び状態となることを意味す

[*1] 通常 '量子化' とは，所与の対象に対する古典力学的理論を '量子力学化' する操作の意味で使用されており，前期量子論的な色合いをもつ用語である．量子力学が一つの閉じた理論的体系であるとするならば，理論の枠外のものに依拠するのは好ましいことではない．しかし，以下では，当分の間，旧来の慣習に従ってこの語を用いることとする．

る．この性質は，状態に対する重畳原理 (superposition principle) と呼ばれている．このようにして，物理的な系は，一つの状態空間を与えることによって，特定されることになる．

物理的な系は，古典力学におけると同様に，種々の物理量 (physical quantity) あるいは観測可能量 (observable) をもつ．量子力学の第二の仮定は，任意の物理量 A を状態空間におけるエルミート演算子 (hermitian operator)$\hat{A} = \hat{A}^\dagger$ によって表現し，その固有値 a_j $(j = 1, 2, 3, \cdots)$ を，A の取り得る可能な値—従って測定値—とみなすことである．従って，個々の観測で a_j 以外の測定値を得ることはない．この仮定を通じて，固有値の全体 $\{a_j\}$ は，量子力学の数学的・抽象的定式化において，物理的世界における事実—物理的現実—と関連をもつ最初の要素となる．とくに，$\hat{A}|j\rangle = a_j|j\rangle$ を満たすような状態 $|j\rangle$，いわゆる $\hat{A}$ の固有状態 (eigenstate) においては，物理量 A が特定の値 a_j をもち，これ以外の状態では，A が特定の値 a_j をもつことはない，と考える．すなわち，状態 $|j\rangle$ にある個体は，物理量 A に対して測定値 a_j をもつ．この同定が仮定の第三である．

このように，A や $\hat{A}$ の理論的位置付けが，つねに固有状態 $|j\rangle$ のみを通して行われるので，このことが任意の状態 $|\ \rangle$ に対しても可能であるためには，$|\ \rangle$ が $|j\rangle$ の全体 $\{|j\rangle\}$ と何らかの形で関係づけられていなくてはならない．そのもっとも簡単な方式は，前者が後者の一次結合として与えられることである．もし，一次結合で書けないようなベクトルがあったとすると，これに対しては物理量 A が全く意味をもたなくなるからである．数学的には，$\{|j\rangle\}$ が状態空間の基底ベクトルとして完全系 (complete set) をなすことが必要となる．この要請は $\hat{A}$ が状態空間のベクトルに作用するエルミート演算子であるとする性質と，整合的である．

こうした仮定の下では従って，一般の状態 $|\ \rangle$ は，完全直交系 $\{|j\rangle\}$ を用いて，

$$|\ \rangle = \sum_j c_j |j\rangle \quad (c_j = \langle j|\ \rangle) \tag{4.1}$$

と展開される．しかしながら，この $|\ \rangle$ においては，上で $|j\rangle$ に対して与えた解釈に鑑み，物理量 A に対してある特定の値 a_j を付与することは一般に許されない．あるいは，物理量 A の値が不定 (indeterminate) となっている．他方，仮定により A の測定値は a_j の何れかに限られるから，$|\ \rangle$ においては，$c_j \neq 0$ であ

るような a_j の各々が，A の測定結果となり得る可能性をもつことを，(4.1) は示唆している．

このようにして，個体に対する測定結果は，一般に一意的な予言が不可能となるが，この不都合を回避し，定量的な予言を可能にするために，個体に代わり，同一状態 $|\ \rangle$ にある N 個 ($N \gg 1$) の個体よりなる集合体 (ensemble) を考え，これに対して，以下のような統計的あるいは確率的解釈 (statistical or probabilistic interpretation) を施す．これが仮定の第四である．この解釈は，一般的に次のように述べられる．状態 $|\ \rangle$ (をもつ個体) に対し，'適当な観測を行い'，その結果が状態 $|\ \rangle'$ であることの確率 w は

$$w = |'\langle\ |\ \rangle|^2 \tag{4.2}$$

で与えられる．$|\ \rangle, |\ \rangle'$ が共に規格化されておれば，シュワルツの不等式 (Schwarz inequality) より，もちろん $1 \geq |'\langle\ |\ \rangle| \geq 0$ である．

上記 '…' の表現はいささか形式的に過ぎるが，'観測' を '物理量 A の測定' とみなせば具体的になる．この場合 $|\ \rangle' = |j\rangle$ と取ると，(4.2)，(4,1) により $w_j = |\langle j|\ \rangle|^2 = |c_j|^2$ となる．他方，仮定第三により，$|j\rangle$ においては物理量 A は確定値 a_j をもつから，固有値 a_j に縮退がないとすれば，w_j は '状態 $|\ \rangle$ にある対象に対して物理量 A を測定した場合，測定値 a_j を得る確率' と同じになる．縮退のある場合には，この確率は $\sum_j w_j$ で与えられる．ただし $\sum_j$ は共通の a_j をもつ j についての和である．ところで

$$\bar{A} \equiv \langle\ |\hat{A}|\ \rangle = \sum_j a_j w_j \tag{4.3}$$

であるから，$\bar{A}$ は，集合体の各個体に対して，同一の A 測定を行った場合に得られる測定値の平均値，あるいは期待値 (expectation value) を与える．

状態 $|\ \rangle$ は，本来，個体に対して付与された指標であるが，上述の場合には，集合体に対する指標と考えてもよい．このようにして，理論は，物理的現実との第二の関連をもつことになる．$N \gg 1$ であれば，Nw_j が，実験的に検証可能な量となるからである．これに反し，状態 $|\ \rangle$ を一個体に対するものとするならば，$|c_j|^2$ の大小は，高林の言うように，個体のもつ傾向 (propensity) を表わすとする他なく[*2]，実験との結び付きは希薄となる．

[*2] 高林武彦『量子力学とは何か』(サイエンス社，1999).

さて，上のような測定を一つの個体に対して行って，$A = a_j$（縮退なしとしておく）が得られたとすると，測定後のこの個体の状態は，仮定第3により，$|j\rangle$となっている筈である．つまり，測定対象の個体の状態は，測定によって，—少なくとも測定終了直後には—変化

$$|\,\rangle \to |j\rangle \tag{4.4}$$

を受けていることになる．この過程は状態または波束の収縮 (wave-packet contraction) と呼ばれている．あるいは，正確を期して，個体状態の収縮と呼ぶべきかもしれない．この過程により，少なくとも物理量 A に関する限り，一般に可能性を表わす記号であった $|\,\rangle$ が，現実性を表わす記号 $|j\rangle$ に転化した，と言える．従って，最初の測定の直後に，同一の個体に対して同一の A 測定を多数回繰り返しても，(4.2) により，もはや波束の収縮は起こらず，つねに同一の測定値 a_j が得られることになる．いわゆる反復可能性 (repeatability) に対応する状況である．

さて，量子力学第五の仮定は，状態の運動法則に関わる．系が何らの観測をされることなく放置された場合，状態の時間的な変化は，時刻 t における状態を $|t\rangle$ とすれば，

$$i\hbar \frac{\partial}{\partial t}|t\rangle = \hat{H}|t\rangle \tag{4.5}$$

に従う，との仮定である．ここで，$\hbar$ は (プランク定数)$/(2\pi)$ であり，また $\hat{H}$ は系のハミルトニアンを表わすエルミート演算子として与えられるとする．従って，状態のノルム (norm)$\|\,|\,\rangle\,\|$ は保存される．(4.5) を積分型に書けば，$t_2 > t_1$ として

$$|t_2\rangle = U(t_2, t_1)|t_1\rangle \tag{4.5'}$$

となる．ここに $U(t_2, t_1)$ はユニタリ (unitary) 演算子である．

これまでの議論では，物理量 A がエルミート演算子 $\hat{A} = \hat{A}^\dagger$ で表わされるとした．量子力学においては，しかしながら，非エルミート (non-hermitian) な演算子 $\hat{A} \neq \hat{A}^\dagger$ を用いると有益で便利なことがある．とくに A が固有状態をもち，それらが完全系をなす場合である．このとき，固有値は一般に複素数であり，異なる固有値に対する固有状態は必ずしも直交しない．実際，後に 5.2.1 項で考察する場合には，固有状態 $|a\rangle$ に対する固有値 a は連続的であり，完全性条件は

$\int (da)|a\rangle\langle a| = 1$ と書かれる $((da)$ は適当な測度). このとき, (4.1)〜(4.3) において, $a_j \to a, |j\rangle \to |a\rangle, \sum_j \to \int (da)$ と置き換えれば, それぞれに対応する式が得られる. 問題は, しかしながら, 固有状態 $|a\rangle$ の特定を, $\hat{A}$ の測定値と一意的に結びつけられない点にある. 実際 (4.3) に対応する式において $|\ \rangle = |a\rangle$ とおくと,

$$\bar{A} = \langle a|A|a\rangle = a = \int (da')|\langle a'|a\rangle|^2 a' \tag{4.3'}$$

となる. すなわち, $|a\rangle$ における期待値あるいは固有値は, a の周りに重み $|\langle a'|a\rangle|^2$ でもって分布していることになる. $a \neq a'$ に対して $\langle a'|a\rangle \approx 0$ であれば, 事情は再び簡単になる.

以上からわかるように量子力学は, いろいろな意味で二重構造をもつと言える. 先ず, 古典力学の状態は, 同一時刻における物理量の値によって指定されるのに対し, 量子力学ではそれが状態と物理量とに分化していること. 第二に状態概念が, 当初は個体に対して付与されたにも拘わらず, その定量的解釈が集合体に対して与えられているということ. 第三に, 状態の (時間的) 変化が, (4.4) と (4.5) という全く異質な二つの原因によることである. とくに第二, 第三の二重構造こそは, 現在の量子力学が負わされた悲劇的な宿命と言うべきであり, 状態の解釈や観測について多くの論争を生むこととなった.

量子力学の数学的形式に物理的意味を与えることを, '量子力学の解釈' という. 上で述べた解釈は, 本質的にボーア (N.Bohr) やハイゼンベルク (W.Heisenberg) 等のコペンハーゲン学派の提唱したものであり, 通常 'コペンハーゲン解釈' (Copenhagen interpretation) と呼ばれている. また, 学界で一般に受容されているので, '正統的解釈' (orthodox interpretation) と呼ぶこともある. しかし, これとは異なる解釈を提唱する少数派もある[*3].

4.2 量子化に対する要請と手続き

4.2.1 ハイゼンベルクの運動方程式

前節では量子力学の一般的, 抽象的な枠組みについて述べたが, これは, い

[*3] これについては, 例えば高林武彦著 (保江邦夫編)『量子力学—観測と解釈問題』(海鳴社, 2001) を参照されたい.

わば額縁のごときものであり，その中に具体的な絵を描き込むためには，物理的な観点から更にいくつかの要請を加え，理論を具体化する必要がある．

先ず，(4.5) に現れたハミルトニアン $\hat{H}$ を演算子として決定しなければならない．$\hat{H}$ がどのような変数 (演算子) の，どのような関数 (演算子) になっているかは，対象とする物理的な系を固定すれば，古典力学との対応からほぼ決定される．ただし，古典的対応物がない場合については，別に考察する．次に基本的変数に対応する演算子は，相互に可換であるとは限らないから，どのような交換関係 (commutation relation)，あるいは更に一般的な代数関係を満たすのか，を決定する必要がある．本書では，上記二つの手続き，すなわち $\hat{H}$ の表式の決定と，それを記述する基礎変数に対する交換関係の設定とを併せて，量子化 (quatization) と呼ぶことにする．これにより，系の古典力学からその量子力学へと移行できるからである．

前節での五つの基礎仮定は，いわゆるシュレーディンガー表示で述べられているが，上記の問題を論ずるには，ハイゼンベルク表示に移行した方が便利である．物理量に対する運動方程式を古典力学のそれと比較することができるからである．ハイゼンベルク表示における状態および演算子を，プライムを付けて表わすことにすれば，シュレーディンガー表示からの移行は，よく知られているように，$\hat{H}$ は t を陽に含まないとして，

$$\begin{aligned} |t\rangle &\to |\ \rangle' = e^{-i\hat{H}t/\hbar}\, |t\rangle, \\ \hat{A} &\to \hat{A}' = e^{i\hat{H}t/\hbar}\, \hat{A}\, e^{-i\hat{H}t/\hbar} \end{aligned} \qquad (4.6)$$

によって行われる ($\hat{H}$ が t を陽に含む場合については 7.2.4 項参照)．(4.6) 第 1 式で (4.5) を考慮すれば

$$i\hbar \frac{d}{dt}|\ \rangle' = 0 \qquad (4.7)$$

となり，また $\hat{A}'$ に対しては (4.6) 第 2 式で $d\hat{A}/dt = 0$ を考慮すれば

$$i\hbar \frac{d\hat{A}'}{dt} = [\hat{A}'(t), \hat{H}] \qquad (4.8)$$

が得られる．ここで，$\hat{A}$ は t を陽に含まないとし $\hat{H}' = \hat{H}$ を用いた．(4.8) は，古典力学における運動方程式 $dA(t)/dt = \{A(t), H\}$ と同型である．ここに $\{\ ,\ \}$ は，既出のように，ポアソン括弧である．当分の間，とくに断らない限り，ハ

イゼンベルク表示で考察するので，以下簡単のためプライムを省略することにする．この表示では，(4.5) に代わり (4.8) が主役を演ずるが，この式はハイゼンベルクの運動方程式 (Heisenberg equation of motion) と呼ばれている．

ここで (4.8) のもつ物理的意味の一つを指摘しておこう．$\hat{A}(t)$ を t についてフーリエ展開し，$\hat{A}(t) = \sum_\nu \hat{A}(\nu) e^{-2\pi i\nu t}$ と書く．また $\hat{H}$ の固有値 E_1, E_2 に対する固有状態を，それぞれ $|E_1\rangle, |E_2\rangle$ とする．上記 $\hat{A}(t)$ の展開式を (4.8) に代入し，両辺を上記二つの状態に関して行列要素をとると，$\{(E_1-E_2)-h\nu\}\langle E_2|\hat{A}(\nu)|E_1\rangle = 0$ が得られる．$\hat{A}(\nu)$ が物理的効果をもち得るためには，もちろん，$\langle E_2|\hat{A}(\nu)|E_1\rangle \neq 0$ でなくてはならないが，これが可能であるのは，上式より

$$E_1 - E_2 = h\nu \tag{4.9}$$

のときに限られることがわかる．いま，$\hat{A}$ が古典的には粒子であるような系の物理量であるとすると，左辺の E_1, E_2 は粒子のエネルギーであり，右辺の ν は波動的な量の振動数に対応する．(4.9) は，従って，ド・ブロイの関係式 (de Broglie relation) の一般化とみなされる．よく知られているように，ド・ブロイの関係式は，量子論的対象のもつ粒子的属性と波動的属性とを結び付けるものであった．

さて，一般に，演算子 $\hat{A}(\nu)$ の行列要素 $\langle E_2|\hat{A}(\nu)|E_1\rangle$ は，状態 $|E_1\rangle$ を $|E_2\rangle$ に変える作用に対応する．(4.9) で $\nu > 0$ $(\nu < 0)$ ならば，$E_2 < E_1$ $(E_2 > E_1)$ であり，このような $\hat{A}(\nu)$ は，それ故，状態 $|E_1\rangle$ のエネルギーを $h\nu$ だけ減少 (増加) させる作用をする．なお，この作用は，作用をうける状態 $|E_1\rangle$ によらない性質である．因みに $\nu > 0$ $(\nu < 0)$ に対応する項 $\hat{A}(\nu)e^{-2\pi i\nu t}$ は，$\hat{A}(t)$ の正 (負) 振動部分 (positive(negative) frequency part) と呼ばれている．

4.2.2 量子化条件

さて量子化を具体的に遂行するために，以下のような要請 (1), (2) をおくこととする．始めに，対象とする系が古典的な対応物をもつ場合を考える．先ず，
(1) $\hat{H}$ に対する表式は，対応する古典的表式 H と同型，または，それに必要最小限の変更を加えたものをとること，である．ここで，何が"必要"であるかは，出来する理論の無矛盾性，物理的事実との整合性により判断するものとする．次に

(2) $\hat{A}$ に対するハイゼンベルクの運動方程式 (4.8) は，対応する古典的運動方程式，または，それに必要最低限の変更を加えたものと同等であること，とする．すなわち，ポアソン括弧を記号的なものと了解すれば，$\hat{A}$ に対する古典的運動方程式は，$i\hbar d\hat{A}(t)/dt = i\hbar\{\hat{A}(t), \hat{H}\} \equiv i\hbar f(\hat{A})$ と書かれるので，この式と (4.8) より，両式の同等性は

$$[\hat{A}(t), \hat{H}] = i\hbar f(\hat{A}) \tag{4.10}$$

と表わされる．$\hat{H}$ に対する表式は，すでに定まっているので，上式は演算子 $\hat{A}$ の満たすべき交換関係に対する条件を与えることになる．つまり，$\hat{A}$ の交換関係は，(4.10) が成り立つように設定されなければならない．この意味で，(4.10) を，以下において量子化条件 (quantization condition) と呼ぶことにする[*4]．交換関係が (4.10) により一義的に決定されない場合には，さらに何らかの条件を付加する必要がある．上記 (1), (2) の要請は古典論との対応に基づくものであり，この意味で，いわゆる対応原理 (correspondence principle) の精神に沿ったものといえる．ここで古典論を援用するのは，これによって対象とする系自体を特定できるからである．

これまでは，対象とする系が古典的対応物をもつ場合を考えたが，このような対応をもたない系に対しては，次の方法をとらねばならない．すなわち，

(1)′+(2)′ $\hat{H}$ に対する表式および $\hat{A}$ に対する交換関係の両者を同時に適当に仮定し，それらから出来るハイゼンベルクの運動方程式が，当該系に対して物理的に要求される式となるようにすること，

である．すなわち，自己矛盾のない量子論的体系が，物理的要求を満たすべし，ということであり，理論の一般的枠組みのなかでは，おそらく，これ以外の方法はあるまいと思われる．具体例としては，4.3.3 項を参照されたい．

4.3 調和振動子の場合

4.3.1 ボーズ型振動子

量子化の例として，1 個の 1 次元調和振動子の場合を考えてみよう．その質量を m，角振動数を ω，座標を q と書けば，系自体を定義し，その古典力学を

[*4] 脚注 1 に鑑み，量子条件 (quantal condition) と呼ぶべきかもしれない．

規定するラグランジアン L は

$$L = \frac{m}{2}\dot{q}^2 - \frac{m\omega^2}{2}q^2 \tag{4.11}$$

であり，オイラー–ラグランジュ方程式 (Euler-Lagrange equation)，すなわち古典的運動方程式は

$$\ddot{q} + \omega^2 q^2 = 0 \tag{4.12}$$

となる．また，$p \equiv m\dot{q}$ を用いると，古典的ハミルトニアン H は

$$H = \frac{1}{2m}p^2 + \frac{m\omega^2}{2}q^2 \tag{4.13}$$

となる．従って，要請 (1) により

$$\hat{H} = \frac{1}{2m}\hat{p}^2 + \frac{m\omega^2}{2}\hat{q}^2 \tag{4.13'}$$

としてよかろう．また要請 (2)，すなわち (4.10) は，$\hat{A} = \hat{q}, \hat{p}$ として

$$\begin{aligned}[\hat{q}, \hat{H}] &= \tfrac{i\hbar}{m}\hat{p} , \\ [\hat{p}, \hat{H}] &= -i\hbar m\omega^2 \hat{q}\end{aligned} \tag{4.14}$$

が得られる．すなわち，演算子 $\hat{q}, \hat{p}$ に対する交換関係は (4.14)，(4.13') によって決められることになる．

しかし，以下の議論では $\hat{q}, \hat{p}$ の代わりに，次のようなエルミートではない一対の演算子 $\hat{a}, \hat{a}^\dagger$ を用いるほうが便利である：

$$\begin{aligned}\hat{a} &\equiv \tfrac{1}{\sqrt{2m\hbar\omega}}(m\omega\hat{q} + i\hat{p}) , \\ \hat{a}^\dagger &\equiv \tfrac{1}{\sqrt{2m\hbar\omega}}(m\omega\hat{q} - i\hat{p}) .\end{aligned} \tag{4.15}$$

なお今後は，演算子を示す上着き記号 ˆ を全て省略することとする．この新しい演算子で書き直すと，(4.13')，(4.14) は，それぞれ

$$H = \frac{\hbar\omega}{2}(a^\dagger a + a a^\dagger) \equiv \hbar\omega N , \tag{4.16}$$

$$[a, N] = a , \quad [a^\dagger, N] = -a^\dagger \tag{4.17}$$

となる．ここに，もちろん，$N^\dagger = N$ である．なお，(4.13') から (4.16) への移行に当たっては，何らの交換関係も使っていない．

(4.16)，(4.17) は，$a, a^\dagger, N$ よりなる代数系に対して，以下のような情報を与える．N はエルミートな演算子であるので，その固有値 N' は実数である．こ

4.3 調和振動子の場合

れに対応する固有状態を $|N'\rangle$ と書けば，$N|N'\rangle = N'|N'\rangle$. また，(4.16) よりわかるように，$N' \geq 0$ であり，従って N' には最低固有状態 $N_0 \geq 0$ が存在する．他方，(4.17) 第 1 式より，$N(a|N'\rangle) = (N'-1)(a|N'\rangle)$ であり，$a|N'\rangle \neq 0$ である限り，$a|N'\rangle$ は，再び N の固有状態であり，その固有値は $(N'-1)$ であることがわかる．同様に，(4.17) 第 2 式より，$a^\dagger|N'\rangle$ も N の固有状態であり，その固有値は $(N'+1)$ である．すなわち，一つの固有値 N' に対して，$(N'-1)$ (ただし $N' \neq N_0$ として)，$(N'+1)$ もまた固有値となるのであるから，N の固有値スペクトルは，結局，

$$N_n = N_0 + n \quad (N_0 \geq 0, n = 0, 1, 2, \cdots) \tag{4.18}$$

で与えられることになる．N_n に上限がないので，この種の振動子をボーズ型 (Bose-like) と呼ぶことにする．その零点エネルギーは $E_0 = N_0 \hbar\omega$ である．

簡単のため，$|N_n\rangle$ を $|n\rangle$ と書くことにすると，最低固有値に対する固有状態 $|0\rangle$ に対しては，

$$a|0\rangle = 0 \tag{4.19}$$

が成り立つ．もし $a|0\rangle \neq 0$ であれば，これは N の (N_0-1) の固有状態となり，N_0 が N の最低固有値であることと矛盾するからである．上の結果から，演算子 a および $a^\dagger$ は，N の固有値を，それぞれ，1 だけ減少ないしは増大させる働きをもつことがわかる．あるいは，H の固有値について言えば，a および $a^\dagger$ は，それぞれ，エネルギー量子 (energy quantum) $\hbar\omega$ の消滅演算子 (annihilation operator) ないしは生成演算子 (creation operator) となっている．また，演算子 $\tilde{N} \equiv (N-N_0)$ は，量子の数を表わす演算子 (number operator) である．

さて $\mathcal{M}(a^\dagger, a)$ を n_1 個の $a^\dagger$ と n_2 個の a (ただし $n_1 \geq n_2$) よりなる単項式で，$\mathcal{M}(a^\dagger, a)|0\rangle \neq 0$ としよう．(4.17) を用いれば，この状態は，N の固有状態であり，その固有値は $N_{n_1-n_2}$ であることが示される：

$$N\mathcal{M}(a^\dagger, a)|0\rangle = N_{n_1-n_2}\mathcal{M}(a^\dagger, a)|0\rangle. \tag{4.20}$$

さらに，N の定義式 (4.16) を，a, $a^\dagger$ および N に対する一種の交換関係とみなし，これを繰り返し適用して $aa^\dagger$ を $a^\dagger a$ に書き直せば，(4.19), (4.20) により

$$a(a^\dagger)^n|0\rangle = \left(2\sum_{k=0}^{n-1}(-1)^{n-1-k}N_k\right)(a^\dagger)^{n-1}|0\rangle \tag{4.21}$$

が得られる．そこで状態 $\mathcal{M}(a^\dagger, a)|0\rangle$ に含まれている n_2 個の消滅演算子 a の

各々に対して，もっとも右側に位置するものから始めて，順次 (4.21) を適用し，かつ (4.19) を併用すれば，$\mathcal{M}(a^\dagger, a)|0\rangle$ からは全ての a が消去され，出来する各項は $a^\dagger$ のみを含む表式 $\propto (a^\dagger)^{n_1-n_2}|0\rangle$ に帰着される．つまり $|n\rangle$ としては，const.$(a^\dagger)^n|0\rangle$ の形のものをとれば十分であることになる．系の状態空間は，一般に，$\mathcal{M}(a^\dagger, a)|0\rangle$ の形の状態，従って N の固有状態 $|n\rangle$ で張られるが，上の結果は，もし $|0\rangle$ に縮退がなければ，各 $|n\rangle$ にも縮退がないことを意味する．さらに任意の多項式 $\mathcal{P}(a^\dagger, a)$ の任意の行列要素 $\langle n|\mathcal{P}(a^\dagger, a)|n'\rangle$ の計算も，同じ方法で a を消去することにより容易に遂行され，最終結果は n, n', N_0 の関数として与えられる．

結局，われわれの状態空間は，以下の規格直交化ベクトルによって張られることになる：

$$|n\rangle = \frac{1}{\sqrt{\langle n \rangle!}}(a^\dagger)^n|0\rangle \quad (n = 0, 1, 2, \cdots), \tag{4.22}$$

ただし

$$\langle n \rangle! \equiv \langle 1 \rangle \langle 2 \rangle \cdots \langle n \rangle,$$

$$\langle n \rangle \equiv \begin{cases} n & (n:\text{偶数}) \\ n-1+2N_0 & (n:\text{奇数}) \end{cases}. \tag{4.23}$$

また，$a, a^\dagger$ の 0 でない行列要素は，(4.21) を繰り返して用いれば，

$$\langle n|a|n+1\rangle = \langle n+1|a^\dagger|n\rangle = \sqrt{\langle n+1 \rangle} = \begin{cases} \sqrt{2N_0+n} & (n:\text{偶数}) \\ \sqrt{1+n} & (n:\text{奇数}) \end{cases} \tag{4.24}$$

となる．任意の物理量は q, p，すなわち $a, a^\dagger$ の関数(演算子)として与えられる．その行列要素も (4.24) を用いて，パラメーター N_0 の関数として求められる．一つの量子化法を確定するには，それ故，$N_0(\geq 0)$ の値を確定する必要がある．

このために，交換子 $[a, a^\dagger]$ の行列要素を求めてみると，(4.24) より

$$\langle n|[a, a^\dagger]|n'\rangle = \delta_{nn'} \times \begin{cases} 2N_0 & (n:\text{偶数}) \\ 2(1-N_0) & (n:\text{奇数}) \end{cases} \tag{4.25}$$

となる．あるいは，演算子に対する関係式として

$$[a, a^\dagger] = 1 + (-1)^{N-N_0}(2N_0-1) \tag{4.26}$$

とも書かれる．従って $[a, a^\dagger]$ は，一般に，N, N_0 に依存する演算子に等しいこ

とになる．ただ，$N_0 = 1/2$ の場合にのみ，簡単な結果

$$[a, a^\dagger] = 1 \tag{4.27}$$

が得られる．ここで，右辺の 1 は単位演算子とする．この場合には，(4.15) を用いて

$$[q, p] = i\hbar 1 \tag{4.28}$$

となる．$N_0 = 1/2$ に対応した量子化は，通常，正準量子化 (canonical quantization) と呼ばれている．すなわち，正準量子化は，量子化法のもっとも簡単な場合であることになる．この場合の振動子を，とくにボーズ振動子 (Bose oscillator) と呼ぶことにする．因みに $N_0 = 0$ の場合には，$a = a^\dagger = 0$ に対応し，物理的には無意味である[*5]．

エネルギー固有値 E_n は，$E_n = \hbar\omega N_n$ であり，とくに零点エネルギーは，$E_0 = \hbar\omega N_0$ で与えられる．従って，よく知られた $E_0 = \hbar\omega/2$ は，$N_0 = 1/2$ に固有の結果である．

4.3.2 ボーズ型演算子の群論的性質

3 個の演算子 $a, a^\dagger$ および N ―以下これをボーズ型演算子と呼ぶ―から成る系の代数的性質を調べるために，次のような一組のエルミート演算子を定義しよう：

$$\begin{aligned} J_1 &\equiv \tfrac{1}{4}(aa + a^\dagger a^\dagger), \\ J_2 &\equiv \tfrac{i}{4}(aa - a^\dagger a^\dagger), \\ J_3 &\equiv \tfrac{1}{4}(a^\dagger a + a a^\dagger) = \tfrac{1}{2}N. \end{aligned} \tag{4.29}$$

N の定義式 (4.16) および (4,17) を用いれば，簡単な計算の結果，次式が導かれる：

$$[J_1, J_2] = -iJ_3, \quad [J_2, J_3] = iJ_1, \quad [J_3, J_1] = iJ_2. \tag{4.30}$$

これはリー群の一種であるところの 3 次元ローレンツ群 SO(1,2)，あるいはこれと同等な 2 次元シンプレクティック群 (symplectic group) Sp(2,R) のリー形成演算子 (Lie generator) に対する交換関係そのものである．すなわちここでの代

[*5] 上記の議論を，場の理論への拡張が可能なように，多振動子系の場合に拡張すると，N_0 の値は整数または半整数に限られる．これについては，Y.Ohnuki and S.Kamefuchi: *Quantum Field Theory and Parastatistics* (Univ. of Tokyo Press /Springer Verlag, 1982) を参照されたい．

数はリー代数 (Lie algebra) so(1,2) あるいは sp(2,R) である．従って，調和振動子の量子化の問題は，数学的にみれば，群 SO(1,2) の表現を求める問題に帰着する．

　上記の群は，演算子 $a, a^\dagger$ を別の組 $a', a'^\dagger$ に変換する変換群となっているが，このような変換の下で，全ての状態ベクトルのノルムが不変であるべしとするならば，群の表現はいわゆるユニタリ表現 (unitary representation) でなくてはならない．このとき J_1, J_2, J_3 のエルミート性は保証される．他方，群 SO(1,2) は，いわゆる非コンパクト群 (non-compact group) であり，群論によれば，この種の群のユニタリ表現はつねに無限次元である．(4.18) に見られるように，N 従って J_3 が，無限個の固有値をもつのは，このような事情による．さらに，物理的観点よりすれば，H の基底状態，すなわち N の固有値に最小値 N_0 の存在することが必要であるから，これがさらに群表現に対して制約を与える．

　群 SO(1,2) のユニタリ表現に関するバーグマン (V.Bargmann) の研究によれば[*6]，彼の記号で $D_\phi^{(+)}$ ($\phi < 0$) と表わされる既約表現のみが，上の要求を満たしている．ここに，$J_3 = -\phi + \ell$ ($\ell = 0, 1, 2, \cdots$)，$J_3^2 - J_1^2 - J_2^2 = \phi(\phi+1)$ である．実際，(4.24) で求められた表現は，$\phi = -N_0/2$ および $-(N_0+1)/2$ に対応する 2 個の既約表現の直和 $D_{-N_0/2}^{(+)} \oplus D_{-(N_0+1)/2}^{(+)}$ になっている．$J_3, J_+ \equiv J_1 + iJ_2 = a^\dagger a^\dagger / 2$ および $J_- \equiv J_1 - iJ_2 = aa/2$ は各々の $D_\phi^{(+)}$ 内で作用し，他方 $a, a^\dagger$ は両表現 $D_\phi^{(+)}$ を結び付ける作用をしている．通常の角運動量 J_1, J_2, J_3 は，群 SO(3) の形成演算子であり，その表現を指定するパラメーター j は，個別的な条件によって決定せねばならないのと同様に，量子化の場合にも，適当な補足的条件，例えば結果の簡単さを要求することにより，ϕ すなわち N_0 を $N_0 = 1/2$ に固定することができる．

　$a, a^\dagger$ および N を 3 個の独立した演算子とみなし，(4.29) の第 3 式を，N の定義式ではなくて，一種の交換関係

$$[a, a^\dagger]_+ = 4J_3 \tag{4.31}$$

と解釈しよう．ただし，$[a, b]_\pm \equiv ab \pm ba$ であり，$[a, b]_-$ は多くの場合，$[a, b]$ と書かれる．他方，(4.17)，(4.29) より

[*6]　V.Bargmann : Ann.Math. **48** (1947)568.

4.3 調和振動子の場合

$$[a, J_1] = \frac{1}{2}a^\dagger, \quad [a^\dagger, J_1] = -\frac{1}{2}a,$$
$$[a, J_2] = -\frac{i}{2}a^\dagger, \quad [a^\dagger, J_2] = -\frac{i}{2}a \qquad (4.32)$$

が容易に求められる．また，便宜上，(4.17) を J_3 を用いて書き直せば，

$$[a, J_3] = \frac{1}{2}a, \quad [a^\dagger, J_3] = -\frac{1}{2}a^\dagger \qquad (4.17')$$

となる．このようにした場合，(4.31), (4.32), (4.17'), (4.30) の全体は，いわゆるリー超群 (Lie supergroup) —次数つきの (graded) SO(1,2) または Sp(2,R) —の形成演算子 $a, a^\dagger, J_1, J_2, J_3$，あるいはリー超代数 (Lie superalgebra) osp(1/2) に対する'交換関係'となっている．群 (代数) ではなく超群 (超代数) というのは，(4.31) が交換子 $[\ ,\ ]_-$ ではなく，反交換子 $[\ ,\ ]_+$ を含むからである．先に求めた SO(1,2) に対する二つの既約表現の直和は，実は，この超群に対する一つの既約表現であった訳である．

4.3.3 フェルミ型振動子

次に，N (あるいは H) の固有値スペクトルが，(4.18) とは異なり，下限のみならず上限をももつ場合を考えてみよう．この種の振動子を，以下では，フェルミ型 (Fermi-like) と呼ぶことにする．エネルギーに上限があるような系には，古典的な対応物がないので，4.2.2 項の (1)'+(2)' の手続きによらねばならない．この場合の物理的要請は，系が調和振動子であること，従って，座標 q が (4.12) を満たすことである．ボーズ型振動子の場合の関係式のうち，$p = \dot{q}, H = \hbar\omega N$ および (4.15) を，そのまま維持することとすれば，上記の要請は (4.14)，従って (4.17) の成立を意味する．今度の場合に許される変更は，それ故，$a, a^\dagger$ による N の表式のみ，ということになる．(4.16) においては，$N = \frac{1}{2}[a^\dagger, a]_+$ であったので，でき得る限り小さな変更として

$$N = \frac{1}{2}[a^\dagger, a]_- \qquad (4.33)$$

を，暫定的に採用してみよう．(4.17) が成り立つので，N の隣り合った固有値の差は，もちろん，±1 である．

さらに一般的な性質を見るために，次のような 3 個のエルミート演算子を定義する：

$$J_1 \equiv \tfrac{1}{2}(a^\dagger + a) ,$$
$$J_2 \equiv \tfrac{1}{2i}(a^\dagger - a) , \tag{4.34}$$
$$J_3 \equiv \tfrac{1}{2}(a^\dagger a - a a^\dagger) = N .$$

(4.33) および (4.17) より明らかなように，この場合には，次の関係が成り立つ：
$$[J_1, J_2] = iJ_3 , \quad [J_2, J_3] = iJ_1 , \quad [J_3, J_1] = iJ_2 . \tag{4.35}$$
これは，角運動量 $\vec{J} \equiv (J_1, J_2, J_3)$ の成分に対する関係式と，本質的に同じである．すなわち，(4.34) で定義された J_1, J_2, J_3 は，リー群 SO(3) の形成演算子，あるいはリー代数 so(3) となっている．

この群はコンパクト群であるので，有限次元のユニタリ表現が存在する．このことより，直ちに，演算子 N の固有値に対して，上限および下限が存在することが保証される．このようにして，(4.33) はフェルミ型演算子に対する正しい選択であったことがわかる．よく知られているように，この場合 $\bar{p} = 0, 1, 2, \cdots$ として，$(\bar{p}+1)$ 次元のユニタリな既約表現は，$D_{\bar{p}/2}$ によって指定され，$J_3 = N$ の固有値 N_n は
$$N_n = N_0 + n \quad (N_0 = -\bar{p}/2, n = 0, 1, 2, \cdots, \bar{p}) \tag{4.36}$$
で与えられる．従って零点エネルギーは $E_0 = (-\bar{p}/2)\hbar\omega$ である．

この場合，(4.21) に対応する式は
$$a(a^\dagger)^n |0\rangle = \left(-2 \sum_{k=0}^{n-1} N_k\right) (a^\dagger)^{n-1} |0\rangle \tag{4.37}$$
となる．この式を用いると，もし基底状態 $|0\rangle$ に縮退がなければ，N の固有値 N_n に対する固有状態 $|n\rangle$ にも縮退のないことが，まえと同様にして示され，規格化された $|n\rangle$ は (4.22) と同じ表式によって与えられることとなる．ただし，今度の場合には，$n = 0, 1, 2, \cdots, \bar{p}$，$\langle n \rangle \equiv n(\bar{p}-n+1)$ である．このとき，$a, a^\dagger$ の 0 でない行列要素は，(4.37) を繰り返し適用すれば
$$\langle n|a|n+1 \rangle = \langle n+1|a^\dagger|n \rangle = \sqrt{\langle n+1 \rangle}$$
$$= \sqrt{(n+1)(\bar{p}-n)} \quad (n = 0, 1, 2, \cdots, \bar{p}) \tag{4.38}$$
となる．

ところで，$[a, a^\dagger]_+ = 2N(\bar{p}-N) + \bar{p}$ であり，$\bar{p} = 1$ のときにのみ，単位演算子となる．さらにこのときには，$a^2 = a^{\dagger 2} = 0$ である．とくに，$\bar{p} = 1 \ (N_0 = -1/2)$

の場合の振動子は，フェルミ振動子 (Fermi oscillator) と呼ばれている．これに対する関係式をまとめて書けば，

$$[a, a^\dagger]_+ = 1, \quad [a, a]_+ = 0 \tag{4.39}$$

となる．

結局，フェルミ型振動子の量子論は，パラメーター $\bar{p}\,(= 0, 1, 2, \cdots)$ によって指定され，これを決めることにより，理論は確定される．もっとも簡単な $\bar{p} = 0$ の場合は，しかしながら，$a = a^\dagger = 0$ となり，物理的に無意味である．物理的に意味のあるものの中では，$\bar{p} = 1$，すなわちフェルミ振動子がもっとも簡単な場合となる．

最後に，次の注意を付加しておく．$a, a^\dagger$ に対する基本的な関係式 (4.17), (4.33) において，$a = b^\dagger, a^\dagger = b, N_a = -N_b$ と置き換えてみよう．ただし，$N_a \equiv [a^\dagger, a]/2, N_b \equiv [b^\dagger, b]/2$ とする．このとき，新しい演算子 $b, b^\dagger, N_b$ に対する関係式は，もとの演算子 $a, a^\dagger, N_a$ の場合と，全く同型となる．あるいは，基本的関係式は，変換 $a \to b^\dagger, a^\dagger \to b, N_a \to -N_b$ の下で不変である．そこで，$\tilde{N}_a = N_a - N_0 = N_a + \bar{p}/2, \tilde{N}_b = N_b - N_0 = N_b + \bar{p}/2$ とすれば，$\tilde{N}_a, \tilde{N}_b = 0, 1, 2, \cdots, \bar{p}$，かつ，$\tilde{N}_a + \tilde{N}_b = \bar{p}$ である．この結果，b 量子の基底状態 ($\tilde{N}_b = 0$) は，a 量子が占有し尽くされた状態になっており，a 量子1個を消滅 (生成) させることは，b 量子，すなわち空孔 (hole) を1個生成 (消滅) することになっている．上記の不変性の故に，a, b の何れを量子とし，何れを空孔とするかは，全く便宜上の問題となる．このような，いわゆる空孔理論 (hole theory) 的解釈が可能となるのは，フェルミ型振動子に特有の性質である．ボーズ型振動子に対する理論形式は，4.3.1項における議論から明らかなように，この種の不変性をもたず，従って，空孔理論的解釈は許されない．

4.3.4 フェルミ型演算子の群論的性質

(4.17), (4.33) を満たす演算子をフェルミ型演算子と呼ぶことにする．ボーズ型演算子の場合には，(4.29) で定義されたリー代数 so(1,2) の三つの要素 J_1, J_2, J_3 は，すべて a または $a^\dagger$ よりなる2次形式であった．これら三つの要素は，また3種の反交換子 $[a^\dagger, a]_+, [a, a]_+, [a^\dagger, a^\dagger]_+$ より形成されていたともいえる．フェルミ型演算子の場合，これに対応した交換子を作ると，$[a^\dagger, a]_- = 2J_3, [a, a]_- = 0, [a^\dagger, a^\dagger]_- = 0$

となる．因みに，J_3 はリー代数 so(2) の (唯一の) 要素である．従って，ボーズ型の場合の so(1,2) に対応する代数は，フェルミ型の場合，so(2) であったことになる．

他方，ボーズ型の場合には，2 次形式の J_1, J_2, J_3 に，a および $a^\dagger$ を加えることにより，リー代数は，リー超代数 osp(1/2) に拡大された．しかし，フェルミ型演算子の場合，(4.34) で定義された J_1, J_2, J_3 の中には，すでに $a, a^\dagger$ の 1 次形式が含まれており，結局，ボーズ型演算子の osp(1/2) に対応する代数は，フェルミ型演算子の場合，既に論じた so(3) であったことになる．

以上は，唯 1 個の振動子より成る場合についてであるが，f ($f \geq 1$) 個の振動子より成る系の場合にも，それぞれのリー (超) 代数間に，上のような対応関係が存在することが知られている．すなわち，ボーズ型振動子の場合には，$a, a^\dagger$ の 2 次形式よりなる要素は，リー代数 sp(2f,R) を形成し，これに $a, a^\dagger$ を加えれば，リー超代数 osp(1/2f) に拡大される．これに対応した過程は，フェルミ演算子の場合，so(2f) から so(2f+1) への拡大となっている[*7]．何れにしても，その代数構造がリー超代数と関連をもつのが，フェルミ型演算子ではなく，ボーズ型演算子であるということは，甚だ興味深い．

4.3.5 交換子と反交換子

4.3.3 項，4.3.4 項において示したように，ボーズ型振動子，フェルミ型振動子の何れに対しても，物理的に意味があり，かつもっとも簡単な場合が，それぞれボーズ振動子およびフェルミ振動子であり，それぞれに対して (4.27), (4.39) が導かれた．両者をまとめれば

$$[a, a^\dagger]_\mp = 1 , \quad [a, a]_\mp = 0 \tag{4.40}$$

となる．ここで，そして以下において，複号の上 (下) がボーズ型 (フェルミ型) に対応するものとする．従って (4.16), (4.33) は，まとめて $N = \frac{1}{2}[a^\dagger, a]_\pm$ と書かれる．上式で $[a, a]_- = 0$ は無意味な関係式であるが，$[a, a]_+ = 0$ との対比のため書いておいた．(4.40) を用いれば，演算子 N は $N = a^\dagger a \pm 1/2$ となる．

逆に (反) 交換関係で (4.40) から出発しても，(4.17) は直ちに導かれ，前者と基底状態 $|0\rangle$ に対する性質 $a|0\rangle = 0, \| |0\rangle \|^2 = 1$ とを併用すれば，すでに述べたよう

[*7] 詳細については，脚注 5 の文献を見られたい．

に $a, a^\dagger$ より成る任意の多項式，従って任意の物理量に対する任意の行列要素が計算可能となる．従って，(4.40) は，それぞれの理論を完全に決定する基本的な関係式とみなされる．もちろん，(4.40) はすべての時刻において成立していることが要請されるが，ハイゼンベルク方程式の解は $a(t) = a(0)e^{-i\omega t}, a^\dagger = a(0)^\dagger e^{i\omega t}$ で与えられるので，このことは自明である．

(4.40) の左辺における交換子・反交換子の時間依存性について，さらに次の事柄を指摘しておこう．振動子の座標 q が (4.12) を満たすためには，$p \equiv m\dot{q}$ に対して $\dot{p} = -m\omega q$ が成り立てばよい．このとき，q, p より成る2次形式で運動の恒量となるものに $(p^2/2m + m\omega^2 q^2/2) = \frac{\hbar\omega}{2}[a, a^\dagger]_+$ および $(qp - pq) = i\hbar[a, a^\dagger]_-$ がある．前者を系のハミルトニアン H とし，後者を時間によらない定数としたものが，ボーズ振動子の場合であり，両者の役割を入れ替えたものが，フェルミ振動子の場合となっている．一般のボーズ型，フェルミ型振動子の場合にも，N の関数形の決定，すなわち (4.16), (4.33) はまさにこの事情に対応するものであった．

さらにフェルミ振動子の場合には，$[a, a^\dagger]_+ = 1$ を認めれば，$[a, a]_+ = 0$ が，以下のようにして導出される．先ず，直ちにわかるように $[a^2, a] = [a^2, a^\dagger] = [a^2, H] = 0$ である．従って，$2a^2 = [a, a]_+ =$ 時間によらない定数，でなくてはならない．そしてこの定数は，$0 \times \exp(-2i\omega t)$ 以外にはないはずであり，従って，$[a, a]_+ = 0$ が結論される．

ボーズ振動子とフェルミ振動子のもつ本質的な類似性は，(4.40) に見られるように，変数 q, p ではなくて $a, a^\dagger$ を用いるとき，とくに明白となる．そして，この種の類似性は，一般のボーズ型およびフェルミ型振動子に対しても，さらには $f(> 1)$ 個の振動子系の場合にも，なお存在することが知られている．すなわち，基本的な関係式を適当な形に書くとき，両者の相違は，いくつかの項の符号の相違のみに帰着される．

以下の議論においては，本書の性格上から，振動子に対して，物理的に意味のあるものの中でもっとも簡単な場合，すなわち，基本的な交換関係が，(反)交換子=単位演算子，となるようなボーズ振動子とフェルミ振動子に制限することとする．

4.4 場 の 量 子 化

4.4.1 場に対する量子化条件

以下の議論では,専ら,スカラー場の場合を考察し,その記述には (2.36) で導入された量 $\psi(\vec{x},t)$ および $\psi^*(\vec{x},t)$ を用いる.自由場に対する古典的な方程式は,(2.37) で,また,古典的なハミルトニアン H は,(2.65) によって,それぞれ与えられている.ただし,これらの式に現れる定数 $\hbar$ は,以後プランク定数と同一視する.古典的な場の量 $\psi(\vec{x},t), \psi^*(\vec{x},t)$ を量子論的な演算子 $\hat{\psi}(\vec{x},t), \hat{\psi}^\dagger(\vec{x},t)$ と見直して,その間に交換関係を設定し,量子場の理論へと移行する手続きは,先に述べた場の量子化に相当する.

4.2.2 項で述べた要請 (1),(2) または (1′)+(2′) に従えば,先ず量子論的ハミルトニアン $\hat{H}$ を決定しなければならない.演算子は,一般に,非可換であることを考慮し,(2.65) の因子を対称化ないしは反対称化した表式を H として採用することとする——その妥当性は,結果より判断する他ない.すなわち,

$$\hat{H} = \frac{\hbar^2}{4m} \int d^3x [\vec{\nabla}\hat{\psi}^\dagger(\vec{x},t), \vec{\nabla}\hat{\psi}(\vec{x},t)]_\pm = \hat{H}^\dagger . \qquad (4.41)$$

以下では,この二つの可能性を,つねに同時に考察する.$\hat{H}$ が決定されると,量子化条件 (4.10) は,(2.37) を考慮して

$$\begin{aligned}
[\hat{\psi}(\vec{x},t), \hat{H}] &= -\frac{\hbar^2}{2m} \vec{\nabla}^2 \hat{\psi}(\vec{x},t) , \\
[\hat{\psi}^\dagger(\vec{x},t), \hat{H}] &= \frac{\hbar^2}{2m} \vec{\nabla}^2 \hat{\psi}^\dagger(\vec{x},t) ,
\end{aligned} \qquad (4.42)$$

で与えられる.繁雑さを避けるため,以下では再び演算子に対する上付き記号 ˆ を,すべて省略することとする.

ここで,場の演算子をフーリエ展開し,運動量空間に移行すると便利である:

$$\begin{aligned}
\psi(\vec{x},t) &= \tfrac{1}{\sqrt{V}} \sum_{\vec{k}} a_{\vec{k}} e^{i(\vec{k}\cdot\vec{x} - E_k t)/\hbar} \equiv \sum_{\vec{k}} a_{\vec{k}} f_{\vec{k}}(\vec{x}) e^{-iE_k t/\hbar} , \\
\psi^\dagger(\vec{x},t) &= \tfrac{1}{\sqrt{V}} \sum_{\vec{k}} a_{\vec{k}}^\dagger e^{-i(\vec{k}\cdot\vec{x} - E_k t)/\hbar} \equiv \sum_{\vec{k}} a_{\vec{k}}^\dagger f_{\vec{k}}^*(\vec{x}) e^{iE_k t/\hbar} .
\end{aligned} \qquad (4.43)$$

ただし,$V = L^3$ は規格化の体積,$\sum_{\vec{k}}$ は $k_j = 2\pi n_j \hbar/L$ $(j=1,2,3; n_j = 0, \pm 1, \pm 2, \cdots)$ なる $\vec{k} \equiv (k_1, k_2, k_3)$ についての和,また $E_k = k^2/(2m)$(ただし $k = |\vec{k}|$)である.ここでは $\psi(\vec{x},t), \psi^\dagger(\vec{x},t)$ に代わって,$a_{\vec{k}}, a_{\vec{k}}^\dagger$ が演算子となる.(4.43) を (4.41)

に代入すれば,

$$H = \sum_{\vec{k}} E_k N_{\vec{k}} \tag{4.44}$$

が得られる. ただし,

$$N_{\vec{k}} \equiv \frac{1}{2}[a_{\vec{k}}^\dagger, a_{\vec{k}}]_\pm = N_{\vec{k}}^\dagger . \tag{4.45}$$

同様に, (4.43) を (4.42) に代入すれば, 量子化条件は

$$\begin{aligned}[a_{\vec{k}}, \textstyle\sum_{\vec{\ell}} E_\ell N_{\vec{\ell}}] &= E_k a_{\vec{k}}, \\ [a_{\vec{k}}^\dagger, \textstyle\sum_{\vec{\ell}} E_\ell N_{\vec{\ell}}] &= -E_k a_{\vec{k}}^\dagger\end{aligned} \tag{4.42'}$$

となる.

以後, 簡単のため, $\vec{k}, \vec{\ell}, \cdots$ を $k, \ell, \cdots$ と書くことにする.

4.4.2 量子化のための三つの仮定

条件 (4.42′) は, しかしながら, 極めて一般的すぎるので, その代数的構造をさらに制約して単純化し, 取扱い易いものにしたい. そのため以下の三つの仮定を導入する.

第1の仮定は, '粒子像のための仮定' と呼ばれるべきもので——その理由は間もなく自明となる——, 式で書けば

$$[a_k, N_\ell] = [a_k^\dagger, N_\ell] = 0 \quad (k \neq \ell) \tag{4.46}$$

で表わされる. 上式を考慮すれば, 量子化条件 (4.42′) は

$$[a_k, N_\ell] = \delta_{k\ell} a_\ell, \quad [a_k^\dagger, N_\ell] = -\delta_{k\ell} a_\ell^\dagger \tag{4.47}$$

となる. また (4.45) と (4.47) より

$$[N_k, N_\ell] = 0 \tag{4.48}$$

が得られる.

いま, 場のモードの中, 特定の一つ, 例えば k に着目すると, (4.45), (4.47) は, 前節 4.3.1 項, 4.3.3 項で与えた, ボーズ型あるいはフェルミ型振動子に対する基本的関係式そのものになっている. 従って, 個々のモードを単独に考える限り, 前節での議論を, そのまま適用できることになる. 残された問題は, 異なったモード相互間の関係はどうなるかということであり, このために, さらに二つの仮定を設ける.

先ず (4.48) より，場の状態を指定するパラメーター (の一部) として，$\{N_k\}$ の同時固有値の組を取ることができる．物理的観点からして，場には基底状態 $|0\rangle$ すなわち真空状態 (vacuum state) が存在し，かつ $|0\rangle$ には，簡単のため，縮退がないと仮定しよう．あるいは，この仮定が妥当であるような表現を求めることとする．$|0\rangle$ は各 N_k の最低固有値 $N_{k,0}$ に対応する同時固有状態であるが，理論のガリレイ不変性より，$N_{k,0} = N_0$ であるべきであり，結局，上記の仮定はいわゆる真空条件 (vacuum condition)

$$a_k|0\rangle = 0 \ , \ a_k a_\ell^\dagger |0\rangle = \pm 2\delta_{k\ell} N_0 |0\rangle \tag{4.49}$$

としてまとめられる．この第2の仮定は，従って，'縮退のない真空状態の存在のための仮定' と呼ぶべきものである．

さて，第3の仮定は，'表示非依存のための仮定' である．'一般に量子力学の結論は，採用した表示の如何によらない' ということが，ディラックの変換理論 (transformation theory) の立場である．われわれの場合，この要求は次のようになる．(4.43) の第1式において $t = 0$ とし，

$$\psi(\vec{x}, 0) = \sum_k a_k f_k(\vec{x}) = \sum_k a'_k f'_k(\vec{x}) \tag{4.43'}$$

と書こう．ここで，$\{f'_k\}$ は，$\{f_k\}$ とは異なる規格直交関数とする．上の要求は，従って，理論の内容が変換 $\{f_k\} \to \{f'_k\}$ の下で不変であるべし，ということになる．他方場の量子論においては，統計性 (statistics) の概念が重要となる．そして統計性は，量子化，すなわち $\{a_k, a_k^\dagger\}$ のもつ代数構造の帰結であると考えられている．そこで，もしも統計性が，状態を指定するパラメーター k の個別性によらず，場に固有の一般的性質であることを望むならば，$\{a_k, a_k^\dagger\}$ の代数構造は $\{a'_k, a'^\dagger_k\}$ のそれと同一でなければならない，ことになる[*8]．

いま，変換 $\{f_k\} \to \{f'_k\}$ を無限小変換

$$f'_k = \sum_\ell (\delta_{k\ell} - \omega_{k\ell}) f_\ell \tag{4.50}$$

であるとしよう．ここに $\omega_{k\ell}$ は無限小の複素数で $\omega_{k\ell} + \omega_{\ell k}^* = 0$ を満たす．上式を (4.43') に代入すれば

[*8] 例えば電子は，任意の状態—平面波であろうと，球面波であろうと……—に高々一個までしか入れない，とされている．

4.4 場の量子化

$$a'_k = \sum_\ell (\delta_{\ell k} + \omega_{\ell k}) a_\ell ,$$
$$a'^\dagger_k = \sum_\ell (\delta_{\ell k} - \omega_{k\ell}) a^\dagger_\ell \qquad (4.51)$$

となる. N'_k を (4.45) と同じ形に

$$N'_k = \frac{1}{2}[a'^\dagger_k, a'_k]_\pm \qquad (4.45')$$

として定義すると, 上式に (4.51) を代入して

$$N'_k = N_k - \sum_\ell \omega_{k\ell} N_{\ell k} + \sum_\ell \omega_{\ell k} N_{k\ell} \qquad (4.52)$$

が得られる. ただし,

$$N_{k\ell} \equiv \frac{1}{2}[a^\dagger_k, a_\ell]_\pm = N^\dagger_{\ell k} \qquad (4.53)$$

とする. 因みに $N_{kk} = N_k$ である. そこで第 3 の仮定は, プライム付きの演算子に対しても, (4.45), (4.47) と同形の関係式, すなわち

$$[a'_k, N'_\ell] = \delta_{k\ell} a'_\ell , \quad [a'^\dagger_k, N'_\ell] = -\delta_{k\ell} a'^\dagger_\ell \qquad (4.54)$$

を要求することである. なお容易に確かめられるように, 真空条件 (4.49) はプライム付きの演算子に対しても自動的に成り立つ.

(4.54) に (4.51), (4.52) を代入し, (4.47) を用いれば

$$\sum_m \omega_{\ell m}\left\{[a_k, N_{m\ell}] - \delta_{km} a_\ell\right\} - \sum_m \omega_{m\ell}\left\{[a_k, N_{\ell m}] - \delta_{k\ell} a_m\right\} = 0 \qquad (4.55)$$

が得られる. (4.54) が成り立つための必要十分条件は, 従って,

$$[a_k, N_{\ell m}] = \delta_{k\ell} a_m ,$$
$$[a^\dagger_k, N_{\ell m}] = -\delta_{km} a^\dagger_\ell \qquad (4.56)$$

で与えられる. (4.56) は (4.47) の一般化とみなされる.

以上を要約すれば, 三つの仮定の結果は—定義式 (4.45) と (4.53) の下で—(4.56) と (4.49) とに集約されている.

4.4.3 条件 (4.56) の帰結

(4.56) は非常に一般的な要請から得られた条件であるが, すでに幾つかの具体的な言明を内包している.

その第一は, 場の状態空間についてである. この空間は一般に $\mathcal{M}(a^\dagger_k, \cdots ; a_\ell, \cdots)$ $|0\rangle$ の形の状態ベクトルによって張られる. ここに, $\mathcal{M}$ は生成演算子 $a^\dagger_{k_1}, a^\dagger_{k_2}, \cdots$

および消滅演算子 $a_{\ell_1}, a_{\ell_2}, \cdots$ よりなる単項式であり，あらわに書けば

$$\mathcal{M}(a_k^\dagger, \cdots; a_\ell, \cdots)|0\rangle = \cdots\cdots a_{\ell_3}\cdots a_{\ell_2}\cdots a_{\ell_1}\cdots |0\rangle \tag{4.57}$$

となる．この右辺の'$\cdots$'は生成演算子のみの積，'$\cdots\cdots$'は両種の演算子の積とする．この状態ベクトルは，しかしながら，交換関係 (4.56) と真空条件 (4.49) を用いるならば，

$$\mathcal{P}(a_k^\dagger, a_{k'}^\dagger, \cdots)|0\rangle \tag{4.57'}$$

の形の状態ベクトルに等しいことが示される．ここに $\mathcal{P}(a_k^\dagger, a_{k'}^\dagger, \cdots)$ は生成演算子のみからなる多項式を表わす．

このことを見るために先ず (4.56) 第二式を展開すると，

$$a_m a_\ell^\dagger a_k^\dagger = \mp a_\ell^\dagger a_m a_k^\dagger + a_k^\dagger a_m a_\ell^\dagger \pm a_k^\dagger a_\ell^\dagger a_m \pm 2\delta_{km} a_\ell^\dagger \tag{4.58}$$

が得られる．さて (4.57) 右辺の表式において，もっとも右に位置する消滅演算子 a_{ℓ_1} に着目しよう．この a_{ℓ_1} に対し，(4.58) を繰り返し適用することにより，その位置を順次右方に移動することができ，最終的には $\cdots\cdots a_k a_{\ell_1}|0\rangle$ または $\cdots a_{\ell_1} a_k^\dagger|0\rangle$ の形の項の和となる．しかし (4.49) により前者は 0，後者は $\cdots$const.$|0\rangle$ となり，結局 a_{ℓ_1} は件の表式より消去される．(4.57) 右辺で右から二番目，三番目，$\cdots$ に位置する消滅演算子 $a_{\ell_2}, a_{\ell_3}, \cdots$ に対しても，上と同じ手続きを行うならば，これら演算子は最終的にすべて消去されてしまう．つまり (4.57) は (4.57') の形となる．もちろん，この $\mathcal{P}$ は N_0 や $\delta_{\ell k}$ の関数でもある．換言すれば，われわれの状態空間は，結局 $\mathcal{M}(a_k^\dagger, a_{k'}^\dagger, \cdots)|0\rangle$ の形の状態ベクトルによって張られることとなる．ここに $\mathcal{M}(a_k^\dagger, a_{k'}^\dagger, \cdots)$ は，生成演算子のみよりなる単項式である．

次に演算子の行列要素について考えてみよう．ここで問題にしている場の理論の演算子は，一般に生成・消滅演算子の多項式 $\mathcal{P}(a_k^\dagger, a_\ell, \cdots)$ として与えられる．この演算子の状態 $|1\rangle \equiv \mathcal{M}_1(a_k^\dagger, a_{k'}^\dagger, \cdots)|0\rangle, |2\rangle \equiv \mathcal{M}_2(a_k^\dagger, a_{k'}^\dagger, \cdots)|0\rangle$ に関する行列要素は，$\langle 2|\mathcal{P}|1\rangle = \langle 0|\mathcal{M}_2^\dagger \mathcal{P} \mathcal{M}_1|0\rangle$ となり，結局，生成・消滅演算子の多項式の真空期待値の計算に帰着する．ところで，この表式の各項に含まれている消滅演算子を上述の方法によってすべて消去するならば，$\langle 2|\mathcal{P}|1\rangle$ は最終的に $\langle 0|0\rangle$ および $\langle 0|a^\dagger a^\dagger \cdots|0\rangle$ の形の項の和となる．もちろん，前者は 1，後者は 0 である．このようにして，任意の演算子の任意の状態に対する行列要素が，(4.56) と (4.49) を用いて N_0 の関数として求められる．ただしこの種の計算は，一般に恐ろしく冗長となる恨みがある．

4.4.4 場の交換関係
a. 交換関係の導出

既に述べた理由から,個々のモード k に対しては,4.3 節で論じたボーズ型演算子またはフェルミ型演算子の関係式を前提としてよい.とくに本書では,物理的に意味のあるものの中でもっとも簡単な場合,すなわちボーズ演算子 ($N_0 = 1/2$) またはフェルミ演算子 ($N_0 = -1/2$) に限ることとしているので,それらの満たす交換関係は,各 k に対して,(4.40) と同形の

$$[a_k, a_k^\dagger]_\mp = 1, \quad [a_k, a_k]_\mp = 0 \tag{4.59}$$

である.

異なるモードに対する演算子間の関係を求めるために,先ず,(4.59) 第 1 式の両辺と $N_{\ell k}$ との交換子を作り,(4.56),(4.59) を用いれば,直ちに

$$[a_k, a_\ell^\dagger]_\mp = \delta_{k\ell} \tag{4.60}$$

が得られる.次に,(4.59) 第 2 式の一般化であるが,$[a_k, a_k]_+$ については上と同様に行える.しかし $[a_k, a_k]_-$ は本来無意味な表式であるので,これを基礎にすることはできない.そこで両者に共通な別法を以下に考察する.

そのために,恒等式 $[AB, C] = A[B, C]_\mp \pm [A, C]_\mp B$ を用いて $\left[[a_k, a_\ell]_\mp, a_m^\dagger\right]$ を展開し,そこで (4.60) を用いると件の表式は 0 となる.すなわち

$$\left[[a_k, a_\ell]_\mp, a_m^\dagger\right] = 0. \tag{4.61}$$

ところで,4.4.2 項で述べたように,任意の状態 $|\alpha\rangle$ は,生成演算子のみから成る多項式 $\mathcal{P}_\alpha$ を用いて,$|\alpha\rangle = \mathcal{P}_\alpha |0\rangle$ の形に書かれるから,(4.49) 第一式を用いるならば,$[a_k, a_\ell]_\mp |\alpha\rangle = \mathcal{P}_\alpha [a_k, a_\ell]_\mp |0\rangle = 0$ となる.従って $\{|\alpha\rangle\}$ が完全系であるならば,

$$[a_k, a_\ell]_\mp = 0 \tag{4.62}$$

が結論される.従って,(4.59) は一般化されて

$$[a_k, a_\ell^\dagger]_\mp = \delta_{k\ell}, \quad [a_k, a_\ell]_\mp = 0 \tag{4.59'}$$

となる.

さて,(4.59′) が与えられているときには,真空条件 (4.49) の第 2 式は,第 1 式より導かれるので不要となる.(4.60),(4.62) と (4.49) 第 1 式を用いれば,さきに述べたように $a_k, a_\ell^\dagger, \cdots$ よりなる任意の多項式の任意の行列要素が計算でき

る. (4.60) と (4.62) は，この意味で場 $\psi(\vec{x},t)$ に対する自己充足的な交換関係の組 (self-contained set of commutation relations) となっている．この組が，表示非依存，すなわち，変換 (4.51) の下で共変的であることは，言うまでもない．従って，(4.59) の下で $k \neq \ell$ に対して，例えば $[a_k, a_\ell]_\pm = [a_k, a_\ell^\dagger]_\pm = 0$ (複号同順) ととるならば，このような代数系は数学的には許されようが，表示非依存性は損なわれる．

b. フォック空間，形成演算子

4.4.3 項で述べたように，場の状態空間は，(4.49) を満たす真空状態 $|0\rangle$ を基にして，$\mathcal{M}(a_k^\dagger, a_\ell^\dagger, \cdots)|0\rangle$ の型の状態ベクトルによって張られる．ここに $\mathcal{M}$ は生成演算子 $a_k^\dagger, a_\ell^\dagger, \cdots$ のみからなる単項式である．$[a_k^\dagger, a_\ell^\dagger]_\mp = 0$ であるから，これらの基礎ベクトルは，$\mathcal{M}$ に含まれる各 $a_k^\dagger$ の個数，すなわち，$\tilde{N}_k \equiv N_k - N_0$ の固有値の組によって一意的に (縮退なしに) 指定される．このような空間は，通常フォック空間 (Fock space) と呼ばれている．

さて，われわれの代数系の，フォック空間による表現が既約であることは，次のようにして示される．$\mathcal{P}_\alpha, \mathcal{P}_\beta$ を生成演算子からなる多項式としよう．問題の表現が，もし可約であるとするならば，少なくとも一対の，ノルムが 0 でない状態 $|\alpha\rangle = \mathcal{P}_\alpha|0\rangle, |\beta\rangle = \mathcal{P}_\beta|0\rangle$ が存在し，$a_k, a_\ell^\dagger, \cdots$ より成る任意の演算子 R に対して

$$\langle \beta | R | \alpha \rangle = 0 \tag{4.63}$$

となっていなければならない．他方，$0 \neq \langle \alpha | \alpha \rangle = \langle 0 | \mathcal{P}_\alpha^\dagger \mathcal{P}_\alpha | 0 \rangle$ であるということは，状態ベクトル $\mathcal{P}_\alpha^\dagger \mathcal{P}_\alpha | 0 \rangle$ は，$|0\rangle$ の成分を含んでいることを意味する．$\mathcal{P}_\beta^\dagger \mathcal{P}_\beta | 0 \rangle$ についても同様である．従って，状態 $|0\rangle$ への射影演算子 P の存在を仮定するならば

$$\langle \beta | \mathcal{P}_\beta P \mathcal{P}_\alpha^\dagger | \alpha \rangle \neq 0 \tag{4.64}$$

となる．そこで $R = \mathcal{P}_\beta P \mathcal{P}_\alpha^\dagger$ と取るならば，(4.64) は (4.63) と矛盾することになる．しかしながら，射影演算子 P は，われわれの代数系の中に確かに存在し，実際，それは

$$P = \prod_k \frac{\sin[\pi(N_k - N_0)]}{\pi(N_k - N_0)} \tag{4.65}$$

によって与えられる．従って，問題の表現は既約であることになる．

演算子 $\psi(\vec{x},t), \psi^\dagger(\vec{x},t)$ に対する交換関係は，(4.43), (4.60), (4.62) を用いて，容易に求められる：

$$[\psi(\vec{x},t), \psi^\dagger(\vec{y},t)]_\mp = \delta(\vec{x}-\vec{y}) ,$$
$$[\psi(\vec{x},t), \psi(\vec{y},t)]_\mp = [\psi^\dagger(\vec{x},t), \psi^\dagger(\vec{y},t)]_\mp = 0 . \quad (4.66)$$

この結果は，古典論における対応するポアソン括弧の表式 (2.64) において，$\{\,,\,\}$ を $\frac{1}{i\hbar}[\,,\,]_\mp$ で置き換えたものに相当している．なお，上式中の各括弧が運動の恒量であることは，(4.42) を用いて示される．

ガリレイ群の形成演算子に対する古典的表式は，(2.65), (2.67) で与えられているが，これらはすべて，部分積分により

$$A = \int d^3x \psi^*(\vec{x},t) \mathcal{A} \psi(\vec{x},t) \quad (4.67)$$

の形に書き直される．ここで，$\mathcal{A} = \mathcal{A}(\vec{x}, \vec{\nabla})$ は，右側に位置する $\psi(\vec{x},t)$ に作用する演算子とする．A に対応する量子論的演算子 $\hat{A}$ としては，$\hat{H}$ を除き，

$$\hat{A} = \frac{1}{2}\int d^3x [\psi^\dagger(\vec{x},t), \mathcal{A}\psi(\vec{x},t)]_\mp = \int d^3x \psi^\dagger(\vec{x},t) \mathcal{A} \psi(\vec{x},t) \quad (4.68)$$

の何れの表式を採ってもよい．両者の差 (定数) は 0 となるからである．($\hat{H}$ の場合，この差は零点エネルギー $(\pm 1/2)\sum_k E_k$ に等しい．) 従って例えば，$\hat{\vec{P}}$, $\hat{H}$ および $\hat{\vec{L}}$ に対する $\mathcal{A}$ は，それぞれ $-i\hbar\vec{\nabla}$, $-(\hbar^2/2m)\triangle$ および $-i\hbar\vec{x}\times\vec{\nabla}$ となる．これらはすべて $\mathcal{A} = \mathcal{A}^\dagger$ を満たす．

また，形成演算子相互間の交換関係は (4.66) を用いて，容易に求められる．その結果は，(2.3), (2.3′) に一致する．これらの関係式の右辺に $\hat{H}$ の現れるものはないから，$\hat{H}$ に対しては，(4.68) の何れの表式を採ってもよい．また $[\hat{A}, \hat{B}]$ の計算には，(4.66) の複号の何れの場合にも成り立つ公式

$$\left[\int d^3x \psi^\dagger(\vec{x},t)\mathcal{A}\psi(\vec{x},t), \int d^3x \psi^\dagger(\vec{x},t)\mathcal{B}\psi(\vec{x},t)\right] = \int d^3x \psi^\dagger(\vec{x},t)[\mathcal{A},\mathcal{B}]\psi(\vec{x},t)$$
$$(4.69)$$

を用いると便利である．従って，例えば，(2.68′) で定義された $\vec{X}_G$ に対しては

$$[X_{Gj}, P_k] = i\hbar \delta_{jk} \quad (4.70)$$

が成り立つ．

5

量子場の性質 1

量子場の一般的性質を，物質の二重性を中心に考察する．同種粒子の量子力学は，一つの帰結として導出される．

5.1 理論の構成

5.1.1 一般的注意

以下では，4.4 節におけると同様，主としてスカラー場 $\phi(x)$ に対し，(2.36) によって定義された $\psi(\vec{x},t), \psi^\dagger(\vec{x},t)$ について考察を進める．スピンをもった場に対する一般化については，必要に応じて言及する．

第 1 章で述べた本書での基本的立場では，場が物質の総てを規定する初源的な存在となる．これを古典的ないしは量子論的な対象とみなしたとき，それぞれを古典場または量子場と呼ぶことにする．場の量 $\psi, \psi^\dagger$ は時空座標 $(\vec{x},t)$ に依存するが，前者の場合には単なる $(\vec{x},t)$ の関数であるのに対し，後者においては特定の交換関係を満たす演算子として与えられる．

ハイゼンベルク表示においては，場の方程式がハイゼンベルク演算子 (Heisenberg operator) $\psi(\vec{x},t), \psi^\dagger(\vec{x},t)$ の時空依存性を決定する．相互作用をもたない，いわゆる自由場 (free field) に対しては，$\psi(\vec{x},t)$ は古典場と同型の (2.37) を満たす．他方，場が相互作用をもつ場合には，第 3 章で述べたように，この式にさらに相互作用項 (interaction term) が付加される．このことは一般的に，ハイゼンベルクの運動方程式 (4.42) に現れる $H=H_0$ を，$H \to H' \equiv H_0 + H_{\text{int}}$ のように変更することによって実現される．この付加項 H_{int} は相互作用ハミルトニアン (interaction Hamiltonian) と呼ばれている．

5.1 理論の構成

演算子 $\psi(\vec{x},t), \psi^\dagger(\vec{x},t)$ の満たすべき (同時) 交換関係は, (4.66) で与えられている. この式は, 自由場に対して導出したものであるが, 同時交換関係に関する限り, 相互作用のある場合にも, そのまま成り立つと仮定する. H_{int} が $\psi(\vec{x},t)$ や $\psi^\dagger(\vec{x},t)$ およびそれらの空間微分より成る多項式 (ただし一般には適当な形状因子付き) であれば, 上記の仮定は閉じた理論体系に導く. (この事情は正準量子化法で言えば, $\psi(\vec{x},t)$ に対する正準運動量の定義, 従ってまた正準交換関係が, H_{int} の有無にはよらないことに対応している.) 言うまでもなく (4.66) は $t=t_0$ に対して仮定されれば, 一般の $t \neq t_0$ に対しても成り立つ.

場 $\psi(\vec{x},t)$ に対する物理量のうち運動学的な (kinematical) 量は, 一般に (4.68) の形で与えられる. 具体的には (2.67) において, ψ^* を $\psi^\dagger$ で置き換えればよい. とくに自由場に対しては, (4.43) を代入すれば, 場の全エネルギー H, 全運動量 $\vec{P}$, 全質量 $\vec{M}$ に対する表示は

$$\begin{aligned}
H_0 &= \int d^3x \psi^\dagger(\vec{x},t)\left(-\frac{\hbar^2}{2m}\vec{\nabla}^2\right)\psi(\vec{x},t) = \sum_{\vec{k}} E_k \tilde{N}_{\vec{k}}, \\
\vec{P} &= \int d^3x \psi^\dagger(\vec{x},t)\left(-i\hbar\vec{\nabla}\right)\psi(\vec{x},t) = \sum_{\vec{k}} \vec{k}\tilde{N}_{\vec{k}}, \\
M &= m\int d^3x \psi^\dagger(\vec{x},t)\psi(\vec{x},t) = m\sum_{\vec{k}} \tilde{N}_{\vec{k}}
\end{aligned} \tag{5.1}$$

となる. ここに

$$\tilde{N}_{\vec{k}} \equiv a_{\vec{k}}^\dagger a_{\vec{k}}, \quad [\tilde{N}_{\vec{k}}, \tilde{N}_{\vec{\ell}}] = 0 \tag{5.1'}$$

であり, 積分は全空間にわたるものとする. また, H_0 に対しては, 零点エネルギーを省いた表式を用いた.

(5.1) の各式には共通して因子 $\psi^\dagger(\vec{x},t)\cdots\psi(\vec{x},t)$ が現れるので,

$$\rho(\vec{x},t) \equiv \psi^\dagger(\vec{x},t)\psi(\vec{x},t) \tag{5.2}$$

は場の物質密度を表わす演算子と考えられる. 従って, これを空間領域 v にわたって積分した

$$N_v \equiv \int_v d^3x \rho(\vec{x},t) \tag{5.3}$$

は, この領域に含まれる物質量を表わし,

$$N \equiv \int d^3x \rho(\vec{x},t) = \sum_{\vec{k}} \tilde{N}_{\vec{k}} \tag{5.3'}$$

は, 場のもつ物質の総量を与える. 後に見るように, N はまた総粒子数をも表

わす．ここで定義された N_v, N は，ともに無次元量であり，これに m や e など を乗ずれば通常の物理量が得られる．この物理的意味付けは，場が相互作用を している場合についても同様である．

これまでは $\psi(\vec{x},t), \psi^\dagger(\vec{x},t)$ を，ハイゼンベルク演算子と考えたが，対応する シュレーディンガー演算子 (Schrödinger operator) $\psi(\vec{x}), \psi^\dagger(\vec{x})$ は，例えば

$$\psi(\vec{x}) \equiv \psi(\vec{x},0), \qquad \psi^\dagger(\vec{x}) \equiv \psi^\dagger(\vec{x},0) \tag{5.4}$$

として定義すればよい．このとき，$\psi(\vec{x}), \psi^\dagger(\vec{x})$ をそれぞれフーリエ分解すれば， 相互作用のある場合にも，形式的に (4.43) で $t=0$ とおいたと同じ式が得られ る．それぞれのフーリエ係数 $a_{\vec{k}}, a_{\vec{k}}^\dagger$ に対する交換関係は依然 (4.59′) で与えられ， (5.1) の各表式も，シュレーディンガー演算子としてそのまま成り立つ．もちろ ん，基準にとった時刻 $t=0$ を変更すれば，対応するシュレーディンガー演算 子は異なってくる．

なお，ハイゼンベルクの運動方程式に対応する式

$$\begin{aligned} -i\hbar \vec{\nabla}\psi(\vec{x},t) &= [\psi(\vec{x},t), \vec{P}], \\ m\psi(\vec{x},t) &= [\psi(\vec{x},t), M] \end{aligned} \tag{5.5}$$

は，しばしば有用である．

おわりに，運動学的な量 (5.1) について，次の注意を付加しておく．これらは ともに，4 (ないしは 5) 次元空間における座標軸方向の併進に対する形成演算 子であり，この意味で，幾何学的な量であるとも言える．相互作用のある場合 には，しかしながら，H_0 のみが変更を受け H_0+H_{int} となるのに対し，$\vec{P}$ や M はそのままの形を保つ．例えば，相互作用運動量 $\vec{P}_{\text{int}}$ のような項を $\vec{P}$ に加える 必要は毛頭ないのである．これはわれわれが採用している動力学 (dynamics) の 形式における，以下のような特殊事情による．その形式とは，系の状態を上記 空間における '$t=$ 一定' の超平面に対して定義し，系の動力学的記述を，状 態の t-依存性の追跡によって行う，ことにある．従って，t-方向の併進を引き 起こす H は，系の動力学的変化に直接関与するのに対し，$\vec{P}$ や M は系の運動 学的記述のみに関与する．換言すれば，(5.1) のうち，H_0 のみが運動学的な量 であると同時に動力学的な量でもあり，ここでは相互作用の有無があらわとな

る．動力学の記述形式を変更すれば，事情はもちろん変わってくる[*1]．

5.1.2 二重性と統計性

これまで度々述べてきたように，場は本来波動的なものであった．例えば (4.43) のように書かれた古典場は，フーリエ係数 $a_{\vec{k}}$ を適当にとれば，任意の波束 (wave packet) を表現し得，さらに，場の方程式例えば (2.37) は，このような波束の空間的伝播を記述する．事情は量子場に対しても同様であり，とくに場の演算子 $\psi(\vec{x},t)$ を対角化する表示では，波動性が顕著となる．さらにこの性質は粒子性のそれにも色濃く反映される (これらについては 5.2 節，5.3 節で詳しく考察する)．

交換関係 (4.66) において，複号の上，下に対応する括弧式を満たす場は，それぞれボーズ場 (Bose field)，フェルミ場 (Fermi field) と呼ばれている．また，これらによって記述される物質をボーズ物質 (Bose matter)，フェルミ物質 (Fermi matter) と呼ぶこともある．

この場合，それぞれに対応する演算子 $a_{\vec{k}}, a_{\vec{k}}^{\dagger}$ は，4.3 節で考察したボーズ演算子，またはフェルミ演算子になっている．従って，(5.1′) で定義された $\tilde{N}_{\vec{k}}$ の固有値スペクトルは，ボーズ場に対しては，$0,1,2,\cdots$，フェルミ場に対しては，$0,1$ である．ところで，(5.1) の各物理量は，それぞれ $\tilde{N}_{\vec{k}}$ を単位として書かれており，$\tilde{N}_{\vec{k}}$ 固有値の離散性は，そのままこれらの物理量の固有値に反映される．他方，$\tilde{N}_{\vec{k}}$ の固有値スペクトルは，'ものの個数' のそれと同じであるから，前者をあるものの個数であるとみなすことができる．場の量子論とは，この'あるもの'を，当該場に対する量子 (field quantum) あるいは粒子 (particle) であると解釈するのである．例えば，電磁場，電子場，π–中間子場，…に対する粒子が，それぞれ光子 (photon)，電子 (electron)，π–中間子 (π-meson)，…である．(5.1) より明らかなように，$\tilde{N}_{\vec{k}}=1$ に対する粒子は，エネルギー E_k，運動量 $\vec{k}$，質量 m をもつ．なお，ここでの議論は自由場に対するものであるが，場が相互作用をしている場合には，一般に，$\tilde{N}_{\vec{k}}$ によって規定された状態 (非摂動系) が，相互作用 (摂動エネルギー) によって転移を起こす，と考えられる．

[*1] P.A.M.Dirac: Rev.Mod.Phys. **21**(1949)392.

$\tilde{N}_{\vec{k}}$ は量子数 $\vec{k}$ の状態を占める粒子の数であるから，$\tilde{N}_{\vec{k}} = 0, 1, 2, \cdots$ に対応するボーズ場の粒子はボーズ統計 (Bose statistics) に従い，これをボーズ粒子 (Bose particle, boson) と呼ぶ．同様に，$\tilde{N}_{\vec{k}} = 0, 1$ に対応するフェルミ場の粒子はパウリの排他律 (exclusion principle) あるいはフェルミ統計 (Fermi statistics) に従い，これをフェルミ粒子 (Fermi particle, fermion) と呼ぶ．4.4.2 項で述べた場の量子化に対する第 3 の仮定により，$\tilde{N}_{\vec{k}}$ の固有値スペクトルは，他の量子数 k に対する $\tilde{N}_k$ においても全く同一となる．従って，状態を占める粒子数に対する上記の制約は，任意の状態に対しても同一である．このようにして，統計性は極めて一般的な概念となる．

単一の場から出来する粒子においては，統計性や質量，そして更には電荷，スピンの大きさ等々が，すべて同一であり，これらはいわゆる同種粒子 (identical particle) と呼ばれる一群を形成する．全く同一の個性をもった粒子が数限りなく存在し得るという性質は，場の量子論の重要な帰結の一つであると言ってよい．原子論の前提の一つ——任意個数の同種粒子の存在——に，初めて理論的な基礎を与えたからである (1.2.2 項参照)．明らかに，量子場のもつ粒子性は，演算子 $\tilde{N}_k$ が対角化された表示に特有な現象である．

このようにして，物質のもつ波動・粒子の二重性は，場の量子論においては，単に表示の違いとして，極めて自然な形で定式化されることになる．もちろん，上述の表示以外の一般の場合には，場は粒子と波動の，いわば中間的な性質を示す．この意味で，物質は単なる二重性ではなく，むしろ極めて豊かな多重性をもつと言うべきであろう．

おわりに，相対論的場の量子論におけるスピンと統計の定理 (spin-statistics theorem) について，一言しておく．1.2.2 項でも述べたように，この定理は"スピンの大きさが，$\hbar$ を単位として整数値 (半奇数値) の場には，ボーズ (フェルミ) 量子化をなすべし"と主張する．これらは非相対論的な場が両種の量子化を許すことと，一見，相容れないかのようである．言うまでもなく，上記定理の証明には，それぞれの相対論的な場が満たす場の方程式の形が本質的であり，これらはもちろんスピンに依存する．しかしながら，何れの方程式も，いわゆる非相対論的近似の下では，ガリレイ共変な表式に移行すべきである．ところで，2.3.3 項で見たように，こうした近似表式は，例えば自由場の場合，すべて

(2.60′) の形に帰着すべきであり，ここではスピン自由度が間接的に場の成分数として反映されるのみである．他方，(2.60′) を満たす場 $\psi(\vec{x},t)$ に対しては，両種の量子化が可能である．従って，スピン整数 (半奇数) の相対論的量子場が，件の近似下でボーズ (フェルミ) 量子化された非相対論的量子場に，それぞれ移行することになる．

この意味で，非相対論的あるいはガリレイ共変な場の量子論は，相対論的あるいはローレンツ共変な理論に比して，理論的制約が弱いと言える．

5.1.3 物理量と局所性
a. 局所性条件

通常の場の理論が対象とする場は，いわゆる局所場 (local field) である．場 $\psi(\vec{x},t)$ は時空点 $(\vec{x},t)$ ごとに与えられ，その時間的振舞いは $(\vec{x},t)$ の近傍での場の状況のみによって決定されると考える．量子場に対しては，さらに局所的 (反) 交換関係 (4.66) が成り立つ．こうした要求は，H_{int} あるいは物理量一般に対して，次のような制限—局所性条件 (locality condition) —を課することになる．いま $\tilde{\psi}(\vec{x},t) \equiv \psi(\vec{x},t), \psi^\dagger(\vec{x},t)$ とし，また $\tilde{\psi}_j \equiv \tilde{\psi}(\vec{x}_j,t)$ とおくと，H_{int} は一般に

$$\int d^3x_1 d^3x_2 \cdots d^3x_n f(\vec{x}_1,\vec{x}_2,\cdots,\vec{x}_n)\tilde{\psi}_1\tilde{\psi}_2\cdots\tilde{\psi}_n \tag{5.6}$$

の形の項の和として与えられる．ここに f は適当な形状因子 (form factor) であり，各積分は全空間に及ぶ．このとき，場 $\psi(\vec{x},t)$ に対するハイゼンベルクの運動方程式の右辺 $[\psi(\vec{x},t), H]$ には，交換子 $[\psi(\vec{x},t), \tilde{\psi}_1\tilde{\psi}_2\cdots\tilde{\psi}_n]_-$ が寄与するが，これは次のように変形される．すなわち，$\psi \equiv \psi(\vec{x},t)$ として

$$\begin{aligned}[\psi, \tilde{\psi}_1\tilde{\psi}_2\cdots\tilde{\psi}_n]_- &= \sum_{j=1}^{n}(\pm)^{j-1}\tilde{\psi}_1\tilde{\psi}_2\cdots\tilde{\psi}_{j-1}[\psi,\tilde{\psi}_j]_\pm\tilde{\psi}_{j+1}\cdots\tilde{\psi}_n \\ &\quad +\{(\pm 1)^n -1\}\tilde{\psi}_1\tilde{\psi}_2\cdots\tilde{\psi}_n\psi.\end{aligned} \tag{5.7}$$

ここで，$[\psi,\tilde{\psi}_j]_\mp = 0$ または $\delta(\vec{x}-\vec{x}_j)$ である．いま形状因子 $f(\vec{x}_1,\vec{x}_2,\cdots,\vec{x}_n)$ が，すべての $|\vec{x}_j-\vec{x}_k| > r_0$ $(j,k=1,2,\cdots,n)$ に対して $f \approx 0$ であるとすると[*2]，$[\psi, H]$ への (5.7) の第一行からの寄与は，点 $\vec{x}$ の近傍における $\tilde{\psi}$ のみに依存する．こ

[*2] 例えばクーロン力が働いているような場合には，$f \sim \exp(-\mu|\vec{x}_j-\vec{x}_k|)/|\vec{x}_j-\vec{x}_k|$ として，最後に $\mu=0$ とおく．このようにしても議論の本質的な点は変わらない．

れに反し，第二行からの寄与は，空間のすべての点での $\tilde{\psi}$ を一様に含んでいる．場が局所場であるためには，従って，係数 $\{(\pm)^n-1\}=0$ でなくてはならない．これはボーズ場の場合には常に満たされるが，フェルミ場の場合には $(-1)^n=1$, すなわち'$H_{\rm int}$ の各項は偶数個の $\tilde{\psi}$ を含まなくてはならない'ことが必要となる．

次に物理量一般に対する局所性条件について考えてみる．A_v を空間的領域 v において定義された物理量とし，(5.6) に倣ってこれを

$$A_v = \int_v d^3x_1 d^3x_2 \cdots d^3x_n f(\vec{x}_1, \vec{x}_2, \cdots, \vec{x}_n)\tilde{\psi}_1\tilde{\psi}_2\cdots\tilde{\psi}_n \tag{5.8}$$

と書くことにする．また $A'_{v'}$ を同様に定義された，同一または他の物理量としよう．もし $v\cap v'=0$ であり，両領域が十分に隔たっている (例えばその距離 $d \gg r_0$) ならば

$$[A_v, A'_{v'}] = 0 \tag{5.9}$$

が成り立つべきである．二つの物理量 $A_v, A'_{v'}$ は，互いに影響を及ぼし合うことなしに同時観測することが可能でなくてはならないからである．

さらに，任意の物理量 A_v に対し，v より十分隔たった点 $\vec{x} \notin v$ をとり，

$$[\tilde{\psi}(\vec{x},t), A_v] = 0 \tag{5.10}$$

を考えてみよう．これは先に述べた，$\tilde{\psi}$ が局所場であるための要求の一般化である．明らかに，(5.10) の下では (5.9) が保証される．この意味で，(5.10) を強い局所性条件 (locality condition of strong form)，(5.9) を弱い局所性条件 (locality condition of weak form) と呼ぶことがある．

A_v の特別な例として，ボーズ場それ自体をとることもできる．すなわち，$A_v = \tilde{\psi}(\vec{x},t), A'_{v'} = \tilde{\psi}(\vec{x}',t)(\vec{x}' \neq \vec{x})$ としても (5.9) は満たされる．さらに A_v として $\tilde{\psi}$ の任意の多項式をとっても事情は同じである．従って，これらはすべて物理量，すなわち観測可能量であり得ることになる．フェルミ場においては，しかしながら，状況は全く異なってくる．$\tilde{\psi}$ は反交換関係を満たすので，$A_v = \tilde{\psi}, A'_{v'} = \tilde{\psi}(\vec{x}',t)(\vec{x} \neq \vec{x}')$ は (5.9) を満たさない．このことは，さらに一般に $\tilde{\psi}$ の奇数冪のみからなる多項式についても同様である．従って，これらの量は何れも物理量とはなり得ない．他方，場の量の偶数冪のみからなる多項式は (5.9) を満たすので，物理量の資格がある．実際，例えば，(5.1) で与えられた運

動学的な量で，その積分領域を v に制約したものを A_v とすると，(5.9) はフェルミ場に対しても，ボーズ場同様に満たされる．

局所性条件 (5.9) は，いかなる場合においても，物理量が満たすべき最低の条件であると考えられる．もちろん，理論によっては，(5.9) 以外の要請をさらに課するものがある．種々の対称性を要求する理論 (例えばゲージ理論) はその例である．しかしながら，アインシュタインが強調したように，何が物理量—従って観測可能量—であるのかは，このように，理論自体が決定するのである．

b. 異種の場の交換関係

これまでは単一の場からなる系について論じてきたが，以下 b, c, d では，幾つかのボーズ場やフェルミ場が共存する系について簡単に考察する．

いま異なった場を $\psi_\alpha (\alpha = 1, 2, \cdots)$ と記し，添字 α は場の種類を示すものとする．これらの場の共存系を取り扱うためには，先ず異なる $\tilde{\psi}_\alpha (\equiv \psi_\alpha, \psi_\alpha^\dagger)$ 同士の間に交換関係を設定しなければならない．各々の場がそれぞれ交換または反交換関係 (4.66) を満たすことに対応して，異なった場同士の間にも交換または反交換関係を仮定するのが，もっとも自然な拡張であろう．そこで $\alpha \neq \beta$ に対して，次のようにおく．

$$[\tilde{\psi}_\alpha(\vec{x}), \tilde{\psi}_\beta(\vec{x}')]_{-(\alpha,\beta)} = 0, \tag{5.11}$$

ただし，下付き符号因子 (α, β) に対しては，$(\alpha, \beta) = (\beta, \alpha) = +, -$ とする．上式で $\vec{x} \neq \vec{x}'$ とすれば，個々の場に対する (反) 交換関係も，この式に含めることができる．この場合，$\tilde{\psi}_\alpha$ がボーズ場であれば，$(\alpha, \alpha) = +$，フェルミ場であれば $(\alpha, \alpha) = -$ である．従って，以後 (5.11) は，すべての α, β，およびすべての $\vec{x} \neq \vec{x}'$ に対して成り立つものとする．

符号因子 $(\alpha, \beta)(\alpha \neq \beta)$ の選択は，場に相互作用がなければ全く自由である．しかし相互作用が予め与えられている場合には，局所性条件と整合するように (α, β) を決定せねばならない．逆に，(α, β) が何らかの理由 (例えば対称性) で予め決まっている場合には，これが相互作用の形に対して制約を加えることになる．このように，(α, β) の選択は一般に一意的ではない．いまボーズ場の添字を $\alpha = b, b', \cdots$，フェルミ場の添字を $\alpha = f, f', \cdots$ としたとき，すべての b, b', f, f' に対して $(b, b') = (b, f) = +, (f, f') = -$ と取る方式を交換関係の正常ケース (normal case)，これ以外の方式を異常ケース (anormalous case) と呼ぶ

習慣がある．前者は唯一であるが，後者は一般に多くの可能性がある．例えば，ボーズ場 π，フェルミ場 P, N が湯川相互作用(密度) $g\tilde{P}\tilde{N}\tilde{\pi}$ のみを有する系では，$(\pi, P) = (\pi, N) = +, (P, N) = -$ が正常ケース，$(\pi, P) = (\pi, N) = -, (P, N) = +$ が唯一の異常ケースである．また 4 個のフェルミ場 $\psi_\alpha (\alpha = 1, 2, 3, 4)$ がフェルミ相互作用(密度) $f\tilde{\psi}_1\tilde{\psi}_2\tilde{\psi}_3\tilde{\psi}_4$ のみを有する系では，7 種の異常ケースが可能である．何れの場合にも強い局所性条件 (5.10) が満たされている．

c. フェルミ粒子数の保存

さて，多種の場の共存系における物理量の典型的な項 A_v は，再び (5.8) の形で与えられる．ただしここでは $\tilde{\psi}_j \equiv \psi_{\alpha_j}(\vec{x}_j, t)$ とする．この場合 (5.9) において $A'_{v'} = A_v$ と取ると，(5.11) により直ちに

$$\prod_{j,j'=1}^{n} (\alpha_j, \alpha_{j'}) = + \tag{5.12}$$

が得られる(ただし，左辺では $++ = -- = +, +- = -+ = -$ として計算する)．しかしながら，

$$\text{上式左辺} = \prod_j (\alpha_j, \alpha_j) \prod_{j>j'} (\alpha_j, \alpha_{j'})(\alpha_{j'}, \alpha_j) = \prod_j (\alpha_j, \alpha_j).$$

従って，(5.12) より

$$\prod_{j=1}^{n} (\alpha_j, \alpha_j) = + \tag{5.12'}$$

が導かれる．すなわち，単一場の場合と同様，A_v は一般に，$(\alpha_j, \alpha_j) = -$ であるような $\tilde{\psi}_{\alpha_j}$ すなわちフェルミ場の演算子を，偶数個含まねばならないこととなる．

上の結果は，粒子的な言葉を使えば，次のように表現される．演算子 $\tilde{\psi}_\alpha$ は 1 個の粒子の生成・消滅に携わるから，'H_int を始めとしてすべての A_v は，フェルミ粒子の総数を，2 を法として保存するような行列要素のみをもつ'．これは符号因子の如何によらない一般的な結論である，ことに留意されたい．相互作用ハミルトニアンに対するこの種の制約は，通常，選択則 (selection rule) と呼ばれるのに対し，物理量全般に対する場合には超選択則 (superselection rule) と呼ばれている．この場合，系の状態空間は，フェルミ粒子を偶数個含む部分，す

なわち偶セクター (even sector) と，奇数個含む部分，すなわち奇セクター (odd sector) とに完全に分離し，いかなる物理量も，この両者を結ぶ行列要素をもたない．従って，例えば，両セクターの状態ベクトルの一次結合を作ったとしても，両者の相対的位相を決定することは，いかなる物理的手段によろうとも，不可能である．換言すれば，件の一次結合はもはや純粋状態 (pure state) ではなく，混合状態 (mixed state) になってしまう．物理量はすべて $\psi^\dagger \cdots \psi$ の関数であるべしとの条件をさらに付加するならば，フェルミ粒子の絶対数に対する保存則が得られる．

上記保存則の導出には，通常，スピンと統計の定理と，もう一つの要求，例えば相互作用ハミルトニアンの空間回転下での不変性とを組み合わせて行うようである．上で与えた証明は，しかしながら，これらの前提が満たされないような場合にも当てはまるものである．このことは，フェルミ粒子数の保存則が，極めて一般的なものであることを示している．

d. クライン変換

ところで，異種の場 $\tilde{\psi}_\alpha, \tilde{\psi}_\beta$ $(\alpha \neq \beta)$ に対する符号因子の一部を反転して $-(\alpha, \beta)$ とするような変換が存在し，クライン変換 (Klein transformation) として知られている．例えば2個の場 ψ_1, ψ_2 が $[\tilde{\psi}_1, \tilde{\psi}_2]_\mp = 0$ を満たすとき，

$$\tilde{\psi}'_1(\vec{x}, t) = \tilde{\psi}_1(\vec{x}, t), \quad \tilde{\psi}'_2(\vec{x}, t) = K \tilde{\psi}_2(\vec{x}, t) \tag{5.13}$$

$$\begin{aligned} K &= \exp(i\pi N_1) = K^\dagger = K^{-1}, \\ N_1 &\equiv \int d^3 x \psi_1^\dagger(\vec{x}, t) \psi_1(\vec{x}, t) \end{aligned} \tag{5.13'}$$

によって，新しい場 $\tilde{\psi}'_1, \tilde{\psi}'_2$ を定義しよう．このとき，$[K, \tilde{\psi}_1]_+ = [K, \tilde{\psi}_2]_- = 0$ を考慮すれば，直ちに $[\tilde{\psi}'_1, \tilde{\psi}'_2]_\pm = 0$ が得られる (複号同順)．この種の変換は，しかしながら，局所的な場の理論の枠内においては，無制限に行えるものではない．$\tilde{\psi}_1, \tilde{\psi}_2$ に対すると同様に，$\tilde{\psi}'_1, \tilde{\psi}'_2$ に対しても局所性の諸要求が満たされねばならないからである．演算子 K は非局所的な量であるから，変換後の理論において，K や $\dot{K}$ がハイゼンベルクの運動方程式や物理量の表式に残存してはならない．容易に確かめられるように，この要求は，すべての物理量が $\tilde{\psi}_1$ および $\tilde{\psi}_2$ をそれぞれ偶数個含む場合にのみ満たされる．換言すれば，局所性条件を満たす二つの—正常または異常な—ケース間に対してのみ，変換 (5.13) が

許容されるのである．

クライン変換に関連して，幾つかの定理がある．先ず，自明ではあるが，

"物理量のすべての項がフェルミ場の演算子を偶数個含むならば，正常ケースの交換関係は，つねに強い局所性条件と整合的である."

さらに

"強い局所性条件を前提とするとき，いかなる異常ケースの交換関係も，正常ケースの演算子に対して一連のクライン変換を順次施行することによって，求められる"(リューダースの定理).

また，これと同様な前提の下で

"異常ケースの交換関係をもつ理論は，正常ケースの交換関係および幾つかの2を法とする保存則をもつ理論と，同等である"(荒木の定理).

これら定理の証明については，ここでは立ち入らない．興味のある読者は下記の文献を参照されたい[*3].

5.1.4 状態ベクトル

a. 置換演算子

後に必要になるので，始めに置換演算子(permutation operator)の復習をしておく．n個の対象を$1, 2, \cdots, n$として番号付けをし，$(\sigma 1, \sigma 2, \cdots, \sigma n)$を$(1, 2, \cdots, n)$に置換$\sigma$を施したものとする．この場合，$\sigma$により，$1 \to \sigma 1, 2 \to \sigma 2, \cdots, n \to \sigma n$と変換されている：

$$\sigma \equiv \begin{pmatrix} 1 & 2 & \cdots & n \\ \sigma 1 & \sigma 2 & \cdots & \sigma n \end{pmatrix}. \tag{5.14}$$

よく知られているように，$n!$個の置換$\sigma, \tau, \kappa, \cdots$は$n$次の対称群(symmetric group) S_nを作る．n個の変数$x_1, x_2, \cdots, x_n$よりなる関数$f(x_1, x_2, \cdots, x_n) \equiv f(1, 2, \cdots, n)$を考えよう．この関数$f$に対して，(5.14)の変換を行う演算子を$\Pi(\sigma)$と書き，これを次のように定義する：

$$\Pi(\sigma) \sum_{\tau \in S_n} c(\tau) f(\tau 1, \tau 2, \cdots, \tau n) \equiv \sum_{\tau \in S_n} c(\tau) f(\sigma\tau 1, \sigma\tau 2, \cdots, \sigma\tau n). \tag{5.15}$$

[*3] G.Lüders : Z.Naturforsch.**139**(1954)254. H.Araki : J.Math.Phys.**12**(1971)1588. またこれらの結果の総括および一般化については，Y.Ohnuki and S.Kamefuchi, 前掲書 (p.67脚注 5)Appendix F に与えてある．

ただし，$c(\tau)$ は任意の複素数とする．容易にわかるように
$$\Pi(\sigma)\Pi(\tau) = \Pi(\sigma\tau) \tag{5.16}$$
が成り立つ．この意味で，$\Pi(\sigma)$ は σ の一つの表現となっている．$\Pi(\sigma)$ の下では，変数 i が f の引数として<u>何処にあろうとも</u>，つねに $i \to j \equiv \sigma i$ の変換を受けている．この理由から，$\Pi(\sigma)$ を変数置換 (variable permutation) の演算子と呼ぶことにする．

変換 σ を実現する別の演算子として，次のような $\tilde{\Pi}(\sigma)$ を考えることもできる：
$$\tilde{\Pi}(\sigma) \sum_{\tau \in S_n} c(\tau) f(\tau 1, \tau 2, \cdots, \tau n) \equiv \sum_{\tau \in S_n} c(\tau) f(\tau\sigma^{-1}1, \tau\sigma^{-1}2, \cdots, \tau\sigma^{-1}n). \tag{5.17}$$
この場合にも
$$\tilde{\Pi}(\sigma)\tilde{\Pi}(\tau) = \tilde{\Pi}(\sigma\tau) \tag{5.18}$$
が成り立つことは容易に示される．いま $f(\tau 1, \tau 2, \cdots, \tau i, \cdots, \tau n)$ において，i 番目の位置にあった変数 τi が変換 $\tilde{\Pi}(\sigma)$ によって j 番目の位置にもたらされたとしよう．後者の位置にある変数は $\tau\sigma^{-1}j$ と書かれるから，$\tau i = \tau\sigma^{-1}j$，すなわち $j = \sigma i$ となる．換言すれば，f の引数として i 番目の位置にあった変数は，<u>それがどの変数であろうとも</u>，変換 $\tilde{\Pi}(\sigma)$ によって，$j = \sigma i$ 番めの位置にもたらされることになる．この性質から，$\tilde{\Pi}(\sigma)$ は位置置換 (place permutation) の演算子と呼ばれることがある．容易にわかるように，
$$[\Pi(\sigma), \tilde{\Pi}(\tau)] = 0 \tag{5.19}$$
である．

演算子 $\tilde{\Pi}(\sigma)$ は，しかしながら，量子力学の演算子としては，いささか不便である．f の中の引数を，つねに一定の順序に書いておかないと，答えが一意的にならないからである．例えば，$f(x_1, x_2, x_3) = g(x_2, x_3, x_1) + h(x_1, x_3, x_2)$ 等と書いてはいけない．他方，$\Pi(\sigma)$ に対しては，この種の不便さはない．以下では，従って，$\Pi(\sigma)$ を用いることにする．因みに，σ を 1 と 2 の互換 $(1 \leftrightarrow 2)$ としたとき，$\Pi(\sigma)f(1, 2, \cdots, n) = \tilde{\Pi}(\sigma)f(1, 2, \cdots, n) = f(2, 1, \cdots, n)$ であり，このような関係式によって置換演算子の作用の仕方を例示することはできない．

演算子 $\mathcal{S}_n^{\pm}$ を

$$S_n^\pm \equiv \frac{1}{n!} \sum_{\tau \in S_n} \begin{pmatrix} 1 \\ \epsilon(\tau) \end{pmatrix} \Pi(\tau) \tag{5.20}$$

によって定義する (右辺括弧内の上, 下の要素は, 左辺の $+$, $-$ にそれぞれ対応する). ここで, $\tau =$ 偶 (奇) 置換に対して, $\epsilon(\tau) = 1(-1)$ とする. 容易に示されるように

$$\Pi(\sigma) S_n^\pm = \begin{pmatrix} 1 \\ \epsilon(\sigma) \end{pmatrix} S_n^\pm \tag{5.21}$$

が成り立つので, $S_n^\pm$ は完全 (反) 対称化の演算子 (complete(anti-)symmetrizer) となっている. 従って, もちろん, 次の関係式も成り立つ (複号同順):

$$\begin{aligned} (S_n^\pm)^2 &= S_n^\pm, \\ S_n^\pm S_n^\mp &= S_n^\mp S_n^\pm = 0, \\ [S_n^\pm, \Pi(\sigma)] &= 0. \end{aligned} \tag{5.22}$$

b. 基底ベクトル

4.4.4 項 b において, 場の状態空間は, $\mathcal{M}(a_k^\dagger, a_\ell^\dagger, \cdots)|0\rangle$ の形をした状態ベクトルによって張られる, いわゆるフォック空間であることを述べた. 演算子 $a_k^\dagger, a_\ell^\dagger, \cdots$ を用いる 'k–表示' の代わりに, (5.4) によって定義されたシュレーディンガー演算子 $\psi^\dagger(\vec{x}), \psi^\dagger(\vec{x}'), \cdots$ を用いる 'x–表示' においても, 事情は本質的に同じである. ここでの基底ベクトルは, 一般に $\mathcal{M}(\psi^\dagger(\vec{x}_1), \psi^\dagger(\vec{x}_2), \cdots)|0\rangle$ の形で与えられる. 以下ではこの x–表示について, 二三の注意を述べる.

先ず, 真空状態に対しては, もちろん, (4.49) 第 1 式に対応して

$$\psi(\vec{x})|0\rangle = 0 \tag{5.23}$$

が成り立つ. 次に, もっとも簡単な基底ベクトル $\psi^\dagger(\vec{x})|0\rangle \equiv |\vec{x}\rangle$ の物理的意味について考えてみる. そのために, (5.3) で定義された N_v を用いると, N_v と $\psi^\dagger(\vec{x})$ の交換関係により,

$$N_v |\vec{x}\rangle = \begin{cases} |\vec{x}\rangle & (\vec{x} \in v) \\ 0 & (\vec{x} \notin v) \end{cases} \tag{5.24}$$

が成り立つ. 従って, $|\vec{x}\rangle$ は (5.3′) で定義された全粒子数 N の, 固有値 1 に対する固有状態となっている. さらに, 領域 v を点 $\vec{x}$ を含む, 限りなく小さな領域

に収縮させても (5.24) は成り立つので，$|\vec{x}\rangle$ は，1 点 $\vec{x}$ に存在する点的構造物，すなわち '1 粒子' に対する状態であることが確認される．期待どおり，$\vec{x} \neq \vec{x}'$ に対しては $\langle \vec{x}'|\vec{x}\rangle = 0$ となる．この x–表示における粒子の定義は，さきに 5.1.2 項で与えた k–表示における定義と整合する[*4]．

同様にして，
$$|\vec{x}_1, \vec{x}_2, \cdots, \vec{x}_n\rangle \equiv \frac{1}{\sqrt{n!}} \psi^\dagger(\vec{x}_1)\psi^\dagger(\vec{x}_2)\cdots\psi^\dagger(\vec{x}_n)|0\rangle \tag{5.25}$$

は，'n 個の粒子' がそれぞれ点 $\vec{x}_1, \vec{x}_2, \cdots, \vec{x}_n$ に存在する状態，すなわち n 粒子状態を表わすことが示される．係数 $\frac{1}{\sqrt{n!}}$ は後ほどの便宜のために導入した．実際，(2.68') で定義された場の重心に対する演算子 $\vec{X}_G$ に対しては

$$\vec{X}_G|\vec{x}_1.\vec{x}_2,\cdots,\vec{x}_n\rangle = \left(\frac{1}{n}\sum_{j=1}^n \vec{x}_j\right)|\vec{x}_1, \vec{x}_2, \cdots, \vec{x}_n\rangle \tag{5.25'}$$

が成り立つ．交換関係 (4.66) より，ボーズ場 (フェルミ場) の場合 $|\vec{x}_1, \vec{x}_2, \cdots, \vec{x}_n\rangle$ は，引数 $\vec{x}_1, \vec{x}_2, \cdots, \vec{x}_n$ に関して，完全対称 (反対称) となっている．1 個の調和振動子に対する $\{|n\rangle\}$ が完全系であるとするならば，$\{|\vec{x}_1, \vec{x}_2, \cdots, \vec{x}_n\rangle\}$ もまた完全系であることになる．

また，状態ベクトル (5.25) 同士の内積を知る必要があるが，このためには，次の公式を繰り返して適用すればよい：

$\psi(\vec{x})|\vec{x}_1, \vec{x}_2, \cdots, \vec{x}_n\rangle$

$$= \frac{1}{\sqrt{n}}\sum_{j=1}^n \binom{1}{(-1)^{j-1}} \delta(\vec{x}-\vec{x}_j)|\vec{x}_1, \vec{x}_2, \cdots, \vec{x}_{j-1}, \vec{x}_{j+1}, \cdots, \vec{x}_n\rangle. \tag{5.26}$$

ただし，右辺の上下は (4.66) の複号の上下に対応する．上式の証明には，$\psi(\vec{x})$ を交換関係 (4.66) を用いて次々と右方へ移動し，最後に (5.23) を用いればよい．N の異なる固有状態同士の内積は，もちろん，0 であるから，一般の内積を知るためには，次の場合を知れば十分である：すなわち，(5.25) に共役なベクトルを $\langle \vec{x}_n, \vec{x}_{n-1}, \cdots, \vec{x}_1|$ として，

$$\langle \vec{x}\,'_n, \vec{x}\,'_{n-1}, \cdots, x\,'_1|\vec{x}_1, \vec{x}_2, \cdots, \vec{x}_n\rangle$$

[*4] しかし，k–表示における 1 粒子状態は，$N=1$ であるが，全空間に拡がった存在であり，これに '粒子' なる言葉を当てるのは不適当と言うべきであろう．

$$= \frac{1}{n!} \sum_{\sigma \in S_n} \begin{pmatrix} 1 \\ \epsilon(\sigma) \end{pmatrix} \delta(\vec{x}'_{\sigma 1} - \vec{x}_1) \delta(\vec{x}'_{\sigma 2} - \vec{x}_2) \cdots \delta(\vec{x}'_{\sigma n} - \vec{x}_n). \qquad (5.27)$$

上式はまた，数学的帰納法によっても，直接確かめられる．

(5.27) は，場の一般的な状態 $|\ \rangle$ を基底ベクトル (5.25) によって展開するときに有用である．

5.2 波動性と物質波

5.1.2 項でも述べたように，古典場本来の波動性は，もちろん，量子場にも継承される．以下では，演算子 $\psi(\vec{x},t)$ そのものに示される波動性を，その固有状態 $|\chi\rangle$, 固有値 $\chi(\vec{x},t)$ を通して考察する．状態 $|\chi\rangle$ に対して非エルミートな場 $\psi(\vec{x},t)$ を観測したとき，(4.3′) により，固有値 $\chi(\vec{x},t)$ がもっとも確からしい測定値となるからである．この方法は，5.1.3 項 a にも述べたように，少なくともボーズ場に対しては有効なはずである．

5.2.1 コヒーレント状態
a. 数学的性質

先ず準備として，1 個のボーズ振動子よりなる系を考えよう．なお，記号は 4.3.1 項に従う．系は演算子 q, p または $a, a^\dagger$ で記述され，交換関係 (4.28) または (4.27) を満たす．ハミルトニアンは，(4.13′) または (4.16) の形で与えられる．系の状態空間は $\{|n\rangle, n=0,1,2,\cdots\}$ で張られ，各基底ベクトル $|n\rangle$ は (4.22) で，$\langle n \rangle = n$ とおいた表式によって定義されている．これらに対しては，完全性の条件 $\sum_{n=0}^{\infty} |n\rangle\langle n| = 1$ が成り立つとする．

さて，コヒーレント状態 (coherent state) は，非エルミートな演算子 a の固有状態として定義される[*5]：

$$a|\alpha\rangle = \alpha|\alpha\rangle. \qquad (5.28)$$

ここで固有値 α は，a の非エルミート性の故に，一般に複素数である．従って，

$$\langle \alpha | a^\dagger = \alpha^* \langle \alpha |. \qquad (5.28')$$

[*5] 参考書としては，例えば加藤泰『コヒーレンス理論とその応用』(岩波書店，1976)．

さて，(5.28) を満たす $|\alpha\rangle$ を求めるには，$|\alpha\rangle = \sum_{n=0}^{\infty} c_n |n\rangle$ と書き，これを (5.28) に代入して係数 c_n に対する漸化式を求め，それを解けばよい．また，係数 c_0 は $|\alpha\rangle$ の規格化条件によって決定される．このようにして，

$$|\alpha\rangle = e^{-|\alpha|^2/2} \sum_{n=0}^{\infty} \frac{\alpha^n}{\sqrt{n!}} |n\rangle = e^{-|\alpha|^2/2} e^{a^{\dagger}\alpha} |0\rangle \tag{5.29}$$

が得られる．また，$|\alpha\rangle$ と $|\beta\rangle$ の内積は $\alpha \neq \beta$ であっても

$$\langle \beta | \alpha \rangle = e^{-(|\alpha|^2 + |\beta|^2)/2 + \beta^* \alpha} \tag{5.30}$$

となり，一般に直交しない．ただし，

$$|\langle \beta | \alpha \rangle|^2 = \exp(-|\alpha - \beta|^2) \tag{5.30'}$$

であるので，$|\alpha-\beta|^2 \gg 1$ であれば，近似的な直交性が確保される[*6]．

もともと，状態空間を張るのに必要な基礎ベクトル $\{|n\rangle\}$ は，自然数の数だけあったのに対し，$\{|\alpha\rangle\}$ の総数は複素数の数だけあり，遥かに多い．(5.30) はその反映の一つである．このような系を過剰完全 (over complete) であるという．その完全性の条件は

$$\int d^2\alpha |\alpha\rangle\langle\alpha| = 1 \tag{5.31}$$

として表わされる．ただし，$\alpha = re^{i\theta}$ としたとき，$\int d^2\alpha = \frac{1}{\pi} \int_0^{\infty} r dr \int_0^{2\pi} d\theta$ であり，上式は $\{|n\rangle\}$ に対する完全性の条件を用いれば証明できる．任意の状態 $|\ \rangle$ は，それ故

$$|\ \rangle = \int d^2\alpha c(\alpha) |\alpha\rangle, \quad c(\alpha) \equiv \langle \alpha | \ \rangle \tag{5.32}$$

として展開される[*7]．

状態 $|\alpha\rangle$ における，エネルギー量子数 n の分布は

$$|\langle n | \alpha \rangle|^2 = e^{-|\alpha|^2} \frac{|\alpha|^{2n}}{n!}, \tag{5.33}$$

[*6] $|\alpha\rangle$ が与えられれば，その固有値 α の実数・虚数部分は決まる．しかし，これはもちろん a のエルミート・反エルミート部分 (実質的には q, p) の同時固有値ではない．これら両部分の取扱いに関わるナイマーク (M.A. Naimark) の技法については，例えば大貫義郎『量子と位相』(講談社, 2002) を参照されたい．
また，状態 $|\alpha\rangle$ の準備の仕方の具体例は，7.3.1 項 b(後出) で与えてある．
[*7] 例えば (5.32) 式で $|\ \rangle = |\alpha\rangle$ とおくと，$|\alpha\rangle = \int d^2\alpha' \ \langle \alpha'|\alpha\rangle |\alpha'\rangle$，すなわち $|\alpha\rangle$ は自分自身を含む状態の重畳として表わされる．(4.3') もこれに似た関係式である．これらは，もちろん $\langle \alpha | \alpha' \rangle \neq 0 \ (\alpha \neq \alpha')$，あるいは a のエルミート・反エルミート部分が非可換であることに帰因する．

すなわち，ポアソン分布 (Poisson distribution) であり，従って演算子 $\tilde{N}$ の期待値は，$\langle\tilde{N}\rangle \equiv \langle\alpha|\tilde{N}|\alpha\rangle = |\alpha|^2$ である．また，(4.15) を用いて，正準変数 q, p を $a, a^\dagger$ で表わし，これらに対して分散 $(\triangle q)^2 = \langle q^2\rangle - \langle q\rangle^2, (\triangle p)^2 = \langle p^2\rangle - \langle p\rangle^2$ を求めれば，$(\triangle q)^2 = \hbar/(2m\omega), (\triangle p)^2 = m\hbar\omega/2$ となる．従って，$\triangle q \cdot \triangle p = \hbar/2$ が成り立っている．すなわち，$|\alpha\rangle$ は，極小波束 (minimal wave packet) に対応した状態となっている．

次にフェルミ振動子の場合を考える．フェルミ演算子 a に対しても，(5.28) 式が成り立ち，固有値 α が複素数であるとすると，$a^2 = 0$ ゆえ $\alpha^2 = 0$ となる．従って，$\alpha \neq 0$ の固有値を望むならば，α に対し複素数以外の可能性を求めなくてはならない．そこで通常採用されるのが，グラスマン数 (Grassmann number) による方法である．

いま s 個のグラスマン数を α_j $(j = 1, 2, \cdots, s)$ と書くとき，これらは

$$[\alpha_j, \alpha_{j'}]_+ = 0,$$
$$\alpha_1 \alpha_2 \cdots \alpha_s \neq 0 \tag{5.34}$$

を満たすものとして定義される．さらに各 α_j がフェルミ演算子 $\tilde{a} \equiv a, a^\dagger$ とも反可換，すなわち

$$[\alpha_j, \tilde{a}]_+ = 0 \tag{5.34'}$$

であるとするならば，(5.28), (5.28') を満たす状態 $|\alpha\rangle$ は，形式的に，(5.29) 最右辺と同一の表式で与えられる．ただしこの場合の α^* は，α の '*-共役' [*8] であるが，α とは別のグラスマン数であり，$|\alpha|^2 \equiv \alpha^* \alpha$ とする．このとき $\langle\alpha|\alpha\rangle = 1$ であり，内積 $\langle\beta|\alpha\rangle$ は (5.30) と同一の表式で与えられる．

ただし，今度の場合，フェルミ振動子特有の事情が現れる．任意の状態を基底ベクトルで展開したときの展開係数は，グラスマン数をも含むことになり，この意味で状態空間，従ってその解釈も拡張・変更されねばならない．例えば，$|\langle\beta|\alpha\rangle|^2 = \exp(-|\alpha-\beta|^2)$ であるが，これは実数ではないので，確率解釈 (4.2) が阻まれる．さらに，状態 $|\alpha\rangle$ は偶・奇両セクターのベクトルの和として与えられており，これは場の理論に移行したときに，先述の超選択則との関連で問題

[*8] 演算子や α_j を含む式のエルミート共役をとるときには，α_j を形式的に演算子と同様に取扱い，α_j が複素数のように α_j^* となる，と考える．詳細については，Y.Ohnuki and T.Kashiwa: Prog. Theor. Phys. **60**(1978)548.

を生じる.

b. 物理的意味

再びボーズ振動子の場合に戻り，状態 $|\alpha\rangle$ の物理的特性を考察する．先ず，シュレーディンガーに従って[*9]，その時間発展を調べてみよう．$t=0$ において $|\alpha,0\rangle = |\alpha\rangle$ であった状態は，$t=t$ においては，$H|n\rangle = (n+1/2)\hbar\omega|n\rangle$ を考慮して

$$|\alpha,t\rangle = e^{-iHt/\hbar}|\alpha\rangle = e^{-(|\alpha|^2+i\omega t)/2}\sum_{n=0}^{\infty}\frac{1}{\sqrt{n!}}(\alpha e^{-i\omega t})^n|n\rangle \tag{5.35}$$

となる．いま，演算子 $\hat{q}$ の固有値 q に対する固有状態を $|q\rangle$ と書こう．すなわち

$$\hat{q}|q\rangle = q|q\rangle. \tag{5.36}$$

このとき，(5.35)式の両辺に左より $\langle q|$ を乗じ，$\langle q|\alpha,t\rangle = \phi(q,t), \langle q|n\rangle = \phi_n(q)$ と書き，後者に対してよく知られた表式

$$\phi_n(q) = \left(\frac{m\omega}{\hbar}\right)^{1/4}(n!\sqrt{\pi})^{-1/2}H_n\left(\sqrt{\frac{2m\omega}{\hbar}}q\right)e^{-m\omega q^2/(2\hbar)} \tag{5.37}$$

を考慮すると

$$\phi(q,t) = \left(\frac{m\omega}{\pi\hbar}\right)^{1/4}\exp\left[-\frac{1}{2}\left(|\alpha|^2+i\omega t+\frac{m\omega}{\hbar}q^2\right)\right]\sum_{n=0}^{\infty}\frac{(\alpha e^{-i\omega t})^n}{n!}H_n\left(\sqrt{\frac{2m\omega}{\hbar}}q\right). \tag{5.38}$$

ここでエルミート多項式[*10] $H_n(x)$ を含む和 $\sum_{n=0}^{\infty}$ に関して，公式

$$\sum_{n=0}^{\infty}\frac{s^n}{n!}H_n(x) = e^{sx-s^2/2} \tag{5.39}$$

を用いれば

$$\phi(q,t) = \left(\frac{m\omega}{\pi\hbar}\right)^{1/4}\exp\left[-\frac{1}{2}\left(|\alpha|^2+i\omega t+\frac{m\omega}{\hbar}q^2\right)-\frac{1}{2}|\alpha|^2e^{-2i(\omega t+\epsilon)}\right.$$
$$\left.+\sqrt{\frac{2m\omega}{\hbar}}|\alpha|qe^{-i(\omega t+\epsilon)}\right] \tag{5.38'}$$

が得られる．ただし，$\alpha = |\alpha|\exp(-i\epsilon)$ とおいた．従って，$\rho(q,t) \equiv |\phi(q,t)|^2$ は

$$\rho(q,t) = \sqrt{\frac{m\omega}{\pi\hbar}}\exp\left[-\frac{m\omega}{\hbar}\{q-q_0\cos(\omega t+\epsilon)\}^2\right], \tag{5.40}$$

[*9] E.Schrödinger: Naturwiss.**34**(1926)664.
[*10] 本書では $H_n(x) = (-1)^n e^{x^2/2}\frac{d^n}{dx^n}e^{-x^2/2}$ とする.

ただし，$q_0 \equiv \sqrt{2}|\alpha|\sqrt{\frac{\hbar}{m\omega}}$．すなわち，$\rho(q,t)$ の示す運動は，古典軌道 $q = q_0 \cos(\omega t + \epsilon)$ の周りにガウス分布をしている．

そこで，q_0 を一定に保ったまま，$\hbar \to 0$ または $m \to \infty$，または $\hbar \to 0$ および $m \to \infty$（従って何れの場合にも $|\alpha| \to \infty$）とすれば，$\lim_{u\to\infty} \sqrt{\frac{u}{\pi}} \exp(-ux^2) = \delta(x)$ 故，

$$\lim \rho(q,t) = \delta\{q - q_0 \cos(\omega t + \epsilon)\} \tag{5.41}$$

となる．

上記の $\{\ \} = 0$ とする運動は，古典的運動そのものである．他方，q に対する確率的分布を表わす $\rho(q,t)$ の極限が，デルタ関数になるということは，量子力学の統計的記述が，決定論的記述に転化することを意味する．すなわち，上記の極限においては，数学的表式も物理的意味も，ともに古典力学のそれと一致することになる．従ってこの極限を，古典的極限とみなすことができる．因みにボーズ振動子は，古典的極限が明確に示せる数少ない例の一つである．

これを要するに，コヒーレント状態によって表わされる量子力学的振動は，一般に，古典力学的振動に極めて近いものである，と言うことができる．

おわりにフェルミ振動子の場合について一言しておく．この振動子に対する演算子 $\hat{q}$ の固有値は $\pm\sqrt{\hbar/(2m\omega)}$ であり，また形式的に $|\langle q|\alpha,t\rangle|^2$ を求めることはできるが，畢竟これは α, α^* の関数であり，実数値に対応しない．従って，ボーズ振動子の場合のように軌道としての描像を画くことはできない．通常 'フェルミ振動子は古典的対応物をもたない' と言われるが，上の結果はこのことを反映するものであろう．

5.2.2 物　質　波

波動場 $\psi(\vec{x},t)$ は，本書の立場では物質場であり，それの表わす波動は，量子力学の初期に構想されたような物質波に相当する．以下ではこの物質波の性質について考察を進める．量子力学の通常の定式化との比較のため，本項では，場 $\psi(\vec{x},t)$ が (3.5) と同形の S 型方程式を満たすものとする．すなわち

$$i\hbar \frac{\partial \psi(\vec{x},t)}{\partial t} = \left[-\frac{\hbar^2}{2m}\vec{\nabla}^2 + V(\vec{x},\vec{\nabla})\right]\psi(\vec{x},t) \equiv \mathcal{H}_1 \psi(\vec{x},t), \tag{5.42}$$

ここに $V(\vec{x}, \vec{\nabla})$ は外場を表わし，$\psi(\vec{x}, t)$ には依存しないと仮定する．

さて適当な境界条件をおき，$\mathcal{H}_1$ の固有値方程式 $\mathcal{H}_1 f_\xi(\vec{x}) = E_\xi f_\xi(\vec{x})$ を解き，規格完全直交系 $\{f_\xi\}$ が求められたとしよう．このとき (5.42) を満たす場 $\psi(\vec{x}, t)$ は，$\{f_\xi\}$ で展開できて

$$\psi(\vec{x}, t) = \sum_\xi a_\xi f_\xi(\vec{x}) e^{-iE_\xi t/\hbar} \tag{5.43}$$

となる．ここに a_ξ は時間 t に依存しない演算子であり，明らかに $a_\xi, a_\xi^\dagger$ は (4.59') と同型の交換関係に従う．

a. ボーズ場の場合

先ずボーズ場 $\psi(\vec{x}, t)$ の固有値問題から始める．(5.43) 中の各 a_ξ は互いに可換であり，その固有値 α_ξ に対する固有状態 $|\alpha_\xi\rangle$ は (5.29) によって与えられる．従って

$$|\chi\rangle \equiv \prod_\xi |\alpha_\xi\rangle \tag{5.44}$$

はすべての a_ξ に対する同時固有状態であり，このとき次式が成り立つ．

$$\psi(\vec{x}, t)|\chi\rangle = \chi(\vec{x}, t)|\chi\rangle, \tag{5.45}$$

ただし

$$\chi(\vec{x}, t) \equiv \sum_\xi \alpha_\xi f_\xi(\vec{x}) e^{-iE_\xi t/\hbar}. \tag{5.46}$$

すなわち，$|\chi\rangle$ は $\psi(\vec{x}, t)$ に対するコヒーレント状態と呼ぶべきものであり，すべての $\psi(\vec{x}, t)$ (t : 固定) に対する同時固有状態でもある．これはまた，次の形にも書かれる．

$$\begin{aligned}|\chi\rangle &= \exp\left(-\frac{1}{2}\|\chi\|^2\right)\exp(\psi, \chi)|0\rangle \\ &\equiv [\chi]\,|0\rangle.\end{aligned} \tag{5.44'}$$

ここに A が演算子 (c 数) に対しては $(A, B) \equiv \int d^3x\, A^{\dagger(*)}(\vec{x}, t) B(\vec{x}, t), \|\chi\|^2 \equiv (\chi, \chi)$ とした．任意の二状態 $|\chi\rangle, |\chi'\rangle$ に対しては，(5.30') により

$$|\langle\chi'|\chi\rangle|^2 = \exp\left(-\|\chi-\chi'\|^2\right) \tag{5.47}$$

となり，$\chi(\vec{x}, t) \neq \chi'(\vec{x}, t)$ であっても，両者は必ずしも直交しない．

さて，(5.45) より $\chi(\vec{x}, t) = \langle\chi|\psi(\vec{x}, t)|\chi\rangle$ であり，定義により $|\chi\rangle$ は $(\vec{x}, t)$ に依

存しないから，$\chi(\vec{x},t)$ は $\psi(\vec{x},t)$ と同一の方程式，すなわち (5.42) と同形の

$$i\hbar \frac{\partial \chi(\vec{x},t)}{\partial t} = \mathcal{H}_1 \chi(\vec{x},t) \tag{5.48}$$

を満たす．以下では，とくにこの $\chi(\vec{x},t)$ によって表現される波動のことを，物質波と呼ぶことにする．(5.48) は物質波に対する波動方程式となる．線形であるので，二つの解 $\chi(\vec{x},t), \chi'(\vec{x},t)$ の重畳 $\bigl(\chi(\vec{x},t)+\chi'(\vec{x},t)\bigr)$ もまた解となる．ただし，対応するコヒーレント状態は，重畳 ($|\chi\rangle+|\chi'\rangle$) ではなく

$$|\chi+\chi'\rangle = \exp\Bigl[-\mathrm{Re}(\chi,\chi')\Bigr][\chi][\chi']|0\rangle \tag{5.49}$$

である．従って，物質波 $\chi(\vec{x},t)$ の重畳と，対応する状態 $|\chi\rangle$ の重畳とは，峻別されなくてはならない．前者の重畳可能性は，場自体の (古典的) 重畳可能性の帰結であり，後者のそれは量子力学固有のものである．

明らかに，状態 $|\chi\rangle$ では N の値が不定になっている．逆に，N が確定した状態は，$\psi(\vec{x},t)$ の固有状態ではあり得ない．N が確定した状態のことを粒子状態とするのであるから，上記の表現は，波動性と粒子性とが，ボーアの意味で，互いに相補的な関係にあることを示している．

さて $\chi(\vec{x},t)$ の値を観測するには，空間の各点に—限りなく小さい—検針 (probe) を置き，そこでの場の値を測ればよい．例えば，検針と場との相互作用が，場に比例するような項を仮定すれば十分であろう．演算子 $\psi(\vec{x},t)$ が局所性条件 (5.9) を満たすことから，これらの測定は互いに独立して行える．しかし関係式 (4.3′), (5.47) の故に，各点での $\chi(\vec{x},t)$ は，$\exp(-\|\delta\chi\|^2) \lesssim 1$ なる不確定度 $\delta\chi$ の範囲内で決定される．他方，状態 $|\chi\rangle$ に対して，(5.2) で定義された $\rho(\vec{x},t)$ を観測すると，その平均値は $\langle\chi|\rho|\chi\rangle = |\chi(\vec{x},t)|^2$ となる．

物質波 $\chi(\vec{x},t)$ はまた，(5.41) に関連して，次の性質をもつ．すなわち，(5.46) の展開式において，主要モードの振幅 $|a_\xi|$ が極めて大きいとき，それはほとんど古典的波動として振舞う．因みに物質波も古典波も，数学的には同一の式 (5.48) を満たす 'c-数波' であるが，その物理的解釈において，$\delta\chi \neq 0$ であるか，$\delta\chi = 0$ であるかの相違がある．以上のように，$|\chi\rangle$ または $\chi(\vec{x},t)$ は，場 $\psi(\vec{x},t)$ の波動性のもっとも直接的な表現であると言える．

b. フェルミ場の場合

この場合も，各 α_ξ をグラスマン数とすれば，$|\chi\rangle$ や $\chi(\vec{x},t)$ は，形式的に，(5.44) および (5.46) の形で与えられる．しかしながら，5.2.1 項でも述べたように，物理的解釈において種々の困難が生じる．先ず $\chi(\vec{x},t)$ はグラスマン数を含む関数であるので，測定値とは対応させられないこと，また状態 $|\chi\rangle$ は，N に関する偶・奇両セクターのベクトルの混合状態であり，単一の物理的対象に対する単一の状態とは考えられないこと，等々である．もともとフェルミ場の演算子 $\psi(\vec{x},t)$ は，局所性条件 (5.9) を満足しないという意味で観測可能量としての資格を欠き，さらには状態空間の偶・奇両セクターにわたる行列要素をもつという点で，'非物理的' な演算子でもあったわけである．

すでに 5.1.3 項でも述べたように，フェルミ場の物質波としての存在は，(4.68) あるいは一般に，場の演算子の偶数冪から成る物理量の観測を通してのみ確認される．

このような事情から，フェルミ場の演算子 $\psi(\vec{x},t)$ それ自体の中に，波動性を直接見ることはできないと結論される．すなわち，ボーズ場に対すると同じ意味での物質波は，この場合にはあり得ない．

5.3 粒子性と確率波

5.3.1 波動演算子と粒子演算子

本書の基本的立場では，そして前節でも議論したように，場の演算子 $\psi(\vec{x},t)$ は波動性の源泉であり，体現者である．とくにボーズ場に対しては，その固有値 $\chi(\vec{x},t)$ は，観測可能な物質波に導く．ここでの演算子 ψ は，従って，波動演算子 (wave-operator) — Ψ_w — とも呼ぶべき役割を演じている．

他方，x–表示の基礎ベクトル (5.25) における各変数 $\vec{x}_j$ は，粒子の位置座標そのものであった．すなわち，演算子 $\psi^\dagger(\vec{x})$ は一粒子を点 $\vec{x}$ において生成し，また (5.26) からわかるように，$\psi(\vec{x})$ は点 $\vec{x}$ に存在する粒子を消滅させる．つまり，$\tilde{\psi}$ の引数 $\vec{x}$ は，粒子の座標そのものを与える．この意味で演算子 ψ は，粒子演算子 (particle-operator) — Ψ_p — の役割をも演ずると言える．すなわち，$\psi(\vec{x}) = \Psi_w(\vec{x}) = \Psi_p(\vec{x})$ となる．因みに，これは非相対論的量子場に特有な性質

である．

実際，相対論的な理論においては，上記のような等式は成り立たない．通常採用される局所的な場の演算子の引数 $\vec{x}$ が，相対論的な粒子の位置座標とは一致しないからである．例えば，ディラックが初めて，電子に対する相対論的方程式を書き下したとき，その空間座標 $\vec{x}$ を，電子の位置座標と同定したが，そのために $|\dot{\vec{x}}| = c$ といった不都合な結果が生じた．

非相対論的な場合，粒子の位置座標やその固有状態の決定にとって本質的な関係式は，(5.24) であった．この式はさらに，(4.66)，(5.2)，(5.3)，(5.23) からの帰結であった．相対論的な場合にも，これらを満たすような演算子が定義できるならば，これが Ψ_p となるはずである．例えば，通常の相対論的 (4次元) スカラー場 $\phi(x)$ (質量 m) に対しては，その正振動数部分を $\phi^{(+)}(x)$ とし，$\Psi_w(x) = \phi^{(+)}(x)$ と置いたとしよう．しかしながら，このときには

$$\Psi_p(\vec{x}, t) \neq \Psi_w(\vec{x}, t) \tag{5.50}$$

となる．この問題については，第 9 章で改めて詳論する．

5.3.2 シュレーディンガーの形式

a. 確率振幅とシュレーディンガー方程式

さきに述べたように，場の全体に対する状態ベクトル $|\ \rangle$ は，基底ベクトル (5.25) によって展開される．当分の間はシュレーディンガー表示をとり，時刻 t における場の状態を $|t\rangle$ と書こう．また，(5.4) で定義した $\psi(\vec{x}, 0) \equiv \psi(\vec{x}), \psi^\dagger(\vec{x}, 0) \equiv \psi^\dagger(\vec{x})$ が，この表示での場の演算子となる．

(4.1) に相当する状態 $|t\rangle$ の展開は

$$|t\rangle = \sum_n \int d^3x_1 d^3x_2 \cdots d^3x_n \varphi_n(\vec{x}_1, \vec{x}_2, \cdots, \vec{x}_n; t) |\vec{x}_1, \vec{x}_2, \cdots, \vec{x}_n\rangle \tag{5.51}$$

と書かれる．ここに $\sum_n$ は，ボーズ場の場合には，$n = 0, 1, 2, \cdots$ に関して，フェルミ場の場合には，$n = $ 偶数または奇数に関しての和とする．展開係数 $\varphi_n(\vec{x}_1, \vec{x}_2, \cdots, \vec{x}_n; t)$ は c 数の関数であり，$|\vec{x}_1, \vec{x}_2, \cdots, \vec{x}_n\rangle$ の引数 $\vec{x}_1, \vec{x}_2, \cdots, \vec{x}_n$ に関する対称性から，$\varphi_n(\vec{x}_1, \vec{x}_2, \cdots, \vec{x}_n; t)$ もまた，同じ対称性をもつことがわかる．すなわち，ボーズ場の場合には，完全対称であり，フェルミ場の場合には，完全反対称である．このことを考慮して，(5.27) を用いると，上式により

5.3 粒子性と確率波

$$\varphi_n(\vec{x}_1,\vec{x}_2,\cdots,\vec{x}_n;t) = \langle \vec{x}_n,\vec{x}_{n-1},\cdots,\vec{x}_1|t\rangle \tag{5.52}$$

が得られる．

(4.2), (5.52) および状態 (5.25) の物理的意味より，$|\varphi_n(\vec{x}_1,\vec{x}_2,\cdots,\vec{x}_n;t)|^2 d^3x_1 d^3x_2\cdots d^3x_n$ は，n 個の粒子をそれぞれ $(\vec{x}_1,\vec{x}_1+d\vec{x}_1),(\vec{x}_2,\vec{x}_2+d\vec{x}_2),\cdots,(\vec{x}_n,\vec{x}_n+d\vec{x}_n)$ に見出す確率を与えることがわかる．

他方，$\varphi_n(\vec{x}_1,\vec{x}_2,\cdots,\vec{x}_n;t)$ の規格化は，$\langle t|t\rangle=1$ より決定される．この式の左辺に (5.51) を代入し，再び (5.27) を用いれば

$$\sum_n \int d^3x_1 d^3x_2\cdots d^3x_n |\varphi_n(\vec{x}_1,\vec{x}_2,\cdots,\vec{x}_n;t)|^2 = 1 \tag{5.53}$$

が得られる．さらに，$|t\rangle'$ を (5.51) において $\varphi_n(\vec{x}_1,\vec{x}_2,\cdots,\vec{x}_n;t)$ を $\varphi'_n(\vec{x}_1,\vec{x}_2,\cdots,\vec{x}_n;t)$ で置き換えたものとして定義すると

$$\langle t|t\rangle' = \sum_{n=0}^{\infty} \int d^3x_1 d^3x_2\cdots d^3x_n \varphi_n^*(\vec{x}_1,\vec{x}_2,\cdots,\vec{x}_n;t)\varphi'_n(\vec{x}_1,\vec{x}_2,\cdots,\vec{x}_n;t) \tag{5.54}$$

となる．

明らかに，状態 $|t\rangle$ と関数の組 $\{\varphi_n\}$ とは 1:1 に対応し，前者の重畳 $|t\rangle_1+|t\rangle_2$ は後者の重畳 $\{\varphi_{n,1}+\varphi_{n,2}\}$ に導く．

次に，$\varphi_n(\vec{x}_1,\vec{x}_2,\cdots,\vec{x}_n;t)$ の時間依存性を調べてみよう．先ず，場の状態 $|t\rangle$ は，(4.5) により

$$i\hbar\frac{\partial |t\rangle}{\partial t} = H|t\rangle \tag{5.55}$$

に従う．場のハミルトニアンとしては，ここでは (5.42) よりも更に一般的な場の方程式に導くものを採用する．すなわち，ハイゼンベルク表示で

$$\begin{aligned}H &= \frac{\hbar^2}{2m}\int d^3x \vec{\nabla}\psi^\dagger(\vec{x},t)\cdot\vec{\nabla}\psi(\vec{x},t) + \int d^3x \psi^\dagger(\vec{x},t)V(\vec{x})\psi(\vec{x},t) \\ &\quad + \frac{1}{2}\int\int d^3x d^3x' \psi^\dagger(\vec{x},t)\psi^\dagger(\vec{x}',t)V(\vec{x},\vec{x}')\psi(\vec{x}',t)\psi(\vec{x},t) \\ &\equiv H_0+H_1+H_2 \end{aligned} \tag{5.56}$$

とする．ここで，c 数のポテンシャル関数 $V(\vec{x}),V(\vec{x},\vec{x}')$ は，次の性質をもつと仮定する．すなわち，$V(\vec{x})^* = V(\vec{x}), V(\vec{x},\vec{x}') = V(\vec{x}',\vec{x})$ かつ $V^*(\vec{x},\vec{x}') = V(\vec{x},\vec{x}')$. 先にも述べたように，$V(\vec{x})$ は場に働く外力を表わすのに対し，$V(\vec{x},\vec{x}')$ は，場の

密度素片 $\rho(\vec{x})d^3x, \rho(\vec{x}')d^3x'$ 同士の間に働く自己相互作用 (self-interaction) を表わしている．ただし，$\rho(\vec{x}) \equiv \psi^\dagger(\vec{x},t)\psi(\vec{x},t)$ であり，演算子の順序は $H = H^\dagger$ かつ $H|0\rangle = 0$ となるように選んである．この場合，ハイゼンベルク演算子 $\psi(\vec{x},t)$ に対する場の方程式は，次の形をとる．

$$i\hbar\frac{\partial\psi(\vec{x},t)}{\partial t} = \left[-\frac{\hbar^2}{2m}\vec{\nabla}^2 + V(\vec{x})\right]\psi(\vec{x},t) + \int d^3x'\,\psi^\dagger(\vec{x}',t)\psi(\vec{x}',t)V(\vec{x}',\vec{x})\psi(\vec{x},t). \tag{5.57}$$

(5.56)に対応するシュレーディンガー表示での H としては，そこでの $\psi(\vec{x},t), \psi^\dagger(\vec{x},t)$ を，それぞれ $\psi(\vec{x}), \psi^\dagger(\vec{x})$ で置き換えたものを用いればよい．

さて，関数 $\varphi_n(\vec{x}_1, \vec{x}_2, \cdots, \vec{x}_n; t)$ の時間発展は，(5.51)，(5.56) を (5.55) に代入した式により決定される．この場合，交換関係 (4.66) を繰り返し用いて，演算子 $\psi(\vec{x}), \psi^\dagger(\vec{x}), \cdots$ を適当に移動させることにより，先ず次の公式が見出される．

$$\begin{aligned}
H_0|\vec{x}_1, \vec{x}_2, \cdots, \vec{x}_n\rangle &= \sum_{j=1}^n\left(-\frac{\hbar^2}{2m}\vec{\nabla}_j^2\right)|\vec{x}_1, \vec{x}_2, \cdots, \vec{x}_n\rangle && (n \geq 1) \\
&= 0, && (n = 0) \\
H_1|\vec{x}_1, \vec{x}_2, \cdots, \vec{x}_n\rangle &= \sum_{j=1}^n V(\vec{x}_j)|\vec{x}_1, \vec{x}_2, \cdots, \vec{x}_n\rangle && (n \geq 1) \\
&= 0, && (n = 0) \\
H_2|\vec{x}_1, \vec{x}_2, \cdots, \vec{x}_n\rangle &= \tfrac{1}{2}\sum_{j\neq\ell} V(\vec{x}_j, \vec{x}_\ell)|\vec{x}_1, \vec{x}_2, \cdots, \vec{x}_n\rangle && (n \geq 2) \\
&= 0. && (n = 0, 1)
\end{aligned} \tag{5.58}$$

(5.55) において，これらの結果を用い，左から $\langle \vec{x}_n', \vec{x}_{n-1}', \cdots, \vec{x}_1'|$ を乗じ，(5.25)，(5.27) を用いれば，最終的に次式が得られる：

$$i\hbar\frac{\partial\varphi_n(\vec{x}_1, \vec{x}_2, \cdots, \vec{x}_n; t)}{\partial t} = \mathcal{H}_n\varphi_n(\vec{x}_1, \vec{x}_2, \cdots, \vec{x}_n; t), \quad (n = 0, 1, 2, \cdots). \tag{5.59}$$

ただし，

$$\begin{aligned}
\mathcal{H}_0 &\equiv 0, \quad \mathcal{H}_1 \equiv -\tfrac{\hbar^2}{2m}\vec{\nabla}_1^2 + V(\vec{x}_1), \\
\mathcal{H}_n &\equiv \sum_{j=1}^n\left[-\tfrac{\hbar^2}{2m}\vec{\nabla}_j^2 + V(\vec{x}_j)\right] + \tfrac{1}{2}\sum_{j\neq\ell} V(\vec{x}_j, \vec{x}_\ell) \quad (n \geq 2).
\end{aligned} \tag{5.60}$$

上の結果は，$\varphi_n(x_1, x_2, \cdots, x_n; t)$ の満たす式が，いわゆるシュレーディンガー方程式 (Schrödinger equation) に他ならないことを示している．さらに，$\varphi_n(\vec{x}_1, \vec{x}_2, \cdots, \vec{x}_n; t)$ の物理的意味については，すでに (5.52) 式の直後で述べたように，通常の確率解釈と一致する．従って，$\varphi_n(\vec{x}_1, \vec{x}_2, \cdots, \vec{x}_n; t)$ は，いわゆ

5.3 粒子性と確率波

るシュレーディンガーの波動関数または確率振幅 (Schrödinger wavefunction, probability amplitude) と同定される.

ここで次の事柄に注意されたい. (5.57) は ψ について非線形であるのに対し, (5.59) は φ について線形である. また, ψ は物理的空間における波動であるのに対し, φ_n は $3n$ 次元の配位空間における波動である.

(5.59) においては, $\varphi_n(\vec{x}_1, \vec{x}_2, \cdots, \vec{x}_n; t)$ に対する式が, 各 n ごとに完全に分離している. これは, われわれの採用したハミルトニアン (5.56) が $[H, N] = 0$ を満たし, 粒子数 N を保存するようなものであったからである. 従って, $t = 0$ において粒子数が n であったような系を取り扱う場合には, $\varphi_{n'}(\vec{x}_1, \vec{x}_2, \cdots, \vec{x}_{n'}; t) = 0$ $(n' \neq n)$ として $\varphi_n(\vec{x}_1, \vec{x}_2, \cdots, \vec{x}_n; t)$ のみを考察すれば十分である. $[H, N] \neq 0$ の場合については, 後ほど 6.1.1 項において触れる.

ここで, 波動関数 φ_n が, 場の粒子性に関連して定義されたものであり, 従って粒子としての振舞いを制御する量であることを, 改めて強調しておきたい. この意味で, φ_n はド・ブロイの当初の考え方, 嚮導波 (pilot wave) に似た役割をもつ, と言える[*11]. また, とくに $H_2 = 0$ の場合には $\varphi_1(\vec{x}, t)$ が $\psi(\vec{x}, t)$ や $\chi(\vec{x}, t)$ と全く同一の方程式を満たす関数であることも注目に値する. この意味で, 波動量 φ_n のことを, 以下では, 確率振幅波, 略して確率波 (probability wave) と呼ぶことにしたい.

おわりに, シュレーディンガーの形式の応用例として, ボーズ場に対する物質波と確率波の関係を見る上で有用な式を, 二三与えておく. 再び, 場

[*11] ド・ブロイにおいては, 本質的に粒子–波動の二元論である. 波動 (嚮導波) は粒子に付随し, その水先案内を務める. あるいは「水面 (波動) 上のコルク (粒子) は流れに沿って浮遊する」のである. ド・ブロイの粒子は, しかしながら, われわれの粒子状態とは異なり, 時間的に持続する存在である. また, 彼の波動は実在的であるのに対し, われわれの φ はそうではない. L. de Broglie : "Introduction à l'étude de la mécanique ondulatoire" (Hermann, 1930), 邦訳は『波動力学』渡辺慧訳 (岩波書店, 1934). またド・ブロイ一派の思想については, J.L. Andrade e Silva et G.Lochak : "Quanta, grains et champs", 邦訳『量子』高林武彦・荒牧正也訳 (平凡社, 1970) に詳しい.

因みに, ボルン (M.Born) が波動関数に対する確率解釈を導入した場合 (Z. Phys. **37** (1926) 863) にも, 基本的な考え方はド・ブロイの線に沿うものであった. ボルンによれば, (例えば) 電子は先ず粒子として存在し, その存在確率はド・ブロイの嚮導波によって求められるとしている. この点について, 上記原論文ではいささか曖昧であるが, 後年の著書, 例えば Atomic Physics, 5th, ed., Blackie & Son, 1951 (邦訳『現代物理学』, みすず書房, 1964) では, 明確な言及がなされている. 従って彼における確率は, 古典的気体分子運動論における確率と同類である. この意味でボルンの解釈と, 粒子性は対象の位置測定の結果出来すると説くコペンハーゲン解釈との隔たりは大きく, 改めて後者の革新性を思い知らされる.

の方程式が (5.42) で与えられる場合, すなわち (5.56) で $H_2 = 0$ の場合を考えよう. いま, $t = 0$ における状態を $|t=0\rangle = \prod_\xi |\alpha_\xi\rangle$ ((5.44) 参照) としたとき, $t > 0$ に対する状態 $|t\rangle = \exp(-iHt/\hbar)|t=0\rangle$ は, (5.35) の計算と同様にして, $|t\rangle = \prod_\xi |\alpha_\xi(t)\rangle$ となる. ただし, $\alpha_\xi(t) \equiv \alpha_\xi \exp(-iE_\xi t/\hbar)$ とする. この $|t\rangle$ に対しては, $\psi(\vec{x})|t\rangle = \chi(\vec{x},t)|t\rangle$ が成り立つ. なお, $\|\chi\|^2$ は t によらない. このとき, $|t\rangle$ に対応するシュレーディンガーの波動関数 φ_n は, 上式および (5.52), (5.25) により, 各 n に対して

$$\varphi_n(\vec{x}_1, \vec{x}_2, \cdots, \vec{x}_n; t)$$
$$= \exp\left(-\frac{1}{2}\|\chi\|^2\right) \frac{1}{\sqrt{n!}} \chi(\vec{x}_1, t) \chi(\vec{x}_2, t) \cdots \chi(\vec{x}_n, t) \quad (5.61)$$

となる. φ_n の規格化は, もちろん, (5.53) に従う. この結果は, 'コヒーレント状態 $|\chi\rangle$ とは, 波動関数 $\chi(\vec{x},t)$ をもつ粒子が——物質密度に関して——ポアソン分布した状態である' ことを示している.

他方, $\chi(\vec{x},t) = \langle t|\psi(\vec{x})|t\rangle$ であるから, 右辺の $\langle t|$ および $|t\rangle$ に展開式 (5.51) を代入すれば, (5.61) とは逆の関係

$$\chi(\vec{x},t) = \sum_{n=1}^{\infty} \sqrt{n} \int d^3x_1 d^3x_2 \cdots d^3x_{n-1} \varphi_{n-1}^*(\vec{x}_1, \vec{x}_2, \cdots, \vec{x}_{n-1}; t)$$
$$\times \varphi_n(\vec{x}, \vec{x}_1, \vec{x}_2, \cdots, \vec{x}_{n-1}; t) \quad (5.62)$$

が得られる. もちろん, 上式右辺に (5.61) を代入すれば, 左辺が再生される.

b. 物理量の表現

さきに 5.1.1 項において, 場の運動学的な物理量 $A = A^\dagger$ は (5.1) の形に書かれることを述べた. 従って, シュレーディンガー表示においては

$$A = \int d^3x \, \psi^\dagger(\vec{x}) \mathcal{A} \psi(\vec{x}) = \int d^3x \, \{\mathcal{A}\psi(\vec{x})\}^\dagger \psi(\vec{x}) \quad (5.63)$$

となる. ただし, $\mathcal{A} = \mathcal{A}(\vec{x}, \vec{\nabla}) = \mathcal{A}^\dagger$ である.

さて, 粒子数 N が n に固定されている場合, この演算子がシュレーディンガーの形式では, どのように表現されるかを見てみよう. 場の二つの状態を $|t\rangle_n \equiv \int d^3x_1 d^3x_2 \cdots d^3x_n \varphi_n(\vec{x}_1, \vec{x}_2, \cdots, \vec{x}_n; t)|x_1, x_2, \cdots, x_n\rangle$, $|t\rangle'_n \equiv$ (上式で φ_n を φ'_n で置き換えて得られる表式) と取り, いくばくかの計算を行えば

$$_n\langle t|A|t\rangle'_n = \int d^3x_1 d^3x_2 \cdots d^3x_n \varphi_n^*(\vec{x}_1, \vec{x}_2, \cdots, \vec{x}_n; t) \mathcal{A}_n \varphi'_n(\vec{x}_1, \vec{x}_2, \cdots, \vec{x}_n; t)$$
$$\equiv (\varphi_n, \mathcal{A}_n \varphi'_n), \tag{5.64}$$

ただし

$$\mathcal{A}_n = \sum_{j=1}^n \mathcal{A}(\vec{x}_j, \vec{\nabla}_j). \tag{5.65}$$

例えば,(5.60) の $\mathcal{H}_n$ 第1項は,(5.65) の特殊な場合にあたる.以上のことから,演算子 A は,シュレーディンガーの形式では,n 粒子系に対して $\mathcal{A}_n$ として表わされることがわかる.これらは,すべて1粒子に対する演算子の和となっている.他方,$\mathcal{H}_n$ の第二項は2粒子に関する演算子の一例である.

(5.65) や (5.60) に見られるように,n 粒子系の物理量は,個々の粒子の量 $(\vec{x}_j, \vec{\nabla}_j)$ の置換に関して対称な形をしている.これを式で書けば

$$\Pi(\sigma)\mathcal{A}_n\Pi(\sigma)^{-1} = \mathcal{A}_n \tag{5.66}$$

となる.他方,波動関数 $\varphi_n(\vec{x}_1, \vec{x}_2, \cdots, \vec{x}_n; t)$ は,すでに述べたように,引数 $\vec{x}_1, \vec{x}_2, \cdots, \vec{x}_n$ に関して,ボーズ粒子系に対しては完全対称,フェルミ粒子系に対しては完全反対称である.すなわち,

$$\Pi(\sigma)\varphi_n(\vec{x}_1, \vec{x}_2, \cdots, \vec{x}_n; t) = \begin{pmatrix} 1 \\ \epsilon(\sigma) \end{pmatrix} \varphi_n(\vec{x}_1, \vec{x}_2, \cdots, \vec{x}_n; t)$$
$$\equiv c(\sigma)\varphi_n(\vec{x}_1, \vec{x}_2, \cdots, \vec{x}_n; t). \tag{5.67}$$

従って,$\varphi'_n(\vec{x}_1, \vec{x}_2, \cdots, \vec{x}_n; t) = \Pi(\sigma)\varphi_n(\vec{x}_1, \vec{x}_2, \cdots, \vec{x}_n; t)$ としたとき,

$$(\varphi'_n, \mathcal{A}_n \varphi'_n) = (\phi_n, \mathcal{A}_n \varphi_n) \tag{5.68}$$

となる.

さて,$\mathcal{H}_n$ は (5.66) を満たすので,(5.59) 式は $\varphi_n(\vec{x}_1, \vec{x}_2, \cdots, \vec{x}_n; t)$ の対称性 (5.67) を保存する.すなわち,$\Pi(\sigma)$ は運動の恒量である.実際,もし $t = t_0$ において $\Pi(\sigma)\varphi_n(t_0) = c(\tau)\varphi_n(t_0)$ ならば,$t > t_0$ において

$$\Pi(\sigma)\varphi_n(t) = \Pi(\sigma)\exp[-i\mathcal{H}_n t/\hbar]\varphi_n(t_0)$$
$$= \exp[-i\Pi(\sigma)\mathcal{H}_n \Pi^{-1}(\sigma)t/\hbar]\Pi(\sigma)\varphi_n(t_0) = c(\tau)\varphi_n(t) \tag{5.69}$$

である.因みに,$c(\tau)$ および φ_n は,対称群 S_n の一次元 (対称,反対称) 表現となっている.

(5.66), (5.67) は同種粒子系を特徴づける性質であり，通常同種粒子の不可識別性 (indistinguishability) を表わすものとされている．この性質は，しかしながら，むしろ観測量に直結した (5.68) の形で理解されるべきものと思われる．

(5.60) における $\mathcal{H}_n$ の表式から，n 個の粒子はすべて同一の質量 m をもっていることがわかる．他方，2粒子間の相互作用ポテンシャル $V(\vec{x},\vec{x}')$ を，例えばクーロン・ポテンシャル $V(\vec{x},\vec{x}') = e^2/|\vec{x}-\vec{x}'|$ ととれば，$\mathcal{H}_n$ 中の対応項は $e^2/|\vec{x}_j-\vec{x}_\ell|$ となる．これは，n 個の粒子がすべて同一の荷電 e をもつことを示している．すなわち，すべての粒子は，全く同一の属性 $m, e, \cdots$ をもつこととなり，いわゆる同種粒子の一群を形成する．

このようにして，同種粒子系に対するシュレーディンガーの形式の量子力学が，量子場の理論から完全に導出されたことになる．

5.4 3種の波動量

以下では，本章での所論に関して，二，三の注意を付加しておく．

場がポテンシャル $V(\vec{x}, \vec{\nabla})$ の中にあるとき，場の演算子 $\psi(\vec{x},t)$ は，S型方程式 (5.42) を満たす．このとき，—前節で見たように—物質波 $\chi(\vec{x},t)$ および確率波 $\varphi_1(\vec{x},t)$ もまた，同一のS型方程式，すなわち (5.48), (5.59) を満たす．これは数学的には，ガリレイ共変性よりして，当然のことである．しかしながら，物理的に見れば，この3種の波動量は，概念的に全く異質のものであり，同一の方程式を満たすからとて，同一視すべきものでは決してない．物理的意味は，それぞれに異なるのであり，峻別の要がある．

歴史的には，しかしながら，これらを混同し，ために混乱を引き起こした一時期があった．'$\varphi_1(\vec{x},t)$ を第二 (あるいは再度) 量子化して，量子場に至る' と考えられたのであった．こうした考え方が理論的に不適切なのは，次の諸点にある．先にも述べたように，量子化とは，ある物理的対象の古典的理論を量子力学化することであり，一度行えばそれで十分である．何度も繰り返しては，量子力学を通り越して，超量子力学，超超量子力学，…と化してしまうであろう．また量子化を受ける対象は物理的な系であるべきで，確率振幅の如き間接的・数学的な量ではないはずである．これに反し本書では—またも繰り返すこ

とになるが——理論の展開・構成におけるこうした歴史的順序には拘泥せず，専ら論理的順序に従うことが基本的立場であり，その結果，同一のS型方程式を満たす波動量が，三分法化されることとなった．

われわれの方法は，しかしながら，十分に有効であったとは言い難い．物質波が，フェルミ場に対しては，直接的な観測量とはなり得なかったからである．もっとも，このような結果は，フェルミ演算子 $\psi(\vec{x},t)$ そのものが，数学的な記号としては有効であるが，状態空間の偶奇両セクターを結ぶという点で非物理的なものであった，との事情に起因する．フェルミ場の波動性は，従って，確率波のみに求められねばならないが，前節で見たように，これは場のもつ粒子性との関連で導入された概念であった．これらの状況に鑑み，フェルミ物質は，ボーズ物質に比して波動性が希薄であり，より粒子に近い存在である——と言えるかも知れない．

3種の物理量に見られる平行性は，場の方程式が (5.42) のように線形である場合に限られる．一般の場合には，場の演算子や物質波に対する波動方程式は (5.57) のように非線形となるのに対し，確率波に対する式は，(5.59) に見られるように，つねに線形である．この線形性は，言うまでもなく，状態に対する基本方程式 (5.55) の線形性に起因する．また，物質波の重畳に対応する状態の特異な表現 (5.49) も，注目に値する．

物質波と確率波に対する波動方程式や重畳の仕方における異同は，当然，一般の波動現象，例えば干渉効果の上に反映される．これについては 6.3 節において詳しく述べる．

6
量子場の性質 2

6.1 シュレーディンガーの形式の拡張

 量子場の理論を，前章におけるよりもさらに一般化し，これに対応して，シュレーディンガー形式がどのように変更されるかについて検討する．

6.1.1 粒子数非保存の場合

 これまで考察してきたハミルトニアンは，$[H, N] = 0$, すなわち粒子数を保存するものであったが，以下では $[H, N] \neq 0$ の場合の一例をとり，粒子数の非保存がシュレーディンガーの形式で，どのように表現されるかを見ることにする．このために，(5.56) の H にさらに H_3 を付加する：

$$
\begin{aligned}
H &= H_0 + H_1 + H_2 + H_3, \\
H_3 &= \int d^3 x \left[v^*(x) \psi(x,t) + \psi^\dagger(x,t) v(x) \right].
\end{aligned}
\tag{6.1}
$$

ここで $v(x)$ および $v^*(x)$ は，場の演算子 $\psi(x,t), \psi^\dagger(x,t)$ を含まない外場のような量であり，物理的には，点 $\vec{x}$ における場の湧き出し (source) および吸い込み (sink) を表わしている．場の量とは無関係であると言っても，それらが，$V(\vec{x})$ や $V(\vec{x}, \vec{x}')$ と同じように，場の演算子と可換であると速断してはならない．ハミルトニアンの一項であるかぎり，局所性条件を満たさねばならないからである．
 5.1.3 項 a におけると同様に，場の方程式が局所的であるためには

$$
[v(x), \tilde{\psi}(x',t)]_\mp = 0, \quad [v(x), \tilde{v}(x')]_\mp = 0 \tag{6.2}
$$

が成立せねばならない．ただし，$\tilde{v}(\vec{x}) \equiv v(\vec{x}), v^*(\vec{x})$ とした．いま，完全直交系をなす適当な関数 $\{f_j(\vec{x})\}$ を用いて

$$\tilde{v}(\vec{x}) = \sum_j \tilde{\alpha}_j f_j(\vec{x}) \tag{6.3}$$

と書けば，$\tilde{\alpha}_j \equiv \alpha_j, \alpha_j^*$ はボーズ場の場合においては複素数，フェルミ場の場合においては $\tilde{\psi}(\vec{x},t)$ と反可換なグラスマン数となる．このとき場の方程式は局所的な形をとり

$$\begin{aligned}
i\hbar \frac{\partial \psi(\vec{x},t)}{\partial t} &= -\frac{\hbar^2}{2m}\triangle\psi(\vec{x},t)+V(\vec{x})\psi(\vec{x},t) \\
&\quad + \int d^3x' \psi^\dagger(\vec{x}',t)\psi(\vec{x}',t)V(\vec{x}',\vec{x})\psi(\vec{x},t)+v(\vec{x})
\end{aligned} \tag{6.4}$$

となる．(因みに，もし正しくない選択，すなわち (6.2) の $\mp$ を $\pm$ で置き換えて得られる交換関係をとるならば，(6.4) の右辺では非局所的な項 $-2H_3\psi(\vec{x},t)$ が現れる．)

さて，ハミルトニアンが (6.1) で与えられる系においては，種々の量は $\tilde{v}(\vec{x})$ にも依存するはずであり，とくにフェルミ場の場合には，以下の事柄を考慮しなくてはならない．

さきに 5.1.3 項において，フェルミ場の状態空間は，超選択則のために，総粒子数に関する偶セクターと奇セクターとに完全に分離することを述べた．これに反して，相互作用 H_3 は粒子数を 1 個ずつ増減するように働く．いま仮に，$v(\vec{x})$ と $v^*(\vec{x})$ とを 'v-粒子' の消滅または生成演算子とみなすと，上記の過程は形式的に，ψ-粒子と v-粒子とが相互に転化する過程に相当する．このように解釈すると，この場合の状態空間は，ψ-粒子数と v-粒子数の総和に関しての偶セクターと奇セクターとに二分されることになる．

さて 5.3.2 項のように，ここでシュレーディンガー表示に移る．シュレーディンガー演算子 H は，(6.1) より $\tilde{\psi}(\vec{x},t)$ を $\tilde{\psi}(\vec{x})$ に置き換えて得られる．場の状態ベクトル $|t\rangle$ を (5.51) の形に展開するとき，展開係数 φ_n は $\tilde{\alpha}_j$ にも依存するので，これを $\varphi_n(\vec{x}_1,\vec{x}_2,\cdots,\vec{x}_n;\tilde{\alpha};t)$ と書こう．いま展開式の各項が含む演算子 $\psi^\dagger$ と $\tilde{\alpha}$ の総数を M_n としたとき，M_n の偶奇は，展開の各項に対して同一でなければならない．そしてこの偶奇は，セクターの偶奇に対応する．偶セクターの場合，$|\vec{x}_1,\vec{x}_2,\cdots,\vec{x}_n\rangle$ は演算子 $\psi^\dagger$ を n 個含むので，$\varphi_n(\vec{x}_1,\vec{x}_2,\cdots,\vec{x}_n;\tilde{\alpha};t)$ は，$\tilde{\alpha}$

について冪展開したとき，$n=$ 偶数 (奇数) に対して，$\tilde{\alpha}$ の偶数 (奇数) 冪の項のみからなる．$\varphi_n(\vec{x}_1, \vec{x}_2, \cdots, \vec{x}_n; \tilde{\alpha}; t)$ は，従って，$\tilde{\psi}$ や $\tilde{\alpha}$ とは可換 (反可換) となる．奇セクターの場合には，この交換性が逆になる．H_3 が存在する場合のシュレーディンガー形式の導出においては，上記の交換性を考慮しつつ，5.3.2 項の議論をやり直す必要がある．なお，$|0\rangle$ は偶セクターのベクトルであるので，$\tilde{\alpha}|0\rangle = |0\rangle\tilde{\alpha}$ と仮定する．

さて (5.58) に対応した式は

$$H_3|x_1, x_2, \cdots, x_n\rangle$$
$$= \frac{1}{\sqrt{n}} \sum_{j=1}^{n} \begin{pmatrix} 1 \\ (-1)^{j-1} \end{pmatrix} v^*(\vec{x}_j)|\vec{x}_1, \vec{x}_2, \cdots, \vec{x}_{j-1}, \vec{x}_{j+1}, \cdots, \vec{x}_n\rangle \quad (6.5)$$
$$\pm \sqrt{n+1} \int d^3x \, v(\vec{x})|\vec{x}, \vec{x}_1, \vec{x}_2, \cdots, \vec{x}_n\rangle.$$

ここで複号の上下は，(4.66) のそれに対応する．

(5.55) に (5.51), (6.1) を代入して (5.58), (6.5) を用い，左から $\langle \vec{x}'_n, \vec{x}'_{n-1}, \cdots, \vec{x}'_1|$ を乗ずると，最終結果はセクターの偶奇によらず，次のようになる：

$$i\hbar \frac{\partial \varphi_n(\vec{x}_1, \vec{x}_2, \cdots, \vec{x}_n; \tilde{\alpha}; t)}{\partial t}$$
$$= \mathcal{H}_n \varphi_n(\vec{x}_1, \vec{x}_2, \cdots, \vec{x}_n; \tilde{\alpha}; t)$$
$$+ \sqrt{n+1} \int d^3x \varphi_{n+1}(\vec{x}, \vec{x}_1, \vec{x}_2, \cdots, \vec{x}_n; \tilde{\alpha}; t) v^*(\vec{x}) \quad (6.6)$$
$$\pm \sqrt{n} \mathcal{S}_n^{(\pm)} \left\{ \varphi_{n-1}(\vec{x}_2, \vec{x}_3, \cdots, \vec{x}_n; \tilde{\alpha}; t) v(\vec{x}_1) \right\}.$$

ただし，上記右辺の最後の項は $n \geq 1$ の場合にのみ現れる．

予想どおり，φ_n の時間的変化は，φ_n 自身のみならず，$\varphi_{n\pm 1}$ にも依存している．この点で上式は，通常のシュレーディンガー方程式の一般化となっている．従って，ハミルトニアンが (6.1) で与えられるような系を取り扱うためには，$\{\varphi_n, n = 0, 1, 2, \cdots\}$ 全体に対する連立微分方程式を解かねばならない．このように粒子数が変化する場合には，一般に，シュレーディンガーの形式よりも，もとの場の理論本来の形式の方が便利となる．何れにしても，場の理論の内容は，$\{\varphi_n\}$ の全体を取り扱うことと等価といえる．

以上の議論は，しかしながら，フェルミ場の場合には単なる形式論に過ぎな

い．$\varphi_n(\vec{x}_1,\vec{x}_2,\cdots,\vec{x}_n;\tilde{\alpha};t)$ は一般に $\tilde{\alpha}_j$ を含むので，$|\varphi_n(\vec{x}_1,\vec{x}_2,\cdots,\vec{x}_n;\tilde{\alpha};t)|^2$ を確率(密度)と解釈することができないからである．そこで問題を，量子場本来の理論形式に戻って考え直してみよう．

先にも述べたように，$\tilde{v}(\vec{x})$ は粒子の湧き出しあるいは吸い込みに相当する．$\tilde{\psi}(\vec{x})$ が電子場の場合には，例えば中性子のベータ崩壊 (β–decay)，あるいはその逆過程 $N\leftrightarrow P+e+\bar{\nu}$ が $\tilde{v}$ の作用を行う．いま，中性子 N, 陽子 P, ニュートリノ ν に対する場の演算子を，それぞれ ψ_N, ψ_P, ψ_ν と記すと，$v(\vec{x})=f\psi_N(\vec{x})\psi_P^\dagger(\vec{x})\psi_\nu(\vec{x}), v^*(\vec{x})=f^*\psi_\nu^\dagger(\vec{x})\psi_P(\vec{x})\psi_N^\dagger(\vec{x})$ と置いてよい．ここで例えば，$[\psi,\psi_\nu]_+ = [\psi,\psi_{N,P}]_{+,-}=0$ とすれば，(6.2) の第一式は満たされる．しかし第二式は $\vec{x}\neq\vec{x}'$ に対してのみ成り立つ．第二式の $\vec{x}=\vec{x}'$ に相当する部分は，湧き出し・吸い込みに関わる場(粒子)の消滅・生成過程からの寄与である．従って，シュレーディンガーの形式による取扱いでは，この過程が無視されていると言える．すなわち，$\tilde{v}$ についての，いわゆる木の枝近似 (tree approximation) に相当する．各 φ_n に対する解を $\tilde{\alpha}_j$ について展開し，各 α_j または α_j^* をそれぞれ適当な行列要素 (これは複素数)$\langle f\psi_N\psi_P^\dagger\psi_\nu\rangle_j$，または $\langle f^*\psi_\nu^\dagger\psi_P\psi_N^\dagger\rangle_j$ で置き換えれば，φ_n に対する近似解が得られるであろう．

これを要するに，特定のフェルミ粒子の数が一個ずつ変化するような系に対しては，対応する特定の場を特別扱いするシュレーディンガーの形式は，さして有用なものではない．

6.1.2 異種粒子共存の場合

この場合，場のハミルトニアンは数種の場 $\tilde{\psi}_\alpha$ ($\alpha=1,2,\cdots$) を含むが，同一の場同士に対する交換関係としては，もちろん (4.66) を，異種の場の間の交換関係としては，(5.11) を仮定すればよい．(5.11) 中の符号因子 (α,β) に対しては，5.1.3 項 b で述べたように種々の取り方がある．何れにせよ，局所性条件のためハミルトニアンの各項は，フェルミ場の演算子を偶数個含まなくてはならない．

シュレーディンガーの形式の導出は，5.3.2 項の方法を拡張すれば，容易に行われる．この場合の波動関数は $\varphi(\vec{x}_1,\vec{x}_2,\cdots;\vec{y}_1,\vec{y}_2,\cdots;\vec{z}_1,\vec{z}_2,\cdots;\cdots;t)$ の形をとる．ただし，$\vec{x}_i,\vec{y}_j,\vec{z}_k,\cdots$ は，それぞれ $\alpha=1,2,3,\cdots$ 種の粒子に対する座標を表わす．φ は $\vec{x}_i$ 同士，$\vec{y}_j$ 同士，$\vec{z}_k,\cdots$ 同士の間で，統計性に応じた対称性をも

つ．他方，物理量，従ってハミルトニアンは，同種粒子の演算子に関して対称であるが，異種粒子の演算子に関しては，一般に対称でない．このため，たとえ $t = t_0$ において，φ が $\vec{x}_i$ と $\vec{y}_j$ の置換に関して (反) 対称であったとしても，この性質は $t > t_0$ に対して保存されない．もちろん例外的に，$\mathcal{H}$ がたまたま，例えば $\alpha = 1, 2$ に対する演算子に関して対称であるならば (例えば $m_1 = m_2, e_1 = e_2, \cdots$)，交換関係 (5.11) に基づく (反) 対称性は保存される[*1]．

6.2 クラスター性

6.2.1 全体系と部分系

場は古典的にみれば連続的で不定形な存在であり，一般的に，全空間あるいは全宇宙にわたって広く分布していると考えられる．われわれの前におかれた対象は，従って，先ずこのような巨大な体系，すなわち全体系である．他方，科学における通常の営為は，明らかに，有限の時空領域における存在や現象，すなわちその一つの部分系に限られている．それ故，ここで次のような問題が自ずと生じてくる．本来は有機的な連関をもつかもしれない全体系から，一つの部分系を分離して考察することは，果たして意味があるのかどうか，もし意味があるとするならば，それはどのような状況の下においてであるのか，である．この問題は，もちろん，物理学全般に関わるものと言えるが，とくに場の理論の観点に立つとき，解決—ないしは，少なくともつねに留意—しておくべき事柄であると思われる．

上述の問題は，具体的に次のように定式化される．粒子は空間的に局在するので，場の状態を粒子的状態によって展開した (5.51) の表式によるのが，いまの場合便利である．全空間(全宇宙)Dを二つの空間的領域(クラスター)D_1とD_2とに分け，D_1内の物理がわれわれの考察の対象であるとする．時刻tにおいてD内にはn個の粒子が存在し，D_1およびD_2内には，そのうちのn_1個およびn_2個が存在するものと考え ($n = n_1 + n_2$)，それぞれの座標を $\vec{x}_1, \vec{x}_2, \cdots, \vec{x}_{n_1}; \vec{y}_1, \vec{y}_2, \cdots, \vec{y}_{n_2}$ と書こう．この場合，基礎ベクトルの方は，$|\vec{x}_1, \vec{x}_2, \cdots, \vec{x}_{n_1}; \vec{y}_1, \vec{y}_2, \cdots, \vec{y}_{n_2}\rangle \sim \prod_j \psi^\dagger(\vec{x}_j) \prod_\ell \psi^\dagger(\vec{y}_\ell) |0\rangle$

[*1] さらにすべての物理量が $\alpha = 1, 2$ に関して対称であり，かつ符号因子が $(1,1) = (2,2) = (1,2)$ であれば (あるいは適当なクライン変換によってこのようにできるならば)，α は同一の場の内部自由度とみなすことができる．

のように領域に応じた因子に分解できる．このとき (5.51) において，もし係数 $\varphi_n(\vec{x}_1,\vec{x}_2,\cdots,\vec{x}_{n_1};\vec{y}_1,\vec{y}_2,\cdots,\vec{y}_{n_2};t)$ も同様に $\varphi_{n_1}(\vec{x}_1,\vec{x}_2,\cdots,\vec{x}_{n_1};t)\,\varphi_{n_2}(\vec{y}_1,\vec{y}_2,\cdots,\vec{y}_{n_2};t)$ と因子化できるならば，D_1, D_2 は，多くの問題に対して別個に取り扱えるであろう．しかし関数 φ_n は，本来，全変数 $\vec{x}_j,\vec{y}_\ell$ に関して (反) 対称であることが要求され，領域ごとの因子化可能性は，決して自明ではない．第一原理からするるならば，宇宙—地球上であろうとアンドロメダ銀河上であろうと—に存在する全ての粒子の座標に関して (反) 対称でなくてはならないのである．問題は，従って，どのような状況の下で，上記の因子化が可能であり，従って D_1 内の物理を $\varphi_{n_1}(\vec{x}_1,\vec{x}_2,\cdots,\vec{x}_{n_1};t)$ のみによって論ずることができるのか，ということに帰着する．このように，全体系 D の物理を，部分系のクラスター D_1, D_2 に分けて論ずることができるとき，件の系はクラスター性 (cluster property) をもつという．

6.2.2 クラスター性の導出
a. 前提条件

以上のような理由から，n 粒子系の問題を，シュレーディンガーの形式の枠内において論ずることにする．まず全体系 D の物理量 $\mathcal{A}_D$ として，次の二種類のものを考える．第 1 種の物理量 $\mathcal{A}_D^{(1)}$ とは，(5.65) の形のもの，すなわち 1 粒子に対する演算子の和

$$\mathcal{A}_D^{(1)} = \sum_{j=1}^n \mathcal{A}(\vec{x}_j,\vec{\nabla}_j) \equiv \sum_{j=1}^n \mathcal{A}_j \tag{6.7}$$

であり，第 2 種の物理量 $\mathcal{A}_D^{(2)}$ は，$\mathcal{H}_n$ の表式 (5.56) の最終項のように，2 粒子の演算子を含む項の和よりなるとする：

$$\mathcal{A}_D^{(2)} = \frac{1}{2}\sum_{j\neq\ell}\mathcal{A}(\vec{x}_j,\vec{\nabla}_j;\vec{x}_\ell,\vec{\nabla}_\ell) \equiv \frac{1}{2}\sum_{j\neq\ell}\mathcal{A}_{j\ell}. \tag{6.8}$$

上式では $\vec{y}_\ell$ の代わりに $\vec{x}_{n_1+\ell}(\ell=1,2,\cdots,n_2)$ と書いた．また，$\mathcal{A}_{j\ell}$ は，$|\vec{x}_j-\vec{x}_\ell|\gg r_0$ であれば，極めて小さくなると考えられる．もしそうでなければ，局所性条件 (5.9) に抵触するからである．さらに一般に，3 粒子以上の演算子を含むものを考えてもよいが，以下の議論を本質的に変更するものではないので省略

する．$\mathcal{A}_\mathrm{D}^{(1)}$ の中には，もちろん，単位演算子 I も含まれる．部分系 $\mathrm{D}_1, \mathrm{D}_2$ における物理量 $\mathcal{A}_{\mathrm{D}_1}^{(1)}, \mathcal{A}_{\mathrm{D}_1}^{(2)}, \mathcal{A}_{\mathrm{D}_2}^{(1)}, \mathcal{A}_{\mathrm{D}_2}^{(2)}$ も，上記の表式における和を，それぞれの系内に存在する粒子に関する和に制限することによって得られる．従って例えば，$\mathcal{A}_{\mathrm{D}_1}^{(2)} = (1/2)\sum_{j\neq \ell}\mathcal{A}_{j\ell}(j,\ell \in \mathrm{D}_1)$ である．明らかに

$$\begin{aligned} \mathcal{A}_\mathrm{D}^{(1)} &= \mathcal{A}_{\mathrm{D}_1}^{(1)} + \mathcal{A}_{\mathrm{D}_2}^{(1)}, \\ \mathcal{A}_\mathrm{D}^{(2)} &= \mathcal{A}_{\mathrm{D}_1}^{(2)} + \mathcal{A}_{\mathrm{D}_2}^{(2)} + \mathcal{A}_{\mathrm{D}_1\mathrm{D}_2}^{(2)} \end{aligned} \tag{6.9}$$

である．ただし，$\mathcal{A}_{\mathrm{D}_1\mathrm{D}_2}^{(2)} \equiv \frac{1}{2}\sum_{j,\ell}\mathcal{A}_{j\ell}(j \in \mathrm{D}_1, \ell \in \mathrm{D}_2$ あるいは $j \in \mathrm{D}_2, \ell \in \mathrm{D}_1)$．

さてクラスター性を成立させるための物理的条件として，次のような状況が実現されていると想定する．D_2 のいかなる部分も D_1 より距離 $R(\gg r_0)$ 以上隔てられており，D_1 と D_2 との中間には粒子は存在しないとする．つまり D_1 は，R が十分大であれば，外界すなわち D_2 からの影響をほとんど無視でき，古典的な意味での孤立系になっていると考えるのである（もし，このような状況が実現されていなければ，全体系 D を考える他はない）．

このような場合，各部分系 $\mathrm{D}_1, \mathrm{D}_2$ および全体系 D に対する確率振幅 $\Phi_{\mathrm{D}_1}^{(\pm)}$, $\Phi_{\mathrm{D}_2}^{(\pm)}$ および $\Phi_\mathrm{D}^{(\pm)}$ を，次のように表わすことができる．いま，D_1 および D_2 内にある 1 粒子に対する確率振幅を，それぞれ規格化された適当な関数系 $\{\phi_\alpha(x); \alpha = 1, 2, \cdots\}$ および $\{\phi_\beta(y); \beta = 1, 2, \cdots\}$ で表わすことにすれば，

$$\begin{aligned} \Phi_{\mathrm{D}_1}^{(\pm)} &= \sqrt{\frac{n_1!}{n_\alpha! n_{\alpha'}! \cdots}} \mathcal{S}_{n_1}^\pm \left[\phi_{\alpha_1}(x_1)\phi_{\alpha_2}(x_2)\cdots\phi_{\alpha_{n_1}}(x_{n_1})\right], \\ \Phi_{\mathrm{D}_2}^{(\pm)} &= \sqrt{\frac{n_2!}{n_\beta! n_{\beta'}! \cdots}} \mathcal{S}_{n_2}^\pm \left[\phi_{\beta_1}(y_1)\phi_{\beta_2}(y_2)\cdots\phi_{\beta_{n_2}}(y_{n_2})\right], \\ \Phi_\mathrm{D}^{(\pm)} &= \sqrt{\frac{n!}{n_\alpha! n_{\alpha'}! \cdots n_\beta! n_{\beta'}! \cdots}} \mathcal{S}_n^\pm \left[\phi_{\alpha_1}(x_1)\phi_{\alpha_2}(x_2)\cdots\phi_{\alpha_{n_1}}(x_{n_1})\right. \\ &\qquad\qquad\qquad\qquad\qquad \left. \times \phi_{\beta_1}(y_1)\phi_{\beta_2}(y_2)\cdots\phi_{\beta_{n_2}}(y_{n_2})\right] \end{aligned} \tag{6.10}$$

となる．ただし，簡単のため $\phi_\alpha(\vec{x},t) \equiv \phi_\alpha(x), \phi_\beta(\vec{y},t) \equiv \phi_\beta(x)$ と記し，また添字 $\alpha_1, \alpha_2, \cdots, \alpha_n$ の中，α に等しいものの数を n_α とした（従ってフェルミ粒子の場合には $n_\alpha = 0, 1$ であり，分母の $n_\alpha!, n_{\alpha'}!, \cdots$ は不要となる）．さらに R が十分大であれば，$\phi_\alpha(y_j) = \phi_\beta(x_j) = 0$ であるとしておく．この場合，(6.10) 中の各

関数は，それぞれの領域で規格化されている．

b. 物理量の行列要素

さて物理量の測定は，通常，期待値あるいは行列要素を通じて行われるが，第一原理が先ず与えるのは，全体系に対する $(\Phi_D^{(\pm)\prime}, \mathcal{A}_D \Phi_D^{(\pm)})$ である．ここに，$\Phi_D^{(\pm)\prime}$ は，(6.10) の表式における添字 α_j, β_ℓ をそれぞれ α_j', β_ℓ' で，n_α, n_β をそれぞれ n_α', n_β' で置き換えて得られる表式とする．最初に，$\mathcal{A}_D = \mathcal{A}_D^{(1)}$ の場合を考えよう．このとき，$(\Phi_D^{(\pm)\prime}, \mathcal{A}_D^{(1)} \Phi_D^{(\pm)})$ に (6.10) 第3式の表式を代入し，$\mathcal{S}_n^{\pm\dagger} = \mathcal{S}_n^\pm$，(5.66) より得られる $[\mathcal{S}_n^\pm, \mathcal{A}_D^{(k)}] = 0$ $(k=1,2)$，および (5.22) 第1式を用いれば

$$(\Phi_D^{(\pm)\prime}, \mathcal{A}_D^{(1)} \Phi_D^{(\pm)}) = \frac{n!}{\sqrt{n_\alpha! n_{\alpha'}! \cdots n_\alpha'! n_{\alpha'}'! \cdots n_\beta! n_{\beta'}! \cdots n_\beta'! n_{\beta'}'! \cdots}}$$
$$\times (\phi_{\alpha_1'} \phi_{\alpha_2'} \cdots \phi_{\beta_1'} \phi_{\beta_2'} \cdots, \mathcal{A}_D^{(1)} \mathcal{S}_n^\pm \phi_{\alpha_1} \phi_{\alpha_2} \cdots \phi_{\beta_1} \phi_{\beta_2} \cdots)$$
(6.11)

が得られる．

ところで $\mathcal{S}_n^\pm$ は

$$n! \mathcal{S}_n^\pm = n_1! n_2! (\mathcal{S}_{n_1}^\pm \mathcal{S}_{n_2}^\pm! + \mathcal{S}') \tag{6.12}$$

と書かれる．ただし，$\mathcal{S}_{n_1}^\pm$ および $\mathcal{S}_{n_2}^\pm$ は，それぞれ変数 $\vec{x}_j$ 同士 および $\vec{y}_\ell$ 同士に関する(反)対称化の演算子であり，$\mathcal{S}'$ は $\vec{x}_j$ と $\vec{y}_\ell$ の置換を少なくとも1個含む部分である．(6.11) において，(6.9) 第1式および (6.12) を用い，$\mathcal{S}'[\phi_{\alpha_1} \phi_{\alpha_2} \cdots \phi_{\beta_1} \phi_{\beta_2} \cdots]$ は少なくとも1対の $\phi_\alpha(y_\ell), \phi_\beta(x_j)$ を含むので0となることを考慮すれば，

$$\left(\Phi_D^{(\pm)\prime}, \mathcal{A}_D^{(1)} \Phi_D^{(\pm)}\right) = \left(\Phi_{D_1}^{(\pm)\prime}, \mathcal{A}_{D_1}^{(1)} \Phi_{D_1}^{(\pm)}\right) \left(\Phi_{D_2}^{(\pm)\prime}, \Phi_{D_2}^{(\pm)}\right)$$
$$+ \left(\Phi_{D_1}^{(\pm)\prime}, \Phi_{D_1}^{(\pm)}\right) \left(\Phi_{D_2}^{(\pm)\prime}, \mathcal{A}_{D_2}^{(1)} \Phi_{D_2}^{(\pm)}\right)$$
(6.13)

が得られる．従って，期待値に関しては，$\Phi_D^{(\pm)\prime} = \Phi_D^{(\pm)}$ と選んで，

$$\left(\Phi_D^{(\pm)}, \mathcal{A}_D^{(1)} \Phi_D^{(\pm)}\right) = \left(\Phi_{D_1}^{(\pm)}, \mathcal{A}_{D_1}^{(1)} \Phi_{D_1}^{(\pm)}\right) + \left(\Phi_{D_2}^{(\pm)}, \mathcal{A}_{D_2}^{(1)} \Phi_{D_2}^{(\pm)}\right) \tag{6.14}$$

を，また D_1 における非対角要素に関しては，$\Phi_{D_2}^{(\pm)\prime} = \Phi_{D_2}^{(\pm)}$ と選んで

$$\left(\Phi_D^{(\pm)\prime}, \mathcal{A}_D^{(1)} \Phi_D^{(\pm)}\right) = \left(\Phi_{D_1}^{(\pm)\prime}, \mathcal{A}_{D_1}^{(1)} \Phi_{D_1}^{(\pm)}\right) \tag{6.15}$$

を得る．もちろん，$\mathcal{A}_{D_2}^{(1)}$ に対しても同様の式が成り立つ．

次に $\mathcal{A}_D = \mathcal{A}_D^{(2)}$ の場合であるが，このときにも (6.11) で $\mathcal{A}_D^{(1)}$ を $\mathcal{A}_D^{(2)}$ で置き換

えた式が成り立つ．さらにその式の $\mathcal{A}_\mathrm{D}^{(2)}$ に (6.9) の第2式を，$\mathcal{S}_n^\pm$ に (6.12) を代入する．このようにして得られた項の中，$\mathcal{A}_{\mathrm{D}_1}^{(2)}\mathcal{S}'$, $\mathcal{A}_{\mathrm{D}_2}^{(2)}\mathcal{S}'$ を含む項は，先の場合と同じ理由から落ちる．また $\mathcal{A}_{\mathrm{D}_1\mathrm{D}_2}\mathcal{S}_{n_1}^\pm\mathcal{S}_{n_2}^\pm$ を含む項は，R が十分大であれば $(R \gg r_0)$，$\mathcal{A}_{\mathrm{D}_1\mathrm{D}_2}^{(2)}$ 自体が小さくなり寄与しなくなる．さらに $\mathcal{A}_{\mathrm{D}_1\mathrm{D}_2}^{(2)}\mathcal{S}'$ を含む項は，必ず $\phi_\alpha(y_\ell)$ および $\phi_\beta(x_j)$ を含むので，これまた0となる．結局，残った項は $\mathcal{A}_{\mathrm{D}_1}^{(2)}\mathcal{S}_{n_1}^\pm\mathcal{S}_{n_2}^\pm$ と $\mathcal{A}_{\mathrm{D}_2}^{(2)}\mathcal{S}_{n_1}^\pm\mathcal{S}_{n_2}^\pm$ であり，(6.13) と同様な式が得られる．従って，$\mathcal{A}_\mathrm{D}^{(2)}$ に対しても，(6.14)，(6.15) に対応する結果

$$\left(\Phi_\mathrm{D}^{(\pm)}, \mathcal{A}_\mathrm{D}^{(2)}\Phi_\mathrm{D}^{(\pm)}\right) = \left(\Phi_{\mathrm{D}_1}^{(\pm)}, \mathcal{A}_{\mathrm{D}_1}^{(2)}\Phi_{\mathrm{D}_1}^{(\pm)}\right) + \left(\Phi_{\mathrm{D}_2}^{(\pm)}, \mathcal{A}_{\mathrm{D}_2}^{(2)}\Phi_{\mathrm{D}_2}^{(\pm)}\right), \qquad (6.14')$$

および

$$\left(\Phi_\mathrm{D}^{(\pm)\prime}, \mathcal{A}_\mathrm{D}^{(2)}\Phi_\mathrm{D}^{(\pm)}\right) = \left(\Phi_{\mathrm{D}_1}^{(\pm)\prime}, \mathcal{A}_{\mathrm{D}_1}^{(2)}\Phi_{\mathrm{D}_1}^{(\pm)}\right) \qquad (6.15')$$

が成り立つ．

なお，観測にかかる量としては，上記のような物理量の行列要素の他に，固有値それ自体もある．しかし，固有値も固有状態による期待値であるとみなすならば，上記の議論はそのまま当てはまる．もちろん，固有値問題を解く際に本質的な境界条件は，D_1 または D_2 の個別的状況に依存する．

c. 実　　例

クラスター性を示す関係式 (6.14), (6.15), あるいは (6.14'), (6.15') は，クラスター間の距離 R が $R \to \infty$ のときに成り立つ漸近的な結果である．その導出に際しては，$R \to \infty$ と共に微小となる量を無視しているが，これらの中には例えば $\mathcal{A}_{\mathrm{D}_1\mathrm{D}_2}^{(2)}$ や $\phi_\alpha(y), \phi_\beta(x)$ があった．前者 $\to 0$ は古典論でも妥当する理由からであるのに対し，後者 $\to 0$ は典型的に量子論的な事情による．以下においては，後者に対する一つの具体例を詳しく調べてみる．

(2.49) を満たすスピノル場を，ここでは $\psi(\vec{x},t)$ と書き，$\psi_r(\vec{x})$ はその第 r 成分 $(r=1,2)$ を表わすものとする．$\tilde{\psi}_r$ をフェルミ場とすれば，(4.66) により

$$\begin{aligned}
&[\psi_r(\vec{x},t), \psi_{r'}^\dagger(\vec{x}',t)]_+ = \delta_{rr'}\delta(\vec{x}-\vec{x}'), \\
&[\psi_r(\vec{x},t), \psi_{r'}(\vec{x}',t)]_+ = 0
\end{aligned} \qquad (6.16)$$

が満たされる．このとき (5.25) において，右辺の $\psi^\dagger(\vec{x}_1), \psi^\dagger(\vec{x}_2), \cdots$ をそれぞれ $\psi_{r_1}^\dagger(\vec{x}_1), \psi_{r_2}^\dagger(\vec{x}_2), \cdots$ で置き換えて得られる状態ベクトルを $|\vec{x}_1 r_1, \vec{x}_2 r_2, \cdots\rangle$ と書く．また，場のスピン密度を表わす演算子を

$$\vec{S}(\vec{x}) = \frac{1}{2}\psi^\dagger(\vec{x})\vec{\sigma}\psi(\vec{x}) \tag{6.17}$$

によって定義する.場の状態ベクトルとしては,2粒子状態を採り,(5.51) に対応して,これを

$$|t\rangle_2 = \sum_{r',r''=1}^{2} \int d^3x' d^3x'' \varphi_{r'r''}(\vec{x}',\vec{x}'';t) |\vec{x}'r',\vec{x}''r''\rangle \tag{6.18}$$

と書こう.また,二つの演算子 $S_j(\vec{x}_1), S_k(\vec{x}_2)$ $(\vec{x}_1 \neq \vec{x}_2)$ の相関 (correlation) を,$|t\rangle_2$ による期待値でもって定義すると,

$$\begin{aligned}&{}_2\langle t|S_j(\vec{x}_1)S_k(\vec{x}_2)|t\rangle_2 \\ &= 2 \sum_{r,r',u,u'} \varphi^*_{rr'}(\vec{x}_1,\vec{x}_2;t)(S_j)_{ru}(S_k)_{r'u'}\varphi_{uu'}(\vec{x}_1,\vec{x}_2;t)\end{aligned} \tag{6.19}$$

が得られる.ただし,$\vec{S} = \frac{1}{2}\vec{\sigma}$ とおいた.

さて $|t\rangle_2$ として,以下のような場合を考える.件の 2 粒子 (質量:m) を自由粒子とし,$t=0$ において共に $\vec{x}=0$ を中心とするガウス型の波束 (幅:a) であったものが,t の増大につれて,それぞれ運動量 $\vec{p}$ および $-\vec{p}$ でもって,反対方向に遠ざかって行くものとする.他方,スピンに関しては,つねに合成スピンの一重状態に留まると考える.このとき

$$\begin{aligned}\varphi_{12}(\vec{x}_1,\vec{x}_2;t) &= -\varphi_{21}(\vec{x}_1,\vec{x}_2;t) \equiv \tfrac{1}{\sqrt{2}}\varphi(\vec{x}_1,\vec{x}_2;t), \\ \varphi_{11}(\vec{x}_1,\vec{x}_2;t) &= \varphi_{22}(\vec{x}_1,\vec{x}_2;t) = 0\end{aligned} \tag{6.20}$$

と置くことができ,(6.19) は

$$\begin{aligned}&{}_2\langle t|S_j(\vec{x}_1)S_k(\vec{x}_2)|t\rangle_2 \\ &= |\varphi(\vec{x}_1,\vec{x}_2;t)|^2 \Big\{(S_j)_{11}(S_k)_{22} + (S_j)_{22}(S_k)_{11} \\ &\qquad\qquad -(S_j)_{12}(S_k)_{21} - (S_j)_{21}(S_k)_{12}\Big\}\end{aligned} \tag{6.19'}$$

となる.また $\varphi(\vec{x}_1,\vec{x}_2;t)$ は次の形に書かれる.

$$\begin{aligned}\varphi(\vec{x}_1,\vec{x}_2;t) &= N\left(1+\tfrac{i\hbar t}{ma^2}\right)^{-3}\Big\{f(\vec{x}_1,t;\vec{p},m,a)f(\vec{x}_2,t;-\vec{p},m,a)+(\vec{x}_1\leftrightarrow\vec{x}_2)\Big\}, \\ f(\vec{x},t;\vec{p},m,a) &\equiv \exp\!\left[\tfrac{i}{\hbar}(\vec{p}\cdot\vec{x}-\tfrac{\vec{p}^2}{2m}t)\right]\exp\!\left[-\tfrac{(\vec{x}-\frac{\vec{p}}{m}t)^2}{2a^2(1+\frac{i\hbar}{ma^2}t)}\right], \\ N &\equiv 2^{-1/2}(\pi a^2)^{-3/2}\Big\{1+\exp(-\tfrac{2a^2}{\hbar^2}\vec{p}^{\,2})\Big\}^{-1/2}.\end{aligned} \tag{6.21}$$

ここで記号 $(\vec{x}_1 \leftrightarrow \vec{x}_2)$ は，先行する項で $\vec{x}_1$ と $\vec{x}_2$ を入れ替えて得られる表式とする．なお，波束を表わす上記の関数 f に対しては，重心座標 $\vec{X} \equiv (\vec{x}_1+\vec{x}_2)/2$，相対座標 $\vec{r} \equiv \vec{x}_1-\vec{x}_2$ を用いたとき，次の性質がある．

$$f(\vec{x}_1,t;\vec{p},m,a)f(\vec{x}_2,t;-\vec{p},m,a) \\ = f(\vec{X},t;\vec{0},2m,a/\sqrt{2})f(\vec{r},t;\vec{p},m/2,\sqrt{2}a). \tag{6.22}$$

すなわち，重心の平均値は原点に留まり不動であるが，その波束は t の増大と共に，押し潰され拡がって行く．他方，相対運動はガウス型波束の移動・拡散となる．

さて，$(6.19')$ より $(\vec{a}\cdot\vec{S}(\vec{x}_1))$ と $(\vec{b}\cdot\vec{S}(\vec{x}_2))$ の相関を求めると

$$_2\langle t|(\vec{a}\cdot\vec{S}(\vec{x}_1))(\vec{b}\cdot\vec{S}(\vec{x}_2))|t\rangle_2 = -\frac{1}{2}|\varphi(\vec{x}_1,\vec{x}_2;t)|^2(\vec{a}\cdot\vec{b}) \tag{6.23}$$

となる．他方，$|\varphi(\vec{x}_1,\vec{x}_2;t)|^2$ は，(6.21), (6.22) を考慮するとき

$$|\varphi(\vec{x}_1,\vec{x}_2;t)|^2 = N^2\xi(t)^{-3}\exp\left(-\frac{2\vec{X}^2}{a^2\xi(t)}\right) \\ \times \left\{ \exp\left(-\frac{(\vec{r}-\frac{2\vec{p}}{m}t)^2}{2a^2\xi(t)}\right) + (\vec{p}\to-\vec{p}) \right. \tag{6.24} \\ \left. +2\exp\left(-\frac{(\vec{r}^2+\frac{4\vec{p}^2}{m^2}t^2)}{2a^2\xi(t)}\right)\cos\left(\frac{2\vec{p}\cdot\vec{r}}{\hbar\xi(t)}\right) \right\},$$

$$\xi(t) \equiv 1+\frac{\hbar^2 t^2}{m^2 a^4}$$

で与えられる．ここで記号 $(\vec{p}\to-\vec{p})$ は，先行する項で $\vec{p}$ を $-\vec{p}$ で置き換えて得られる表式である．

(6.24) より明らかなように，$t=$ 一定，$|\vec{r}|\sim R\to\infty$ の場合，上記 { } は R と共に指数関数的に 0 となり，他方，$|\vec{r}|\sim|\vec{p}|t/m\sim R\to\infty$ の場合には，$\xi(t)^{-3}$ が 0 に近づく．何れにしても，$\vec{x}_1\in D_1, \vec{x}_2=\vec{y}\in D_2$ に対しては，期待値 (6.23)$\to$ 0 となり，相関の観測は実質的に不可能となる．

6.2.3 クラスター性成立の意義

これまでの議論は，もちろん，全体系 D が 3 個以上の部分系，あるいはクラスター $D_1, D_2, D_3, \cdots$ よりなる場合にも成り立つ．ところで，クラスター性が成り

立つ場合の最大の特徴は，全体系 D での法則から，各部分系 $D_s (s = 1, 2, 3, \cdots)$ での法則が得られ，これらがすべて同一の形をしている，ということである．法則の形とは，いまの場合，確率振幅に対するシュレーディンガー方程式，確率振幅のもつ対称性，物理量の表式，期待値の表式などの形を意味する．

ところでこの過程を逆に眺めれば，一つの部分系，例えば D_1 における法則を知ることにより，他の部分系 D_2，あるいは全体系 D における法則をも知ることができる，ということを意味する．換言すれば，D_1 において見出された，言わば局所的な法則を，D_1 以外にまで拡張することが許される，ということになる．

われわれの科学研究は，本来，限られた時空領域において行われる．これは，科学研究を行う主体であるところの人間が，極めて限られた存在であることからくる必然的な制約である．しかしながら，科学者はこのようにして見出された法則が，当の領域固有のものではなく，それ以上の一般性・普遍性をもつことを信じて疑わない．おそらく，そのような信念こそが，科学研究に対する意欲や情熱の源となるのであろう．明らかに，この信念を支える根拠は，ア・プリオリには理論の中に何もない．しかし，ア・ポステリオリには，クラスター性の成立が，その妥当性を保証している．

このように見てくると，クラスター性の問題は，たんに量子力学のみならず，さらに物理理論全般の在り方について，次の二つの事柄を要請するように思われる．先ず第一に，ある理論が見出された場合，それがクラスター性を満たすか否かを直ちに検証すべきである，ということである．もしそれが満たされていないならば，件の法則を，それが見出された領域外に拡張することが許されないからである．第二に，物理学が普遍的な法則を見出すことをその使命とするのであれば，法則はクラスター性が成り立つような仕方で定式化されねばならない，ということである．つまり，クラスター性は，物理理論の満たすべき一つの必要条件であり，さらには，科学者の営為が自己矛盾を来たさないための前提でもあると言える．

クラスター性が成り立たないような物理学は，おそらく，あまり魅力あるものとは言えないであろう．法則は領域ごとに異なるので予言力は貧弱となり，研究という営みも，結局は，様々な法則を収集し，そのカタログを作るという

作業と堕してしまう．こうなれば，科学研究といえども，切手収集や昆虫採集と大差のないものとなるであろう．

6.3 干 渉 現 象

本書の立場では，干渉現象 (interference phenomena) として，全く異質的な 2 種類が考えられる．すなわち，物質波の干渉と，状態あるいは確率波のそれである．本節では，この両者の異同や関連を，場の方程式が (5.42) で与えられる場合について検討する．議論を具体的にするために，例として二つのスリットによるヤングの実験 (Young's 2-slit experimemt) を念頭において考察を進める．またボーズ場とフェルミ場とでは事情が異なるので，両者を別々に取り扱うことにする．

6.3.1 ボーズ場の場合
a. 物質波の干渉

5.2.2 項 a でも述べたように，物質波 $\chi(\vec{x},t)$ は (5.48) 式を満たす．ヤングの実験の場合，$\chi(\vec{x},t)$ に対応するコヒーレント状態 $|\chi\rangle$ にあるビームを装置に送り込むことになる．この際，2 個のスリットの $\chi(\vec{x},t)$ に及ぼす影響は，ポテンシャル $V(\vec{x})$ による作用として，その中に含めることもできようし，また (5.48) 式を解く際の境界条件や初期条件として考慮に入れてもよい．

さて，われわれの問題に適当な境界条件を満たす (5.48) の定常解を $f_\xi(\vec{x})$ としたとき，一般の $\chi(\vec{x},0)$ は (5.46) で与えられる．従って係数 $\alpha_\xi^{(r)}$ ($r=1,2$) を適当に選び，スリット $r=1,2$ の近傍に局在する波束 $\chi^{(r)}(\vec{x},0)$ を作ることができる．さらに，これらを初期条件とする $t>0$ に対する波束 $\chi^{(r)}(\vec{x},t)$ は，(5.46) によって与えられる．このとき合成波 $\chi^{(1)}(\vec{x},t)+\chi^{(2)}(\vec{x},t)$ もまた (5.48) の解であり，両波束が共存するときの干渉効果は $|\chi^{(1)}(\vec{x},t)+\chi^{(2)}(\vec{x},t)|^2$ の中に現れる．

この事情を，対応する状態ベクトルを通して見直せば以下のようになる．$t=0$ における波束 $\chi^{(r)}(\vec{x},0)$ に対応する (コヒーレント) 状態を $|\chi^{(r)},0\rangle$ とすると，(5.44) より $|\chi^{(r)},0\rangle = \prod_\xi |\alpha_\xi^{(r)}\rangle$ である．他方，$|\chi^{(r)},t\rangle = \exp(-iHt/\hbar)|\chi^{(r)},0\rangle$

に関しては，すでに 5.3.2 項 a で述べたように $|\chi^{(r)},t\rangle = \prod_\xi |\alpha_\xi^{(r)}(t)\rangle$ となる．ただし $\alpha_\xi^{(r)}(t) = \alpha_\xi^{(r)} \exp(-iE_\xi t/\hbar)$．このとき $|\chi^{(r)},t\rangle$ に対しては

$$\psi(\vec{x})|\chi^{(r)},t\rangle = \chi^{(r)}(\vec{x},t)|\chi^{(r)},t\rangle \tag{6.25}$$

が成り立つ．

さて，合成波 $\chi^{(1)}(\vec{x},t) + \chi^{(2)}(\vec{x},t)$ に対する状態は，$\alpha_\xi^{(r)}$ の代わりに $(\alpha_\xi^{(1)} + \alpha_\xi^{(2)})$ を用いて同様に決定された $|\chi^{(1)} + \chi^{(2)},t\rangle$ であり，これに対しては (5.49) が成り立つ．このとき，場のもつ物質分布は，(5.2) で定義された演算子 $\rho(\vec{x},0) \equiv \rho(\vec{x})$ の期待値

$$\langle \chi^{(1)} + \chi^{(2)},t|\rho(\vec{x})|\chi^{(1)} + \chi^{(2)},t\rangle = |\chi^{(1)}(\vec{x},t) + \chi^{(2)}(\vec{x},t)|^2 \tag{6.26}$$

によって与えられ，先述の結果と一致する．従って，ヤングの実験の場合の干渉縞は，適当な t に対する (6.26) の，適当な $\vec{x}$-領域における分布によって与えられる．

b. 確率波の干渉

5.3.2 項 a で述べたように，確率波の干渉は，対応する状態間の干渉に起因する．ヤングの装置に粒子をただ 1 個だけ送り込む場合には，関与する状態は 1 粒子状態 $|\varphi\rangle_1 = \int d^3x \varphi_1(\vec{x},t)|\vec{x}\rangle$（以後 φ_1 の代わりに φ と書く）であり，$\varphi(\vec{x},t)$ が確率波を与える．上記と全く同一の実験を N 回繰り返すとき，$N \to \infty$ ならば，全体の平均効果は，$|\varphi(\vec{x},t)|^2$ によって与えられるが，これはまた，$\rho(\vec{x})$ の期待値としても求められる．すなわち，${}_1\langle\varphi|\rho(\vec{x})|\varphi\rangle_1 = |\varphi(\vec{x},t)|^2$ である．従って，スリット $r = 1, 2$ に対応した確率波 $\varphi^{(r)}(\vec{x},t)$ $(r = 1, 2)$ が共存する場合には，$\varphi(\vec{x},t) = \varphi^{(1)}(\vec{x},t) + \varphi^{(2)}(\vec{x},t)$ として

$$_1\langle\varphi^{(1)} + \varphi^{(2)}|\rho(\vec{x})|\varphi^{(1)} + \varphi^{(2)}\rangle_1 = |\varphi^{(1)}(\vec{x},t) + \varphi^{(2)}(\vec{x},t)|^2 \tag{6.27}$$

が干渉効果を与える．

ボーズ粒子の場合には，また，同一の波動関数 $\varphi(\vec{x},t)$ をもつ n 個の粒子を同時に装置に送り込む 'n 粒子実験' を行うことも可能である．このとき関与する n 粒子状態は $|\varphi\rangle_n = \int d^3x_1 d^3x_2 \cdots d^3x_n \varphi_n(\vec{x}_1, \vec{x}_n, \cdots, \vec{x}_n; t)|\vec{x}_1, \vec{x}_2, \cdots, \vec{x}_n\rangle$，および $\varphi_n(\vec{x}_1, \vec{x}_2, \cdots, \vec{x}_n; t) = \varphi(\vec{x}_1, t)\varphi(\vec{x}_2, t) \cdots \varphi(\vec{x}_n, t)$ （ただし $||\varphi||^2 = 1$）で与えられる．従って，$\varphi(\vec{x},t) = \varphi^{(1)}(\vec{x},t) + \varphi^{(2)}(\vec{x},t)$ の場合には

$$_n\langle\varphi|\rho(\vec{x})|\varphi\rangle_n = n|\varphi(\vec{x},t)|^2 {}_{n-1}\langle\varphi|\varphi\rangle_{n-1} = n|\varphi^{(1)}(\vec{x},t) + \varphi^{(2)}(\vec{x},t)|^2 \tag{6.27'}$$

となる.

c. 2種の干渉の比較

畢竟するに, 物質波および確率波に対する干渉は, それぞれ(6.26), (6.27)または(6.27′)の中に見出される. ところで, いまの場合, $\chi^{(r)}(\vec{x},t)$ も $\varphi^{(r)}(\vec{x},t)$ $(r=1,2)$ も, 数学的には全く同一の方程式, すなわち (5.48) または (5.59)(ただし $n=1$)を満たす. 従って, これらの方程式を同一の境界条件・初期条件の下で解くならば, 得られる干渉縞は, 濃淡の差はあろうが, 全く同一の関数で与えられることになる. ただし, 物理的意味については, あくまでも, $|\chi^{(r)}(\vec{x},t)|^2$ は物質密度であり, $|\varphi^{(r)}(\vec{x},t)|^2$ は確率密度を表わす.

ところで従来の実験は, 恐らく, 何れの波動の干渉を対象としているのかを全く顧慮せずに行われていたかと想像されるが, それにも拘わらず理論と実験との間に'よい一致'が得られたのは, 上述のような数学的事情によるものと考えられる.

物質波 $\chi(\vec{x},t)$ と確率波 $\varphi_n(\vec{x}_1,\vec{x}_2,\cdots,\vec{x}_n;t)$ の間の数学的関係は, (5.61), (5.62)で与えられている. 換言すれば, $|\chi,t\rangle$ は, 波動関数 $\chi(\vec{x},t)$ をもった粒子がポアソン分布をした状態である. 従って, $\chi(\vec{x},t)$ のビームを用いる実験は, それぞれの粒子の波動関数が $\chi^{(r)}(\vec{x},t)$ であるような n 粒子実験を, すべての n に対して一挙に行う実験と同等である.

言うまでもなく, コヒーレント状態 $|\chi^{(r)},t\rangle$ $(r=1,2)$ は状態空間におけるベクトルであるから, それらの重量 $|\chi^{(1)},t\rangle+|\chi^{(2)},t\rangle$ もまた意味をもつ. しかしながら, 繰り返し述べてきたように, 状態の重畳は確率振幅 $\{\varphi_n; n=0,1,2,\cdots\}$ の重畳と 1-1 対応をもつ. それ故, 上記の重畳は本質的に確率波の重畳と同等になる. いま, $|\chi^{(r)},t\rangle$ には, (5.61) により, $\varphi_n^{(r)}(\vec{x}_1,\vec{x}_2,\cdots,\vec{x}_n) \propto \prod_{j=1}^n \chi^{(r)}(\vec{x}_j,t)$ $(n=0,1,2,\cdots; \|\chi^{(r)}\|^2=1)$ が対応するとき, $|\chi^{(1)},t\rangle+|\chi^{(2)},t\rangle$ には $\varphi_n' \propto \left\{\prod_{j=1}^n \chi^{(1)}(\vec{x}_j,t)+\prod_{j=1}^n \chi^{(2)}(\vec{x}_j,t)\right\}$ が対応する. 他方, $|\chi^{(1)}+\chi^{(2)}\rangle$ に対応するのは $\varphi_n'' \propto \prod_{j=1}^n \left\{\chi^{(1)}(\vec{x}_j,t)+\chi^{(2)}(\vec{x}_j;t)\right\}$ であり, これは明らかに φ_n' とは一般に異なる.

6.3.2 フェルミ場の場合

a. 確率波の干渉

5.2.2項で述べたように，フェルミ場に対しては，観測可能な物質波は考えられない，従ってここで問題となるのは確率波の干渉のみである．

粒子を1個ずつ装置に送り込む1–粒子実験については，事情は，前項bの場合と全く同様であり，干渉効果は (6.27) で与えられる．

n–粒子実験については，この場合ももちろん原理的には可能である．これに関与する状態を $|\varphi_1, \varphi_2, \cdots, \varphi_n\rangle_n = \int d^3x_1 d^3x_2 \cdots d^3x_n \varphi_n(\vec{x}_1, \vec{x}_2, \cdots, \vec{x}_n; t)|\vec{x}_1, \vec{x}_2, \cdots, \vec{x}_n\rangle$，かつ $\varphi_n(\vec{x}_1, \vec{x}_2, \cdots, \vec{x}_n; t) = \sqrt{n!} S_n^- \varphi^{(\alpha_1)}(\vec{x}_1, t) \varphi^{(\alpha_2)}(\vec{x}_2, t) \cdots \varphi^{(\alpha_n)}(\vec{x}_n, t)$ と書くとき，$j \neq j'$ に対しては $\varphi^{(\alpha_j)} \neq \varphi^{(\alpha_{j'})}$ でなければならない．しかしながら，これと全く同一の状態を多数個，従ってビーム状に準備することは，$n \geq 2$ の場合，現実的にほとんど不可能であろう．すなわち，有効な方法は，フェルミ場の場合，1–粒子実験に限られる．

b. 付加的な注意

おわりに，ボーズ場とフェルミ場両者に共通する二，三の事情について付言しておこう．繰り返し述べてきたことであるが，物質波と確率波の間に見られる平行性は，基礎においた場の方程式が，(5.42) におけるように，$\psi(\vec{x}, t)$ について線形である場合に限られる．しかしながら，場の方程式は，一般に非線形でもあり得るのであり，解の重畳，コヒーレント状態等は，この場合，有効な概念や方法とはなり得ない．それ故，線形ボーズ場に対して可能であった物質波の概念は，たとえ一般の場合に対して採用するとしても，それはただ近似的な概念に留まらざるを得ない．

これに反して確率振幅 φ_n は，場の方程式の線形・非線形によらず，つねに線形の微分方程式を満たす．この意味で確率波は，つねに有効な概念であり得ることになる．さらに n–粒子実験について一言すれば，φ_n に対するハミルトニアン $\mathcal{H}_n$ $(n \geq 2, (5.60)$ 参照) は，一般には $\mathcal{H}_n \neq \sum_{j=1}^n \mathcal{H}_1(\vec{x}_j, \vec{\nabla}_j)$ であり，(6.27)，(6.27′) に見られるような単純な比例性は，もはや成立しない．

II 部
波動関数と演算子

7

時 間 依 存 性

この章では5.3節で導入されたシュレーディンガーの形式の枠内において,波動関数やそれに作用する演算子(物理量)について考察を進める.これは通常の教科書でも十分になされていることであり,以下ではとくに,これらの量の時間依存性を中心にした問題に制限する.

7.1 シュレーディンガー方程式の形式解

7.1.1 基 礎 公 式

以下の議論は,とくに断りのない限り,シュレーディンガー表示におけるものとする.(5.51), (5.52)で導入された確率振幅 $\varphi_n(x_1, x_2, \cdots, x_n; t) \equiv \varphi(t)$ がここでの考察の対象である.通常の定式化ではこの φ のことを,状態,状態関数,状態ベクトルなどと呼んでいる.またこれまでは,いわゆるディラックのケット記号 $|\ \rangle$ を,場の状態(ベクトル)を表わすのに用いてきたが,以下ではこれを φ に対して用い,例えば $\varphi_{\lambda,\mu,\cdots}(t)$ のことを $|\lambda, \mu, \cdots; t\rangle$ と記すこととする.とくに $|\cdots; t\rangle$ が,系のシュレーディンガー方程式を満たすとき,これを $|t\rangle_s$ と書く.シュレーディンガー表示であるので,種々の物理量の時間依存性は,時間変数 t を陽に含む場合に限られる.以下では t を陽に含む(含まない)量を $f(t)(f)$ と記すこととする.

いま正準変数を $q \equiv (q_1, q_2, \cdots), p \equiv (p_1, p_2, \cdots)$ とするとき,任意の物理量 Λ は $\Lambda(q, p; t) = \Lambda(t)$ と書かれる.以下ではこのように,Λ が一般に,t を陽に含む場合について考察する(ただし,微分演算子 $\partial/\partial t$ は含まれないものとする).一般には $[\Lambda(t), \Lambda(t')] \neq 0 \ (t \neq t')$ であることに留意されたい.とくに系のハミ

ルトニアン H は，$H(q,p;t) \equiv H(t)$ で与えられるものとし，(5.59) に対応するシュレーディンガー方程式を

$$i\hbar \frac{\partial}{\partial t}|t\rangle_s = H(t)|t\rangle_s \tag{7.1}$$

と書こう[*1]．例えば，系が時間的に変化する外場の中におかれているとき，このような $H(t)$ が実現される．以下では先ず，(7.1) 式の形式解の性質を調べてみる．形式解 (formal solution) とは，もし解が存在するならば，その解の具備すべき形式のことであり，個々の場合に，具体的な厳密解の存在を必ずしも含意するものではない．

さてエルミート演算子 $\Lambda(t)$ の固有状態および固有値を，それぞれ $|n;t\rangle, \lambda_n(t)(n = 1, 2, \cdots)$ と書こう．さしづめ，各固有値 $\lambda_n(t)$ は縮退なく，また $\{|n;t\rangle\}$ は完全系をなすものとしておく．縮退のある場合への一般化については，後に述べる．従って，われわれの問題にしている適当な時間領域にわたって

$$\Lambda(t)|n;t\rangle = \lambda_n(t)|n;t\rangle, \quad \langle n;t|n';t\rangle = \delta_{nn'} \tag{7.2}$$

が成り立つ．縮退なしとしているので，t が変化しても，$\lambda_n(t) = \lambda_{n'}(t)(n \neq n')$ となるようなことは起こらない．この事情は，各固有状態 $|n;t\rangle$ あるいは量子数 n は，時間が経過しても，そのアイデンティティを失わずに維持していくことを意味している．なお上式だけでは各 $|n;t\rangle$ の位相は不定であるが，位相をも含めた $|n;t\rangle$ の全体は t について連続的であり，適当に微分可能であると仮定しておく．言うまでもなく，このような $|n;t\rangle$ の t 依存性は，シュレーディンガー方程式の規定するそれとは全く無関係である．

基底ベクトル $\{|n;t\rangle\}$ が完全系をなすとして，シュレーディンガー方程式 (7.1) の解 $|t\rangle_s$ は

$$|t\rangle_s = \sum_n b_n(t)|n;t\rangle \tag{7.3}$$

と表わされる．展開係数 $b_n(t)$ の時間依存性は，以下のようにして決定される．先ず，(7.3) を (7.1) に代入すると

$$\sum_{n'} i\hbar \frac{db_{n'}(t)}{dt}|n';t\rangle + \sum_{n'} b_{n'}(t) i\hbar \frac{\partial}{\partial t}|n';t\rangle = \sum_{n'} b_{n'}(t) H(t)|n';t\rangle \tag{7.4}$$

[*1] (5.59), (5.60) の (5.55) からの導出は，この場合も何ら変更を受けない．

となるが，この両辺に左から $\langle n;t|$ を乗じて内積をとると

$$i\hbar \frac{db_n(t)}{dt} = -\sum_{n'} \langle n;t| \left(i\hbar\frac{\partial}{\partial t}-H(t)\right) |n';t\rangle b_{n'}(t) \tag{7.5}$$

が得られる．上式の $\sum_{n'}$ の中の $n'=n$ に対応する項で，$\langle n;t| \left(i\hbar\frac{\partial}{\partial t}-H(t)\right) |n;t\rangle \neq 0$ の場合には，この項を消去するため次のような手続きをとる．まず $|n;t\rangle$ の代わりに

$$\widetilde{|n;t\rangle} \equiv \exp\left[\frac{i}{\hbar}\int_0^t \theta_n(t')dt'\right] |n;t\rangle \tag{7.6}$$

を採用し，

$$b_n(t) \equiv \exp\left[\frac{i}{\hbar}\int_0^t \theta_n(t')dt'\right] c_n(t) \tag{7.7}$$

とおくと，(7.3) 式は

$$|t\rangle_s = \sum_n c_n(t)\widetilde{|n;t\rangle} \tag{7.8}$$

となる．ただし，

$$\theta_n(t) \equiv \langle n;t| \left(i\hbar\frac{\partial}{\partial t}-H(t)\right) |n;t\rangle = \theta_n^*. \tag{7.9}$$

ここで $\langle n;t|i\hbar\partial/\partial t|n;t\rangle$ が実数であることは，(7.2) の $\langle n;t|n;t\rangle = 1$ に対して演算 $i\hbar\partial/\partial t$ を行うことによって確かめられる．($i\hbar\partial/\partial t$ は量子力学の意味での演算子ではないが，基底 $|n;t\rangle$ に関する行列要素はエルミート演算子と同様に振舞う．) このとき

$$\widetilde{\langle n;t|} \left(i\hbar\frac{\partial}{\partial t}-H(t)\right) \widetilde{|n;t\rangle} = 0 \tag{7.10}$$

であるから，$c_n(t)$ に対する微分方程式は

$$\begin{aligned}i\hbar \frac{dc_n(t)}{dt} &= -\sum_{n'\neq n} \widetilde{\langle n;t|} \left(i\hbar\frac{\partial}{\partial t}-H(t)\right) \widetilde{|n';t\rangle} c_{n'} \\ &= -\sum_{n'\neq n} \langle n;t| \left(i\hbar\frac{\partial}{\partial t}-H(t)\right) |n';t\rangle \exp\left[\frac{i}{\hbar}\int_0^t \{\theta_{n'}(t')-\theta_n(t')\}dt'\right] c_{n'}(t)\end{aligned} \tag{7.11}$$

となる．

次に (7.11) 右辺中の因子 $\langle n;t| \left(i\hbar\frac{\partial}{\partial t}-H(t)\right)|n';t\rangle$ を変形しよう．$|n';t\rangle$ に対する (7.2) 第 1 式の両辺に $(i\hbar\partial/\partial t)$ を作用させると

$$i\hbar\frac{\partial\Lambda(t)}{\partial t}|n';t\rangle+\Lambda(t)i\hbar\frac{\partial}{\partial t}|n';t\rangle = i\hbar\frac{d\lambda_{n'(t)}}{dt}|n';t\rangle+\lambda_{n'}(t)i\hbar\frac{\partial}{\partial t}|n';t\rangle, \qquad (7.12)$$

この両辺に左より $\langle n;t|\ (n\neq n')$ を乗じて内積をとると

$$\langle n;t|i\hbar\frac{\partial\Lambda(t)}{\partial t}|n';t\rangle = (\lambda_{n'}(t)-\lambda_n(t))\,\langle n;t|i\hbar\frac{\partial}{\partial t}|n';t\rangle, \qquad (7.13)$$

従って

$$\langle n;t|i\hbar\frac{\partial}{\partial t}|n';t\rangle = \frac{\langle n;t|i\hbar\frac{\partial\Lambda(t)}{\partial t}|n';t\rangle}{(\lambda_{n'}(t)-\lambda_n(t))}. \qquad (7.14)$$

これを用いると

$$\langle n;t|\left(i\hbar\frac{\partial}{\partial t}-H(t)\right)|n';t\rangle = \frac{\langle n;t|\{i\hbar\frac{\partial\Lambda(t)}{\partial t}-(\lambda_{n'}(t)-\lambda_n(t))\,H(t)\}|n';t\rangle}{(\lambda_{n'}(t)-\lambda_n(t))}$$

$$= \frac{\langle n;t|i\hbar\frac{\mathcal{D}\Lambda(t)}{\mathcal{D}t}|n';t\rangle}{(\lambda_{n'}(t)-\lambda_n(t))}, \qquad (7.15)$$

ただし

$$\frac{\mathcal{D}\Lambda(t)}{\mathcal{D}t} \equiv \frac{\partial\Lambda(t)}{\partial t}+\frac{1}{i\hbar}[\Lambda(t),H(t)] \qquad (7.16)$$

とおいた．(7.15) を (7.11) 右辺に代入して

$$\frac{dc_n(t)}{dt} = \sum_{n'\neq n}\exp\left[\frac{i}{\hbar}\int_0^t (\theta_{n'}(t')-\theta_n(t'))\,dt'\right]\times\frac{\langle n;t|\frac{\mathcal{D}\Lambda(t)}{\mathcal{D}t}|n';t\rangle}{(\lambda_n(t)-\lambda_{n'}(t))}c_{n'}(t) \qquad (7.17)$$

を得る．

結局，(7.3), (7.7), (7.9) および (7.17) が，われわれの基礎公式となる．(7.17) は，一般に $c_n(t)$ 相互を結びつける連立方程式であり，このことは，時間の経過とともに，異なった状態間の転位 $|n;t\rangle \rightleftharpoons |n';t\rangle(n\neq n')$ が可能であることを示している．$\Lambda(t)$ としてどのような演算子を選んだらよいかは，問題に応じて便利なように決めねばならない．

7.1.2 公式の適用例

$\Lambda(t)$ を固定した場合の公式の取り扱い方について，以下に二三の例を示す．

a.　$\Lambda(t) = H(t)$ の場合

(7.2) 式の $|n;t\rangle$ は $H(t)$ の固有状態であり，その固有値を $\lambda_n(t)$ の代りに，慣例に従って $E_n(t)$ と書こう．すなわち，

$$H(t)|n;t\rangle = E_n(t)|n;t\rangle. \tag{7.18}$$

このとき (7.3) および (7.17) は，(7.7) により，以下の形をとる：

$$|t\rangle_s = \sum_n c_n(t) \exp\left[\frac{i}{\hbar}\int_0^t \theta_n(t')dt'\right]|n;t\rangle, \tag{7.19}$$

$$\frac{dc_n(t)}{dt} = \sum_{n'\neq n} \exp\left[\frac{i}{\hbar}\int_0^t (\theta_{n'}(t')-\theta_n(t'))\,dt'\right] \times \frac{\langle n;t|\frac{\partial H(t)}{\partial t}|n';t\rangle}{E_n(t)-E_{n'}(t)} c_{n'}(t), \tag{7.20}$$

ただし，

$$\theta_n(t) = \langle n;t|i\hbar\frac{\partial}{\partial t}|n;t\rangle - E_n(t). \tag{7.21}$$

ここで，もし $H(t) = H$，すなわち $H(t)$ が t によらないとすると，(7.20) の右辺は 0 となり，$c_n(t)$ は t によらない定数 c_n となる：$c_n(t) \equiv c_n$．また，$H(t) = H$ であるから $|n;t\rangle = |n;0\rangle$ と取ってよく，$E_n(t) = E_n(0) \equiv E_n, \theta_n(t) \equiv -E_n$ となる．したがって，(7.19) は，よく知られた形 $|t\rangle_s = \sum_n c_n \exp[-iE_nt/\hbar]|n;0\rangle$ に帰着する．

これに対して，$H(t)$ が t に依存する場合には，(7.20) は $c_n(t)$ に対する連立方程式となり，これは異なったエネルギー準位間に転移が起こりうることを意味する．しかし，このような場合でも，(7.20) 右辺の最後の因子が極めて小さいならば，すなわち

$$\frac{\langle n;t|\frac{\partial H(t)}{\partial t}|n';t\rangle}{(E_n(t)-E_{n'}(t))} \approx 0 \tag{7.22}$$

であるならば，$dc_n(t)/dt \approx 0$ であり，$c_n(t)$ はほとんど時間によらない定数 c_n とみなしてよいことになる：$c_n(t) \approx c_n$．このとき (7.19) は

$$|t\rangle_s \approx \sum_n c_n \exp\left[\frac{i}{\hbar}\int_0^t \theta_n(t')dt'\right]|n;t\rangle = \sum_n c_n \widetilde{|n;t\rangle} \tag{7.23}$$

となる．

(7.22) の条件は，$\triangle t \times$ (7.22) 式を作ってみればわかるように，$H(t)$ の時

間的変化が極めてゆるやかであり，$(H(t+\Delta t)-H(t))$ がエネルギー準位の差 $(E_n(t)-E_{n'}(t))$ に比べてほとんど無視できること，を意味している．この条件下においては，t が変化しても，異なった準位間の転移はほとんどなく，各準位は，そのアイデンティティを失うことはない．この意味で，上の近似を断熱近似 (adiabatic approximation) と呼んでいる．いまの場合，エネルギー準位を指定する量子数 n は断熱不変量 (adiabatic invariant) になっている[*2]．

b. $\Lambda(t) = G(t)$ の場合

ここに，そして以下においても，$\mathcal{D}\Lambda(t)/\mathcal{D}t = 0$ であるような $\Lambda(t)$ をとくに $G(t)$ と書くことにする．後にみるように，$G(t)$ は保存量に対応し，その固有値 $g_n(t)$ は t によらない：$g_n(t) = g_n$. 定義により，$\mathcal{D}G(t)/\mathcal{D}t = 0$ であるから，公式 (7.17) の右辺は，近似ではなく正確に 0 である．つまり，全ての $c_n(t)$ は，t によらない定数 c_n となる：$c_n(t) \equiv c_n$. 従って式 (7.3) は，(7.23) のような近似式ではなく正確に

$$|t\rangle_s = \sum_n c_n \exp\left[\frac{i}{\hbar}\int_0^t \theta_n(t')dt'\right]|n;t\rangle = \sum_n c_n \widetilde{|n;t\rangle} \tag{7.24}$$

となる．定数 c_n は任意に選べるから，この場合の各 $\widetilde{|n;t\rangle}$ は，別個にシュレーディンガー方程式の解になっていることがわかる．従って，時間が経過しても異なる固有状態間の転移はまったく起こらず，各 $|n;t\rangle$ は，そのアイデンティティを失うことはない．このため，各 $|n;t\rangle$ の時間発展を，別個に追跡することが可能となり，事情は先の断熱近似におけると同様である．ただし，今度の場合 (7.24) は，いま一度強調しておくが，近似ではなくて厳密な結果である．

とくに $G(t) = G$, すなわち $G(t)$ が時間を陽に含まない場合には，$[H(t), G] = 0$, $|n;t\rangle = |n;0\rangle$ となる．$|n;0\rangle$ は縮退がないので，この場合はまた $H(t)$ の固有状態でもあるはずである：$H(t)|n;0\rangle = E_n|n;0\rangle$. さらにこの式は任意の t に対して成り立つから，$t \neq t'$ として $[H(t), H(t')]|n;0\rangle = 0$. 従って，$\{|n;0\rangle\}$ が完全であれば，$[H(t), H(t')] = 0$. このとき (7.6) は

$$\widetilde{|n;t\rangle} = \exp\left[-\frac{i}{\hbar}\int_0^t E_n(t')dt'\right]|n;0\rangle.$$

[*2] (7.22) 式がどの程度の ≈ 0 であるとき，公式 (7.23) がどの程度の妥当性をもつか，については，例えば，岩波講座現代物理学の基礎：量子力学 I, 6.3 節 (岩波書店, 1978) を参照されたい．

さらに $H(t)$ が t を含まず $H(t) = H$ の場合には,上式右辺はよく知られた表式 $\exp(-iE_n t/\hbar)|n;0\rangle$ に帰着する.

7.1.3 公式の一般化

7.1.1 項で求めた公式では,$\Lambda(t)$ の固有状態 $|n;t\rangle$ として縮退のないものを用いた.以下では,$|n;t\rangle$ に縮退がある場合に,公式がどのように変更されるかについて,簡単に触れておく.

この場合,まず時刻 t を固定し,その時刻における $\Lambda(t)$ の固有値 $\lambda_n(t)$ に対する固有状態を $|n,\alpha;t\rangle$ と書こう.縮退度を $d^{(n)}$ とし,$\alpha(=1,2,\cdots,d^{(n)})$ を縮退した個々の状態を区別するパラメーターとする.しかし,一般には t の経過とともに,同一の固有値 $\lambda_n(t)$ が幾つかに分離したり,$\lambda_n(t) \neq \lambda_{n'}(t)(n \neq n')$ であった固有値が接近し,一致してしまうことが起こりうる.換言すれば,縮退度 $d^{(n)}$ も時間とともに変化し,固有状態の n,α による分類は,上記のような現象が起こる度ごとにやり直す必要が生じてくる.

こういった事態に対処するために,いま問題にしている時間領域を,幾つかの小区間に分割し,各小区間において適当な演算子 $\Lambda(t)$ を選び,その小区間内の時刻においては,固有状態を n,α により分類できるとしよう.もとの時間領域全体に対する結果は,各小区間に対する結果を結合して得られる.以下では従って,このような一つの小区間内での議論に制限する.$\Lambda(t)$ として保存量 $G(t)$ をとるならば,その固有値は時間によらないので,上のような配慮は全く不要となる.

そこで,いま問題にしている区間のすべての t に対して

$$\Lambda(t)|n,\alpha;t\rangle = \lambda_n(t)|n,\alpha;t\rangle, \quad \langle n,\alpha;t|n',\alpha';t\rangle = \delta_{nn'}\delta_{\alpha\alpha'} \tag{7.2'}$$

と仮定して出発することにする.従ってこれは,(7.2) の僅かな一般化に過ぎない.再び $\{|n,\alpha;t\rangle\}$ が完全系をなすとして,(7.3) に代って

$$|t\rangle_s = \sum_{n,\alpha} b_{n,\alpha}(t)|n,\alpha;t\rangle \tag{7.3'}$$

と展開する.このとき,展開係数 $b_{n,\alpha}(t)$ は (7.5) と同じく

$$i\hbar \frac{db_{n,\alpha}(t)}{dt} = -\sum_{n',\alpha'} \langle n,\alpha;t| \left(i\hbar\frac{\partial}{\partial t} - H(t)\right) |n',\alpha';t\rangle b_{n',\alpha'}(t) \tag{7.5'}$$

7.1 シュレーディンガー方程式の形式解

を満たす.

さて, 上記右辺の $\sum_{n'}$ の中の $n' = n$ に対する項で, $\langle n,\alpha;t|\left(i\hbar\frac{\partial}{\partial t}-H(t)\right)|n,\alpha';t\rangle$ $\neq 0$ のときこれを除くために, 7.1.1 項で $|n;t\rangle$ から $\widetilde{|n;t\rangle}$ に移行したときと同様な手法を用いる. まず (7.6) に対応して

$$|n,\widetilde{\alpha;t}\rangle \equiv \sum_{\alpha'} M^{(n)}_{\alpha'\alpha}(t)|n,\alpha';t\rangle \tag{7.6'}$$

とおく. ここに, $M^{(n)}(t) \equiv \| M^{(n)}_{\alpha\alpha'}(t)\|$ は, 各 n ごとに導入された $d^{(n)}$ 行 $d^{(n)}$ 列の行列とすれば, $|n,\widetilde{\alpha;t}\rangle$ に対しても (7.2') と同じ関係式が成り立つ. 展開式 (7.8) および (7.7) は, それぞれ一般化されて

$$|t\rangle_s = \sum_{n,\alpha} c_{n,\alpha}(t)|n,\widetilde{\alpha;t}\rangle, \tag{7.8'}$$

および

$$b_{n,\alpha}(t) \equiv \sum_{\alpha'} M^{(n)}_{\alpha\alpha'}(t)c_{n,\alpha'}(t) \tag{7.7'}$$

となる. さて行列 $M^{(n)}(t)$ は, 以下のようにして決定される. まず各 n に対して, 行列 $\Theta^{(n)}(t) \equiv \|\Theta^{(n)}_{\alpha\alpha'}(t)\|$ を (7.9) の一般化として

$$\Theta^{(n)}_{\alpha\alpha'}(t) \equiv \langle n,\alpha;t|\left(i\hbar\frac{\partial}{\partial t}-H(t)\right)|n,\alpha';t\rangle \tag{7.9'}$$

と定義する. このとき

$$\begin{aligned}\left(\Theta^{(n)}_{\alpha\alpha'}(t)\right)^* &= \langle n,\alpha;t|\left(i\hbar\frac{\partial}{\partial t}-H(t)\right)|n,\alpha';t\rangle^* \\ &= \left(-i\hbar\frac{\partial}{\partial t}\langle n,\alpha';t|\right)|n,\alpha;t\rangle - \langle n,\alpha';t|H|n,\alpha;t\rangle \\ &= \langle n,\alpha';t|i\hbar\frac{\partial}{\partial t}|n,\alpha;t\rangle - \langle n,\alpha';t|H|n,\alpha;t\rangle \\ &= \Theta^{(n)}_{\alpha'\alpha}(t). \tag{7.9''}\end{aligned}$$

上記 2 行目から 3 行目への変形には, (7.2') 第二式に $i\hbar\partial/\partial t$ を適用して得られる関係式を用いた. このようにして, $\Theta^{(n)}(t)$ はエルミート行列であることがわかる. この $\Theta^{(n)}(t)$ を用いて, 行列 $M^{(n)}(t)$ が

$$i\hbar\frac{dM^{(n)}(t)}{dt} = -\Theta^{(n)}(t)M^{(n)}(t) \tag{7.25}$$

を満たすものとして決定されたとしよう. このとき

$$\frac{d}{dt}\left(M^{(n)}(t)^\dagger M^{(n)}(t)\right)=0$$

であるから，$M^{(n)}(0)$ をユニタリ行列にとっておけば，以後の $M^{(n)}(t)$ のユニタリ性は保たれる．ここで一般に $[\Theta^{(n)}(t),\Theta^{(n)}(t')]\neq 0$ $(t\neq t')$ を考慮し，時間配列の演算子 P(chronological operator) を用いるならば，(7.6′) は (7.6) に類似の形

$$|n,\widetilde{\alpha;t}\rangle = \sum_{\alpha'}\left(P\exp\left[\frac{i}{\hbar}\int_0^t\Theta^{(n)}(t')dt'\right]M^{(n)}(0)\right)_{\alpha\alpha'}|n,\alpha';t\rangle \tag{7.6″}$$

を取る．

(7.6″) は直ちに

$$\langle n,\widetilde{\alpha;t}|\left(i\hbar\frac{\partial}{\partial t}-H(t)\right)|n,\widetilde{\alpha';t}\rangle = 0 \tag{7.10′}$$

を与えるから，係数 $c_{n,\alpha}(t)$ に対する微分方程式は

$$i\hbar\frac{dc_{n,\alpha}(t)}{dt} = -\sum_{n'\neq n,\alpha'}\langle n,\widetilde{\alpha;t}|\left(i\hbar\frac{\partial}{\partial t}-H(t)\right)|n',\widetilde{\alpha';t}\rangle c_{n',\alpha'}(t)$$

$$= -\sum_{n'\neq n,\alpha',\alpha'',\alpha'''}M^{(n)}(t)^{-1}_{\alpha\alpha'}\langle n,\alpha';t|\left(i\hbar\frac{\partial}{\partial t}-H(t)\right)$$

$$\times|n',\alpha'';t\rangle M^{(n')}_{\alpha''\alpha'''}(t)\,c_{n',\alpha'''}(t) \tag{7.11′}$$

となる．上式右辺中の行列要素 $\langle n,\alpha';t|\left(i\hbar\frac{\partial}{\partial t}-H(t)\right)|n',\alpha'';t\rangle$ の変形は縮退のないときと同じであるから，これに対して (7.15) と類似の表式を用いれば，(7.11′) は

$$\frac{dc_{n,\alpha}(t)}{dt} = \sum_{n'\neq n,\alpha',\alpha'',\alpha'''}M^{(n)}(t)^{-1}_{\alpha\alpha'}\langle n,\alpha';t|\frac{\mathcal{D}\Lambda(t)}{\mathcal{D}t}|n',\alpha'';t\rangle\frac{M^{(n')}_{\alpha''\alpha'''}(t)\,c_{n',\alpha'''}(t)}{(\lambda_n(t)-\lambda_{n'}(t))} \tag{7.17′}$$

となり，(7.17) を一般化する．

(7.3′)，(7.7′)，(7.9′)，(7.25) そして (7.17′) が，縮退のある場合の一般公式となる．

$\Lambda(t)=H(t)$ ととることにより，(7.22) に相当する式を仮定して縮退のある場合の断熱近似を行うことができる．しかし，一般には，時間の経過とともに $(E_n(t)-E_{n'}(t))\to 0$ となることもあり，(7.22) は満たされなくなる．このような場合には，$\Lambda(t)$ として $H(t)$ の代わりに保存量 $G(t)$ を選べば，問題は簡単にな

る.この場合 (7.17′) より $c_{n,\alpha}(t) = c_{n,\alpha} =$ const. となる.縮退のない場合と同様に,各 $c_{n,\alpha}$ は任意に選べるから,(7.8′) より各 $|\widetilde{n,\alpha;t}\rangle$ は別個にシュレーディンガー方程式の解になっている.

7.1.4 時間発展の演算子

時間 t における状態 $|t\rangle_s$ を,$t=0$ における状態 $|0\rangle_s$ に結び付ける演算子 $U(t,0)$ は,時間発展の演算子 (time-evolution operator) と呼ばれ,すでに (4.5′) で定義した.すなわち

$$|t\rangle_s = U(t,0)|0\rangle_s. \tag{7.26}$$

この $U(t,0)$ は

$$i\hbar \frac{\partial U(t,0)}{\partial t} = H(t)U(t,0), \quad U(0,0) = 1 \tag{7.27}$$

を満たす.以下では先に与えた基礎公式に基づき,この演算子の諸性質について検討してみる.

簡単のため $\Lambda(t) = G(t)$ の場合を考える.このとき (7.17′) の右辺は 0 となるから,$c_{n,\alpha}(t) =$const.$\equiv c_{n,\alpha}$ となる.従って,(7.3′),(7.7′) より

$$|t\rangle_s = \sum_{n,\alpha,\alpha'} |n,\alpha;t\rangle M^{(n)}_{\alpha\alpha'}(t)\, c_{n,\alpha'} \tag{7.28}$$

となる.また,この表式を用いれば,$|0\rangle_s$ は

$$|0\rangle_s = \sum_{n,\alpha,\alpha'} |n,\alpha;0\rangle M^{(n)}_{\alpha\alpha'}(0)\, c_{n,\alpha'} \tag{7.29}$$

で与えられる.これより得られる

$$c_{n,\alpha} = \sum_{\alpha'} M^{(n)}(0)^{-1}_{\alpha\alpha'} \langle n,\alpha';0|0\rangle_s$$

を (7.28) に代入すれば

$$|t\rangle_s = \sum_{n,\alpha,\alpha'\alpha''} |n,\alpha;t\rangle M^{(n)}_{\alpha\alpha'}(t) M^{(n)}(0)^{-1}_{\alpha'\alpha''} \langle n,\alpha'';0|0\rangle_s \tag{7.30}$$

である.従って,

$$U(t,0) = \sum_{n,\alpha,\alpha'} |n,\alpha;t\rangle \left(M^{(n)}(t) M^{(n)}(0)^{-1}\right)_{\alpha\alpha'} \langle n,\alpha';0| \tag{7.31}$$

が得られる.なお,$t=0$ における基底ベクトル $|n,\alpha;0\rangle$ を適当に選び,$M^{(n)}(0) = I_n$

とすることができるが，ここでは表式の $t=t$ と $t=0$ に関する対称性を保つように $M^{(n)}(0)$ をそのまま残しておいた．

次に，この演算子 $U(t,0)$ が基底ベクトル $|n,\alpha;t\rangle$ の位相の選び方や，状態空間の $d^{(n)}$ 次元部分空間での基底ベクトルのとり方には依らないことを示そう．このためには $U(t,0)$ が変換

$$|n,\alpha;t\rangle' = \sum_{\alpha'} T(t)_{\alpha'\alpha}|n,\alpha';t\rangle \qquad (7.32)$$

の下で不変であることを示せばよい．変換後の基底ベクトル $|n,\alpha;t\rangle'$ で書かれた諸量には，それぞれ ' を付けて表わすことにすると，

$$U(t,0)' = \sum_{n,\alpha,\alpha'} |n,\alpha;t\rangle' \left(M^{(n)\prime}(t) M^{(n)\prime}(0)^{-1}\right)_{\alpha\alpha'} {}'\langle n,\alpha';0| \qquad (7.31')$$

となる．これに (7.32) を代入すると

$$= \sum_{n,\alpha,\alpha'} |n,\alpha;t\rangle \left(T(t) M^{(n)\prime}(t) M^{(n)\prime}(0)^{-1} T(0)^{-1}\right)_{\alpha\alpha'} \langle n,\alpha';0|. \qquad (7.31'')$$

従って，もし $T(t)M^{(n)\prime}(t) = M^{(n)}(t)$，すなわち

$$M^{(n)\prime}(t) = T(t)^{-1} M^{(n)}(t) \qquad (7.33)$$

であるならば，上の表式は (7.31) 右辺の表式に一致し，$U(t,0)' = U(t,0)$ となる．

ところで，$M^{(n)\prime}(t)$ は (7.25) と同型の式

$$i\hbar dM^{(n)\prime}(t)/dt = -\Theta^{(n)\prime}(t)M^{(n)\prime}(t) \qquad (7.25')$$

を満たすが，この $\Theta^{(n)\prime}(t)$ は元の $\Theta^{(n)}(t)$ と以下の関係にある．

$$\Theta^{(n)\prime}_{\alpha\alpha'}(t) \equiv {}'\langle n,\alpha;t|\left(i\hbar\frac{\partial}{\partial t}-H(t)\right)|n,\alpha';t\rangle'$$

$$= \sum_{\alpha''\alpha'''} T_{\alpha''\alpha}(t)^* \langle n,\alpha'';t|\left(i\hbar\frac{\partial}{\partial t}-H(t)\right)T_{\alpha'''\alpha'}(t)|n,\alpha''';t\rangle$$

$$= \left(T(t)^{-1}\Theta^{(n)}(t)T(t)\right)_{\alpha\alpha'} + \left(i\hbar T(t)^{-1}\frac{dT(t)}{dt}\right)_{\alpha\alpha'}, \qquad (7.34)$$

すなわち

$$\Theta^{(n)\prime}(t) = T(t)^{-1}\Theta^{(n)}(t)T(t) + i\hbar T(t)^{-1}\frac{dT(t)}{dt}. \qquad (7.34')$$

(7.25), (7.34') を考慮すると，(7.25') は (7.33) の形の解をもつことが容易に示される．以上の結果から，$U(t,0)$ が変換 (7.32) の下で不変であることが結論さ

れる．$U(t,0)$ は直接観測にかかる量であるから，これは当然期待されていた事柄である．

因みに，変換 (7.32), (7.34') が，一種の非可換ゲージ変換 (non-Abelian gauge transformation) となっていることは興味深いことである．なお，この点については 7.4.2 項において再考する．

ここで，基底ベクトルに縮退がない場合について一言しておこう．この場合，$M^{(n)}(t), \Theta^{(n)}(t)$ は行列ではなく単なる t の関数となり，

$$\Theta^{(n)}(t) = \langle n;t| \left(i\hbar\frac{\partial}{\partial t} - H(t) \right) |n;t\rangle \equiv \theta_n(t) \tag{7.35}$$

であるから，(7.25) は容易に解けて

$$M^{(n)}(t) = \exp\left[\frac{i}{\hbar}\int_0^t \theta_n(t')dt' \right] M^{(n)}(0) \tag{7.36}$$

となる．

これを (7.31) に代入すれば

$$U(t,0) = \sum_n |n;t\rangle \exp\left[\frac{i}{\hbar}\int_0^t \theta_n(t')dt' \right] \langle n;0| \tag{7.37}$$

が得られる．この式は，もちろん，(7.24) からも直接求められる．

これらの公式の応用例は 7.3.2 項において与える．

以上は $\Lambda(t) = G(t)$ とした議論であったが，7.1.2 項 a で述べた断熱近似，すなわち $\Lambda(t) = H(t)$ の場合についても触れておこう．簡単のため $H(t)$ の固有状態 $|n;t\rangle$ は縮退がないとする．このとき $|t\rangle_s$ に対する表式 (7.23) を，$\Lambda(t) = G(t)$ の場合の表式 (7.24) と比べてみると，後者の等号 = が前者では近似的等号 ≈ で置き変わっているだけである．従って，(7.23) に $c_n = \langle n;0|0\rangle_s$ を代入すれば，$U(t,0)$ に対する表式としては，(7.37) の = を ≈ で置き換えたものが得られる．ただし，$\theta_n(t)$ には (7.21) を用いればよい．

7.2 時間的変化と対称性

7.2.1 シュレーディンガー方程式の不変性

これまでの議論で明らかなように，演算子 $\Lambda(t)$ が $\mathcal{D}\Lambda(t)/\mathcal{D}t = 0$ を満たす場

合には，状況は著しく簡単になる．このような $\Lambda(t)$ のことを前節ではとくに $G(t)$ と書き，保存量と呼んだ．以下ではこのことの意味を，さらに立ち入って検討してみる．

$S(t)$ を t に依存するユニタリ演算子とし，$|t\rangle_s$ に対して変換

$$|t\rangle'_s = S(t)|t\rangle_s \tag{7.38}$$

を行う．このとき，変換後の $|t\rangle'_s$ は (7.1) に対応して次式を満たす：

$$i\hbar\frac{\partial}{\partial t}|t\rangle'_s = H'(t)|t\rangle'_s, \tag{7.39}$$

ただし

$$H'(t) = S(t)H(t)S^{-1}(t) + i\hbar\frac{\partial S(t)}{\partial t}S^{-1}. \tag{7.40}$$

従って，もし $H'(t) = H(t)$，すなわち

$$S(t)H(t)S^{-1}(t) + i\hbar\frac{\partial S(t)}{\partial t}S^{-1} = H(t) \tag{7.41}$$

であるならば，$|t\rangle_s$ と $|t\rangle'_s$ は同一のシュレーディンガー方程式を満たすことになる．この場合，系は変換 (7.38) の下で不変 (invariant) であると言い，$S(t)$ のことを対称変換 (symmetry transformation) と呼ぶ．

いま $S(t)$ が無限小変換 (infinitesimal transformation) である場合を考え，これを

$$S(t) = 1 + i\sum_j a_j G_j(t) \tag{7.42}$$

と書こう．ここに a_j は t によらない実の無限小パラメーター，$G_j(t) = G_j^\dagger(t)$ とする．(7.42) を (7.41) に代入し，各 a_j が独立であることを考慮すると，各 $G_j(t)$ は次式を満たす ((7.16) 参照)：

$$\frac{\mathcal{D}G_j(t)}{\mathcal{D}t} \equiv \frac{\partial G_j(t)}{\partial t} + \frac{1}{i\hbar}[G_j(t), H(t)] = 0. \tag{7.43}$$

言うまでもなく，上式は，$G_j(t)$ に対する運動方程式ではなく，保存量であるための条件式に他ならない．(7.43) を満たす一組の $G_j(t)$ $(j = 1, 2, \cdots)$ は，(7.41) の性質の故に，系の対称性を特徴づける演算子となっている．これまでのように，(7.43) を満たす演算子を一般に $G(t)$ と記すこととする．

7.2.2 演算子 $G(t)$ の性質

(7.43) を満たす演算子 $G(t)$ のおもな性質を以下に列記してみよう．

1) 二つの $G(t), G'(t)$ が与えられたとき，$aG(t)+bG'(t), G(t)G'(t)$ は，ともに (7.43) を満たす．従って例えば，$[G(t), G'(t)]$ もまた同様である．後に例示するように，$G(t), G'(t), \cdots$ が代数的に交換子 $[\ ,\ ]$ に関して閉じた構造をもつ場合がある．

2) $|t\rangle_s, |t\rangle'_s$ をシュレーディンガー方程式 (7.1) の任意の解としたとき，(7.43) により

$$\frac{d}{dt}\,{}_s\langle t|G(t)|t\rangle'_s = {}_s\langle t|\frac{\mathcal{D}G(t)}{\mathcal{D}t}|t\rangle'_s = 0 \tag{7.44}$$

となる．$G(t)$ の期待値 ${}_s\langle t|G(t)|t\rangle_s$ も，もちろん，上式を満たす．この意味で $G(t)$ は，運動の恒量 (constant of motion) あるいは保存量 (conserved quantity) である．とくに $G(t)$ が t を陽に含まない場合 $G(t) = G$ には，条件 (7.43) は，よく知られた形 $[H(t), G] = 0$ に帰着する．

3) 系の時間発展の演算子 $U(t, 0)$ は (7.27) を満たす．ところで，G_0 を t を陽に含まない演算子としたとき，

$$G(t) \equiv U(t, 0)G_0 U^{-1}(t, 0) \tag{7.45}$$

で定義される $G(t)$ は (7.43) を満たす．逆に，(7.43) を満たす任意の $G(t)$ は，この方程式の解の一意性を認めるならば，つねに $G(t) = U(t)G'_0 U^{-1}(t)$ 形に書かれる．ここに $U(t)$ は微分方程式 (7.27) を満たし，$U(t, 0)$ とは初期条件だけの違いがある：$U(t) = U(t, 0)U(0)$．従って $G_0 = U(0)G'_0 U^{-1}(0)$ とすれば，上の $G(t)$ は再び (7.45) の形を取る．この場合，G_0 は $G(t)$ の"初期値" $G(0)$ として与えられる：すなわち $G_0 = G(0)$．

いま，$G(t)$ の $|t\rangle_s$ についての期待値を $\langle G(t)\rangle_t$ と書けば，(7.44) より $\langle G(t)\rangle_t = \langle G(0)\rangle_0$ である．とくに $G_0 = q, p$ として，二つの保存量を $G_1(t) \equiv U(t,0)qU^{-1}(t,0) = F_1(q,p;t), G_2 = U(t,0)pU^{-1}(t,0) = F_2(q,p;t)$ と採ろう．このとき，$\langle G_1(t)\rangle_t = \langle G_1(0)\rangle_0 \equiv q_0 = \langle F_1(q,p;t)\rangle_t, \langle G_2(t)\rangle_t = \langle G_2(0)\rangle_0 \equiv p_0 = \langle F_2(q,p;t)\rangle_t$ が得られる．これは時刻 t における期待値 $\langle F_{1,2}(q,p;t)\rangle_t$ を，$\langle q\rangle_t, \langle p\rangle_t$ の初期値 q_0, p_0 に結びつける式となっている．例えば $F_{1,2}(q,p;t)$ が q,p の一次結合であれば，$\langle q\rangle_s, \langle p\rangle_s$ が q_0, p_0 に結びつけられる．この意味で (7.45) の変換は，古典力学におけるハ

ミルトンの主関数 (ハミルトン–ヤコビ方程式の解) のもつ役割に対応していると言える．なお，関連した問題は，第8章でも論じてある．

4) 上の意味での保存量は形式的にはつねに存在し，その独立なものの数は，独立な正準変数 q および p の総数に等しい．

5) (7.45) はユニタリ変換であるから，$G(t)$ の固有値は，$G_0 = G(0)$ のそれと同一である．従って，すでに述べたように，演算子 $G(t)$ は時間によるが，その固有値 $g(t)$ は時間によらない定数 g となる．

7.2.3　$G(t)$ の固有値と固有状態

$G(t) = G^\dagger(t)$，かつその固有値を離散的として固有値方程式を

$$G(t)|n,\alpha;t\rangle = g_n|n,\alpha;t\rangle \tag{7.46}$$

と書こう[*3]．ここに $n = 1, 2, \cdots, \alpha = 1, 2, \cdots, d^{(n)}$，$d^{(n)}$ は縮退度とする．すべての t に対して，固有状態をこのように二つの量子数 n, α によって指定できたのは，上記 5) の性質のために，固有値スペクトルの構造が時間に全く依存しないからである．さらに規格直交関係もまた，すべての t に対して

$$\langle n,\alpha;t|n',\alpha';t\rangle = \delta_{nn'}\delta_{\alpha\alpha'} \tag{7.47}$$

として与えられる．

(7.46), (7.47) 両式に関連して，次の性質がある．すでに述べたように，すべての g_n に対して

$$\frac{dg_n}{dt} = 0, \tag{7.48}$$

また

$$\langle n,\alpha;t|\left(i\hbar\frac{\partial}{\partial t} - H(t)\right)|n',\alpha';t\rangle = 0 \quad (n \neq n'). \tag{7.49}$$

(7.49) を示すために，(7.43) の両辺の行列要素を作ると

$$\begin{aligned}0 &= \langle n,\alpha;t|\frac{\mathcal{D}G(t)}{\mathcal{D}t}|n',\alpha';t\rangle \\ &= \langle n,\alpha;t|\frac{\partial G(t)}{\partial t}|n',\alpha';t\rangle + \frac{1}{i\hbar}(g_n - g_{n'})\langle n,\alpha;t|H(t)|n',\alpha';t\rangle.\end{aligned} \tag{7.50}$$

ここで $n = n'$ とおけば，

[*3] ただし (7.54) までの議論は，固有値が連続的な場合にも妥当する．

$$\langle n,\alpha;t|\frac{\partial G(t)}{\partial t}|n,\alpha':t\rangle = 0 \tag{7.51}$$

が得られる.次に,$|n',\alpha';t\rangle$ に対する (7.46) 式を t で微分し,得られた式に左から $\langle n,\alpha;t|$ を乗じて内積をとると

$$\langle n,\alpha;t|\frac{\partial G(t)}{\partial t}|n',\alpha';t\rangle + (g_n-g_{n'})\langle n,\alpha;t|\frac{\partial}{\partial t}|n',\alpha';t\rangle = \frac{dg_{n'}}{dt}\langle n,\alpha;t|n,\alpha';t\rangle. \tag{7.52}$$

上式右辺で (7.48) を用いないでおいたが,この式で $n=n',\alpha=\alpha'$ とおき,(7.47),(7.51) を用いれば,$dg_{n'}/dt=0$ が得られ,これは (7.48) に対する別証となる.さらに (7.52) において,(7.43),(7.48) を用いると

$$(g_n-g_{n'})\langle n,\alpha;t|\left(i\hbar\frac{\partial}{\partial t}-H(t)\right)|n',\alpha';t\rangle = 0, \tag{7.53}$$

従って,ここで $n\neq n'$ とおけば (7.49) が得られる.

そこで $|n,\alpha;t\rangle$ に対して変換 (7.6′) を行い,新しい状態 $|\widetilde{n,\alpha};t\rangle$ を導入しよう.このとき (7.10′),(7.49) を考慮すれば,全ての n,n' に対して

$$\langle\widetilde{n,\alpha};t|\left(i\hbar\frac{\partial}{\partial t}-H(t)\right)|\widetilde{n',\alpha'};t\rangle = 0 \tag{7.54}$$

であることがわかる.これは $\{|\widetilde{n,\alpha}:t\rangle\}$ の完全性の下では,$\left(i\hbar\frac{\partial}{\partial t}-H(t)\right)|\widetilde{n,\alpha};t\rangle=0$ を含意し,個々の $|\widetilde{n,\alpha}:t\rangle$ が単独で (7.1) の解となっていることの別証を与える.従って,時間の経過につれて,状態ベクトル $|\widetilde{n,\alpha};t\rangle$(あるいは $|n,\alpha;t\rangle$)は,$d^{(n)}$ 次元部分空間を回転するのみであり,$n\to n'\neq n$ の如き転移は起こらない.言うまでもなく,これは,$\Lambda(t)=G(t)$ の場合の特質である.

7.2.4 ハイゼンベルク表示との関係

これまでの議論は,もっぱらシュレーディンガー表示に基づくものであった.しかし,ハミルトニアン H やその他の演算子に対しては,一般に時間 t を陽に含むものとして考察を進めてきた.以下ではこのような場合におけるハイゼンベルク表示の定義,そのシュレーディンガー表示との関係などについて,二,三の注意を与えておく.当分の間,シュレーディンガー表示およびハイゼンベルク表示に関する諸量を,それぞれ下付き記号 S,H でもって区別することにする.

先ず，シュレーディンガー表示においては，時刻 t における状態を $|\cdots,t\rangle_S$, 正準変数に対応する演算子 (多自由度の場合はそれらの代表) を $\hat{p},\hat{q}$ とし，演算子一般を $\hat{A}_S(\hat{p},\hat{q},t)$ と書く．$\hat{p},\hat{q}$ はもちろん t にはよらない．ハミルトニアンを $\hat{H}_S(\hat{p},\hat{q},t)$ とすれば，この表示の基本関係式は

$$i\hbar\frac{\partial}{\partial t}|\cdots,t\rangle_S = \hat{H}_S(\hat{p},\hat{q},t)|\cdots,t\rangle_S \qquad (7.55)$$

である．他方，ハイゼンベルク表示の基本関係式は，$\hat{p},\hat{q}$ に対応する演算子を $\hat{P}(t),\hat{Q}(t)$ としたとき

$$i\hbar\frac{\partial}{\partial t}|\cdots,t\rangle_H = 0,$$

$$i\hbar\frac{d}{dt}\hat{A}_H(\hat{P}(t),\hat{Q}(t),t) = [\hat{A}_H(\hat{P}(t),\hat{Q}(t),t), \hat{H}_H(\hat{P}(t),\hat{Q}(t),t)]$$

$$+i\hbar\frac{\partial}{\partial t}\hat{A}_H(\hat{P}(t),\hat{Q}(t),t) \qquad (7.56)$$

である．上式で $\hat{A}_H$ に作用する $(i\hbar\partial/\partial t)$ は，$\hat{A}_H$ 中に陽に含まれている t (従って $\hat{P},\hat{Q}$ に含まれる t 以外のもの) に作用するものとする．

さて演算子 $\hat{A}_S(\hat{p},\hat{q},t)$ については，一般に次の形をもつと了解する:

$$\hat{A}_S(\hat{p},\hat{q},t) = \sum_{m,n} f_{mn}(t)\hat{q}^m\hat{p}^n, \qquad (7.57)$$

ここに $f_{mn}(t)$ は t のみの関数である．$\hat{A}_H(\hat{P},\hat{Q},t)$ についても同様とする．いま時間発展の演算子を $U(t,0)$ と書くと，(7.27) 式は，ここでの記号で

$$i\hbar\frac{\partial}{\partial t}U(t,0) = \hat{H}_S(\hat{p},\hat{q},t)U(t,0), \quad U(0,0) = I \qquad (7.27')$$

となる．一般には $[\hat{H}_s(\hat{p},\hat{q},t),\hat{H}_s(\hat{p},\hat{q},t')] \neq 0 \ (t \neq t')$ であり，$(7.27')$ の形式解は，例えば

$$U(t,0) = P\exp\left[-\frac{i}{\hbar}\int_0^t \hat{H}_S(\hat{p},\hat{q},t')dt'\right] \qquad (7.58)$$

と書かれる．

さて，両表示間の関係を設定するために，通常の手法を一般化して

$$\hat{P}(t) = U^{-1}(t,0)\hat{p}U(t,0), \quad \hat{Q}(t) = U^{-1}(t,0)\hat{q}U(t,0),$$
$$|\cdots,t\rangle_H = U^{-1}(t,0)|q,t\rangle_S \qquad (7.59)$$

とおいてみる．$U(0,0) = I$ であるから，
$$\hat{P}(0) = \hat{p}, \quad \hat{Q}(0) = \hat{q}, \quad |\cdots, 0\rangle_H = |q, 0\rangle_S \tag{7.60}$$
となり，両表示は $t = 0$ において一致する．また，(7.57) より $U^{-1}(t,0)\hat{A}_S(\hat{p},\hat{q},t)$
$\times U(t,0) = \sum_{m,n} f_{mn}(t)\hat{Q}^m(t)\hat{P}^n(t)$ であるから，この表式を $A_H(\hat{P}(t),\hat{Q}(t),t)$ と置いて
$$A_H(\hat{P}(t),\hat{Q}(t),t) = U^{-1}(t,0)\hat{A}_S(\hat{p},\hat{q},t)U(t,0) \tag{7.61}$$
とすれば，$\hat{A}_S$ と $\hat{A}_H$ は，それぞれの変数に関して同一の関数形をもつことがわかる．このとき (7.61) は (7.59) 第一，第二式の一般化に相当する．さらに $\frac{d}{dt}\hat{A}_S(\hat{p},\hat{q},t) = \frac{\partial}{\partial t}\hat{A}_S(\hat{p},\hat{q},t) = \sum_{m,n} \dot{f}_{mn}(t)\hat{q}^m\hat{p}^n$, $\frac{\partial}{\partial t}\hat{A}_H(\hat{P}(t),\hat{Q}(t),t) = \sum_{mn}\dot{f}_{mn}(t)\hat{Q}^m(t)\hat{P}^n(t)$ であるから，
$$\frac{\partial}{\partial t}\hat{A}_H\left(\hat{P}(t),\hat{Q}(t),t\right) = U^{-1}(t,0)\frac{\partial}{\partial t}\hat{A}_S(\hat{p},\hat{q},t)\cdot U(t,0) \tag{7.62}$$
も成り立つ．

次に，(7.59) の第三式より $i\hbar\partial/\partial t|\cdots,t\rangle_H = i\hbar\partial/\partial t U^{-1}(t,0)\cdot|\cdots,t\rangle_S + U^{-1}(t,0)$
$\times(i\hbar\partial/\partial t)|\cdots,t\rangle_S = -U^{-1}(t,0)\hat{H}_S|\cdots,t\rangle_S + U^{-1}(t,0)\hat{H}_S|\cdots,t\rangle_S = 0$ となり，
(7.56) 第一式は保証される．さらに，(7.61) の両辺に $(i\hbar d/dt)$ を作用させれば，
(7.27′), (7.61), (7.62) を用いて，$i\hbar d/dt\hat{A}_H = (i\hbar\partial/\partial t)U^{-1}\cdot\hat{A}_S U + U^{-1}(i\hbar\partial/\partial t)\hat{A}_S\cdot$
$U + U^{-1}\hat{A}_S(i\hbar\partial/\partial t)U = U^{-1}\left\{[\hat{A}_S,\hat{H}_S] + i\hbar(\partial/\partial t)\hat{A}_S\right\}U = [\hat{A}_H,\hat{H}_H] + (i\hbar\partial/\partial t)\hat{A}_H$
となり，(7.56) 第二式も保証される．それ故，(7.59) は，(7.55), (7.56) を両立させる正しい設定であったことがわかる．(7.56) 第二式，すなわち $\hat{A}_H(\hat{P},\hat{Q},t)$ に対するハイゼンベルクの運動方程式は，上に示したように
$$\begin{aligned}i\hbar\frac{d}{dt}\hat{A}_H(\hat{P},\hat{Q},t) &= U^{-1}\left\{[\hat{A}_S(\hat{p},\hat{q},t),\hat{H}_S(\hat{p},\hat{q},t)] + i\hbar\frac{\partial}{\partial t}\hat{A}_S(\hat{p},\hat{q},t)\right\}U \\ &= U^{-1}(t,0)\frac{\mathcal{D}}{\mathcal{D}t}\hat{A}_S(\hat{p},\hat{q},t)\cdot U(t,0)\end{aligned} \tag{7.63}$$
と書かれる．

さきにシュレーディンガー表示における保存量 $\hat{G}_S(\hat{p},\hat{q},t)$ に対する条件式を (7.43) すなわち $(\mathcal{D}/\mathcal{D}t)\hat{G}_S(\hat{p},\hat{q},t) = 0$ としたが，これをハイゼンベルク表示に移して考えれば，(7.63) により，単に $(d/dt)\hat{G}_H(\hat{P},\hat{Q},t) = 0$ に他ならず，件の条件式の意味は自明となる．

さらに(7.45)式は，ここでの記号で書けば$\hat{G}_S(\hat{p},\hat{q},t) = U(t,0)\hat{G}_S(\hat{p},\hat{q},0)U^{-1}(t,0)$ であり，従って $U^{-1}(t,0)\hat{G}_S(\hat{p},\hat{q},t)U(t,0) = \hat{G}_S(\hat{p},\hat{q},0)$ となる．ところで，この式の左辺は $\hat{G}_H(\hat{P}(t),\hat{Q}(t),t)$，右辺は (7.61) により $\hat{G}_H(\hat{P}(0),\hat{Q}(0),0)$ であり，結局，(7.45) 式は $\hat{G}_H(\hat{P}(t),\hat{Q}(t),t) = \hat{G}_H(\hat{P}(0),\hat{Q}(0),0)$ を意味するものであった．

7.3 演算子 $G(t), U(t,0)$ の実例

7.3.1 保存量 $G(t)$

再びシュレーディンガー表示に戻り，以下に，時間 t に依存する保存量の例をいくつかあげておく．

a. 自由粒子

質量 m の自由粒子1個よりなる系を考える．7.2.2項の4)で述べたことから，独立変数 $\vec{x},\vec{p}$ に対応して6個の保存量の存在が予期される．$H = \vec{p}^2/2m$ は時間によらないから，$U(t,0) = \exp[-iHt/\hbar]$ である．そこで $\vec{G}_0^{(1)} = \vec{G}^{(1)}(0) = m\vec{x}, \vec{G}_0^{(2)} = \vec{G}^{(2)}(0) = \vec{p}$ として，(7.45) を適用すると

$$\begin{aligned} \vec{G}^{(1)}(t) &= U(t,0)\vec{G}^{(1)}(0)U^{-1}(t,0) = m\vec{x}-t\vec{p} \\ \vec{G}^{(2)}(t) &= U(t,0)\vec{G}^{(2)}(0)U^{-1}(t,0) = \vec{p} \end{aligned} \quad (7.64)$$

が得られる．ここで2.1節で述べたガリレイ変換を想起してみる．すなわち，(2.1) 式でとくに $R = I_3, b = 0$ とおくと

$$\begin{aligned} \vec{x} &\to \vec{x}' = \vec{x}-\vec{v}t+\vec{a}, \\ t &\to t' = t \end{aligned} \quad (2.1')$$

が得られる．上で得られた $\vec{G}^{(1)}(t), \vec{G}^{(2)}(t)$ は，それぞれ (2.7) で与えられた固有ガリレイ変換，および座標軸の平行移動に対する形成演算子，すなわち，$\vec{G}$ および $\vec{P}$ に他ならない．

$\vec{G}^{(2)}(t)$ の保存は，言うまでもなく，運動量保存則を与えるが，他方，$\vec{G}^{(1)}(t)$ の保存は次のような意味をもつ．7.2.2項3)で述べたように，$|t\rangle_s$ について (7.64) の期待値 $\langle\cdots\rangle_t$ をとれば，$\langle\vec{G}^{(1)}(t)\rangle_t = \langle\vec{G}^{(1)}(0)\rangle_0 \equiv m\vec{x}_0 = m\langle\vec{x}\rangle_t-t\langle\vec{p}\rangle_t \equiv m\langle\vec{x}\rangle_t-t\vec{p}_0$，すなわち $\langle\vec{x}\rangle_t = \vec{x}_0+t(\vec{p}_0/m)$ であり，これは古典的運動方程式の解に他ならない．

上記の事情は，さらに状態との関連で，以下のように表現される．(7.42) 式におけるように，変換 (2.1) に対応して

7.3 演算子 $G(t), U(t,0)$ の実例

$$S(\vec{v},\vec{a};t) \equiv \exp\left[\frac{-i}{\hbar}\left\{\vec{v}\cdot\vec{G}^{(1)}(t)+\vec{a}\cdot\vec{G}^{(2)}(t)\right\}\right] \tag{7.65}$$

を導入すると，容易にわかるように

$$\begin{aligned}S^{-1}(\vec{v},\vec{a};t)\vec{x}S(\vec{v},\vec{a};t) &= \vec{x}-\vec{v}t+\vec{a} = \vec{x}\,',\\ S^{-1}(\vec{v},\vec{a};t)\vec{p}S(\vec{v},\vec{a};t) &= \vec{p}-m\vec{v} \equiv \vec{p}\,'\end{aligned} \tag{7.66}$$

であり，さらに (7.41) が成り立つことも容易に示される．そこで，(7.38) に対応して

$$|t\rangle'_s = S(\vec{v},\vec{a};t)|t\rangle_s \tag{7.67}$$

とおく．いま任意の演算子 A の状態 $|t\rangle_s$ および $|t\rangle'_s$ に関する期待値を，それぞれ $\langle A \rangle$ および $\langle A \rangle'$ と書こう．このとき (7.66) の両辺を $|t\rangle_s$ について期待値をとれば

$$\begin{aligned}\langle \vec{x}\rangle'_t &= \langle \vec{x}\rangle_t - \vec{v}t + \vec{a},\\ \langle \vec{p}\rangle'_t &= \langle \vec{p}\rangle_t - m\vec{v}\end{aligned} \tag{7.68}$$

となる．この意味で $|t\rangle'_s$ は $|t\rangle_s$ に対して，$\vec{v},\vec{a}$ で指定されるガリレイ変換を施した状態と解してよい．ところで

$$S(\vec{v},\vec{a};t) = \exp\left[-\frac{i}{2\hbar}m\vec{v}(\vec{a}-\vec{v}t)\right]\exp\left[-(\vec{a}-\vec{v}t)\vec{\nabla}\right]\exp\left[-\frac{i}{\hbar}m\vec{v}\cdot\vec{x}\right]$$

であることを考慮すると，(7.67) はさらに次のようにも書かれる．すなわち，

$$\begin{aligned}|t\rangle'_s &= \exp\left[\tfrac{im}{\hbar}f(\vec{x},\vec{v},\vec{a};t)\right]|t\rangle_s,\\ f(\vec{x},\vec{v},\vec{a};t) &\equiv -\vec{v}\cdot\vec{x}-\tfrac{1}{2}\vec{v}(\vec{a}-t\vec{v})\end{aligned} \tag{7.67'}$$

この結果は，本質的に (2.38) と同一である．すなわち，上記 f の表式は (2.6) 式で $R=I_3$, const.$=0$ とおいたものの $\vec{a}\neq 0$ の場合への一般化になっている．

ただ今度の場合，

$$S(\vec{v}_2,\vec{a}_2;t)S(\vec{v}_1,\vec{a}_1;t) = S(\vec{v}_1+\vec{v}_2,\vec{a}_1+\vec{a}_2;t)\exp\left[\frac{im}{2\hbar}(\vec{v}_1\cdot\vec{a}_2-\vec{v}_2\cdot\vec{a}_1)\right] \tag{7.69}$$

となり，ガリレイ群の要素 $(\vec{v},\vec{a})$ 自体に対する性質 $(\vec{v}_2,\vec{a}_2)(\vec{v}_1,\vec{a}_1)=(\vec{v}_1+\vec{v}_2,\vec{a}_1+\vec{a}_2)$ とは食い違う (2.1 節脚注 2 参照)．これは，すでに 2.3 節で述べたように $|t\rangle_s$ がガリレイ群の射影表現であることに起因する．

なお $\vec{G}^{(1)}(t),\vec{G}^{(2)}(t)$ に対する固有状態は，それぞれに対する固有値を $\vec{g}^{(1)},\vec{g}^{(2)}$

として，$\exp[i/(\hbar t)\cdot(m\vec{x}^{\,2}/2-\vec{g}^{(1)}\cdot\vec{x})]$ および $\exp[(i/\hbar)\vec{g}^{(2)}\cdot\vec{x}]$ に比例する．とくに $\vec{G}^{(1)}(t)$ は，この意味からして，あまり便利な保存量ではなかったといえる．

b. 外場と相互作用しているボーズ振動子

4.3.1 項で述べたように，1 個のボーズ振動子を記述する演算子を $a, a^\dagger$ とする：従って $[a, a^\dagger] = 1$．この振動子が時間的に変化する外場 $\kappa(t), \kappa^*(t)$ の中におかれているとし，一般的に次のハミルトニアンを仮定する：

$$H(t) = \hbar\omega_0(t)a^\dagger a + \kappa(t)a^\dagger + \kappa^*(t)a, \tag{7.70}$$

ここに $\omega_0(t), \kappa(t)$ は適当な t の関数であり，$\omega_0(t)^* = \omega_0(t)$ とする．この場合，$H(t)$ の対角化は容易であるが，もちろん，これは保存量ではない．

保存量 $G(t)$ を求めるには，次のようにすればよい．簡単のため，$G(t)$ が $a, a^\dagger$ についての 1 次式 $G^{(1)}$ または 2 次式 $G^{(2)}$ になっているものを求めることとする．その一般式を書き下し，それを (7.43) に代入する．その結果ももちろん $a, a^\dagger$ についての 1 次式または 2 次式であり，各項の展開係数が 0 となるように，それぞれを決めてやればよい．そのための計算は長くなるが，以下の量が保存量であることは比較的容易に確かめられる：

$$\begin{aligned}G_1^{(1)}(t) &= \tfrac{1}{2}\left[e^{i\Omega(t)}A(t) + e^{-i\Omega(t)}A^\dagger\right], \\ G_2^{(1)}(t) &= \tfrac{1}{2i}\left[e^{i\Omega(t)}A(t) - e^{-i\Omega(t)}A^\dagger\right];\end{aligned} \tag{7.71}$$

$$\begin{aligned}G_1^{(2)}(t) &= \tfrac{1}{4}\left[e^{2i\Omega(t)}A(t)A(t) + e^{-2i\Omega(t)}A^\dagger(t)A^\dagger(t)\right], \\ G_2^{(2)}(t) &= \tfrac{i}{4}\left[e^{2i\Omega(t)}A(t)A(t) - e^{-2i\Omega(t)}A^\dagger(t)A^\dagger(t)\right], \\ G_3^{(2)}(t) &= \tfrac{1}{4}\left[A^\dagger(t)A(t) + A(t)A^\dagger(t)\right].\end{aligned} \tag{7.72}$$

ここに

$$\begin{aligned}A(t) &\equiv a + iK(t)e^{-i\Omega(t)}, \quad A^\dagger(t) \equiv a^\dagger - iK^*(t)e^{i\Omega(t)} : \\ \Omega(t) &\equiv \int_0^t \omega_0(t')dt', \quad K(t) \equiv \tfrac{1}{\hbar}\int_0^t \kappa(t')e^{i\Omega(t')}dt'\end{aligned} \tag{7.73}$$

であり，$A(0) = a, A^\dagger(0) = a^\dagger$ となっている．

$[A(t), A^\dagger(t)] = 1$ であるので，上記保存量相互間の交換関係を導くのは容易である．とくに興味のあるのは

7.3 演算子 $G(t), U(t,0)$ の実例

$$\begin{aligned}
[G_1^{(2)}(t), G_2^{(2)}(t)] &= -iG_3^{(2)}(t), \\
[G_2^{(2)}(t), G_3^{(2)}(t)] &= iG_1^{(2)}(t), \\
[G_3^{(2)}(t), G_1^{(2)}(t)] &= iG_2^{(2)}
\end{aligned} \quad (7.74)$$

であり，これは (4.30) と同型の関係式である．とくに $t=0$ の場合，$G_\ell^{(2)}(0)$ は (4.29) で定義された J_ℓ ($\ell = 1, 2, 3$) に一致する．

保存量の一つ $Q_3^{(2)}(t)$ をとり，これを $Q_3^{(2)}(t) = N(t)/2 + 1/4$ とおくとき，

$$N(t) \equiv A^\dagger(t) A(t) \quad (7.75)$$

で定義される量も，もちろん保存量である．$[A(t), A^\dagger(t)] = 1$ であるので，$N(t)$ の固有値および固有状態は次のように与えられる：

$$\begin{aligned}
N(t)|n;t\rangle &= n|n;t\rangle \quad (n = 0, 1, 2, \cdots), \\
|n;t\rangle &= \tfrac{1}{\sqrt{n!}} \left(A^\dagger(t)\right)^n |0;t\rangle, \\
A(t)|0;t\rangle &= 0.
\end{aligned} \quad (7.76)$$

基底状態 $|0;t\rangle$ を求めるために，次のユニタリ演算子 $D(\alpha(t))$ を導入する：

$$\begin{aligned}
D(\alpha(t)) &\equiv e^{\alpha^*(t)a - \alpha(t)a^\dagger}, \quad D^\dagger(\alpha(t)) \equiv e^{\alpha(t)a^\dagger - \alpha^*(t)a}, \\
\alpha(t) &= -iK(t)e^{-i\Omega(t)}, \quad \alpha^*(t) = iK^*(t)e^{i\Omega(t)}.
\end{aligned} \quad (7.77)$$

このとき

$$\begin{aligned}
D^\dagger(\alpha(t)) a D(\alpha(t)) &= a - \alpha(t) = A(t), \\
D^\dagger(\alpha(t)) a^\dagger D(\alpha(t)) &= a^\dagger - \alpha^*(t) = A^\dagger(t)
\end{aligned} \quad (7.78)$$

となる．従って $A(t)|0;t\rangle = D^\dagger(\alpha(t)) a D(\alpha(t))|0;t\rangle = 0$ より，$D(\alpha(t))|0;t\rangle = |0\rangle$，すなわち

$$|0;t\rangle = D^\dagger(\alpha(t))|0\rangle \quad (7.79)$$

が得られる．ただし $|0\rangle$ は $a|0\rangle = 0$ を満たす状態である．一般の状態 $|n;t\rangle$ に対しては，$|n;t\rangle = (D^\dagger a^\dagger D)^n |0;t\rangle/\sqrt{n!} = D^\dagger (a^\dagger)^n D D^\dagger |0\rangle/\sqrt{n!} = D^\dagger (a^\dagger)^n |0\rangle/\sqrt{n!}$ であるから，

$$|n;t\rangle = D^\dagger(\alpha(t))|n\rangle, \quad |n\rangle = \frac{1}{\sqrt{n!}}(a^\dagger)^n|0\rangle \quad (7.80)$$

となる．

ところで $D^\dagger(\alpha(t)) = e^{-|\alpha(t)|^2/2} e^{\alpha(t)a^\dagger} e^{-\alpha^*(t)a}$ であるから，(7.79) より

$$|0;t\rangle = e^{-|\alpha(t)|^2/2}e^{\alpha(t)a^\dagger}|0\rangle \equiv |\alpha(t)\rangle \qquad (7.81)$$

となる．ここに $|\alpha(t)\rangle$ は 5.2.1 項で考察したコヒーレント状態 (5.29) に他ならない．

$N(t)$ すなわち $Q_3^{(2)}(t)$ の固有状態 $|n;t\rangle$ は縮退していないので，これからシュレーディンガー方程式の解 $\widetilde{|n;t\rangle}$ を作るには (7.6) によればよい．このとき必要となる $\theta_n(t)$ は (7.9) を用いて容易に求められる．そのため先ず $(i\hbar\partial/\partial t)|n;t\rangle$ および $H(t)|n:t\rangle$ を計算すると，その各々は $|n;t\rangle$ と $|n\pm1;t\rangle$ の一次結合となる．しかし，両者の差をとると，一般的な性質 (7.49) より予期されるように，$|n;t\rangle$ の項のみが残り，その係数が $\theta_n(t)$ を与える．すなわち，

$$\theta_n(t) = -n\hbar\omega_0(t) + \frac{i}{2}\{\kappa^*(t)K(t)e^{-i\Omega(t)} - \kappa(t)K^*(t)e^{i\Omega(t)}\}. \qquad (7.82)$$

とくに $n=0$ の場合には，(7.6), (7.82), (7.77) および (7.81) より

$$\widetilde{|0;t\rangle} = \exp\left[-\frac{i}{2\hbar}\int_0^t \{\kappa^*(t')\alpha(t') + \kappa(t')\alpha^*(t')\}dt'\right]|\alpha(t)\rangle \qquad (7.83)$$

となる．換言すれば，$t=0$ において $|\alpha(0)\rangle = |0\rangle$ であった状態は，時間の推移とともにシュレーディンガー方程式に従って変化していくが，それはつねにコヒーレント状態 $|\alpha(t)\rangle$ に留まることになる．従って (7.70) で導入された外場 $\kappa(t), \kappa^*(t)$ は，基底状態 $|0\rangle$ からコヒーレント状態 $|\alpha(t)\rangle$ を作り出す働きをしている．

c. スピンの運動

$\vec{J} = (J_1, J_2, J_3)$ をスピンあるいは一般の角運動量演算子とし，そのハミルトニアンを

$$H(t) = \vec{B}(t) \cdot \vec{J} \qquad (7.84)$$

とする．ただし，外場 (例えば磁場) $\vec{B}(t)$ が

$$\vec{B}(t) = (B\sin\theta\cos\omega t, B\sin\theta\sin\omega t, B\cos\theta) \qquad (B>0) \qquad (7.85)$$

である場合を考える．

この系の保存量 $G(t)$ は，$G(t) = a_0(t) + \vec{a}(t) \cdot \vec{J}$ の形をもつと想定し，これを (7.43) に代入して，係数 $a_0(t), \vec{a}(t)$ を決定する．このようにして，例えば次の保存量が得られる：

$$G_1(t) = \frac{1}{\Omega}\{(\tilde{\omega}\cos\omega t\cos\Omega t + \Omega\sin\omega t\sin\Omega t)J_1$$

7.3 演算子 $G(t), U(t,0)$ の実例

$$+(\tilde{\omega}\sin\omega t\cos\Omega t-\Omega\cos\omega t\sin\Omega t)J_2+B\sin\theta\cos\Omega t J_3\},$$

$$G_2(t) = \frac{1}{\Omega}\{(\tilde{\omega}\cos\omega t\sin\Omega t-\Omega\sin\omega t\cos\Omega t)J_1 \tag{7.86}$$

$$+(\tilde{\omega}\sin\omega t\sin\Omega t+\Omega\cos\omega t\cos\Omega t)J_2+B\sin\theta\sin\Omega t J_3\},$$

$$G_3(t) = \frac{1}{\Omega}\{-B\sin\theta\cos\omega t J_1-B\sin\theta\sin\omega t J_2+\tilde{\omega}J_3\},$$

ただし

$$\tilde{\omega}\equiv\omega-B\cos\theta,\quad \Omega\equiv\left(\tilde{\omega}^2+B^2\sin^2\theta\right)^{1/2}. \tag{7.86'}$$

容易に確かめられるように, この保存量 $\vec{G}(t)\equiv(G_1(t),G_2(t),G_3(t))$ に対して, 次の関係式が成り立つ:

$$\vec{G}^2(t)=\vec{J}^2,\quad [G_j(t),G_k(t)]=i\hbar\epsilon_{jk\ell}G_\ell(t); \tag{7.87}$$

および

$$G_3(t)=\frac{1}{\Omega}\{-H(t)+\omega J_3\}. \tag{7.88}$$

このように $G_3(t)$ が比較的に簡単な構造をもつので, その固有状態を求めてみる. 先ず $G_3(0)$ を次のように書き直す:

$$G_3(0)=\cos\tilde{\theta}J_3+\sin\tilde{\theta}J_1, \tag{7.89}$$

ここに

$$\cos\tilde{\theta}=\frac{\tilde{\omega}}{\Omega},\quad \sin\tilde{\theta}=-\frac{B}{\Omega}\sin\theta \tag{7.89'}$$

であり, もちろん $\sin^2\tilde{\theta}+\cos^2\tilde{\theta}=1$ となっている. ここで公式

$$e^{-i\phi J_j/\hbar}J_k e^{i\phi J_j/\hbar}=\cos\phi J_k+\sin\phi J_\ell \tag{7.90}$$

(ただし $(j,k,\ell)\equiv(1,2,3)$ またはその循環置換) に注意すると

$$G_3(0)=e^{-i\tilde{\theta}J_2/\hbar}J_3 e^{i\tilde{\theta}J_2/\hbar} \tag{7.91}$$

となる. さらに $G_3(t),G_3(0)$ の表式を比較し, (7.90) を用いると

$$G_3(t)=e^{-i\omega t J_3/\hbar}G_3(0)e^{i\omega t J_3/\hbar} \tag{7.92}$$

となり, 上二式を組み合わせて

$$G_3(t)=R(\tilde{\theta},\omega t)J_3 R^{-1}(\tilde{\theta},\omega t),\quad R(\tilde{\theta},\omega t)\equiv e^{-i\omega t J_3/\hbar}e^{-i\tilde{\theta}J_2/\hbar}e^{i\omega t J_3/\hbar} \tag{7.93}$$

が得られる. なお, $R(\tilde{\theta},\omega t)$ の第 3 の因子は $R(0,\omega t)=I, R(\tilde{\theta},0)=R(\tilde{\theta},2\pi)$ となるように導入した.

いま $\vec{G}^2(t)=\vec{J}^2=\hbar^2 j(j+1)$ の部分空間に制限すると, $G_3(t)$ の固有状態は,

(7.93) により
$$G_3(t)|(j,m);t\rangle = m\hbar|(j,m);t\rangle, \quad (m=-j,-j+1,\cdots,j-1,j);$$
$$|(j,m);t\rangle = R(\tilde{\theta},\omega t)|j,m\rangle\!\rangle. \tag{7.94}$$

ただし, $|j,m\rangle\!\rangle$ は通常の $\vec{J}^2$ および J_3 の同時固有状態 (j,m: 整数または半整数) とする.

上記部分空間においては $|(j,m);t\rangle$ は縮退がないので,シュレーディンガー方程式の解 $|\widetilde{(j,m)};t\rangle$ は,再び (7.6) によって与えられる.そこで $\theta_m(t)$ を計算する.先ず

$$\begin{aligned}i\hbar\frac{\partial}{\partial t}|(j,m);t\rangle &= i\hbar\frac{\partial R(\tilde{\theta},\omega t)}{\partial t}|j,m\rangle\!\rangle \\ &= -\omega R(\tilde{\theta},\omega t)\left\{(1-\cos\tilde{\theta})J_3+\sin\tilde{\theta}(\cos\omega t J_1+\sin\omega t J_2)\right\}|j,m\rangle\!\rangle,\end{aligned}$$
$$\tag{7.95}$$

ここで,公式 (7.90) を用いた.

次に $H(t)$ の行列要素
$$\langle(j,m');t|H(t)|(j,m):t\rangle = \langle\!\langle j,m'|R^{-1}(\tilde{\theta},\omega t)H(t)R(\tilde{\theta},\omega t)|j,m\rangle\!\rangle \tag{7.96}$$
の計算においては,$H(t)$ を次のように書き直す:
$$\begin{aligned}H(t) &= Be^{-i\omega t J_3/\hbar}e^{-i\theta J_2/\hbar}e^{i\omega t J_3/\hbar}J_3 e^{-i\omega t J_3/\hbar}e^{i\theta J_2/\hbar}e^{i\omega t J_3/\hbar} \\ &= BR(\theta,\omega t)J_3 R^{-1}(\theta,\omega t). \tag{7.97}\end{aligned}$$

従って
$$\begin{aligned}R^{-1}(\tilde{\theta},\omega t)H(t)R(\tilde{\theta},\omega t) &= BR^{-1}(\tilde{\theta},\omega t)R(\theta,\omega t)J_3 R^{-1}(\theta,\omega t)R(\tilde{\theta},\omega t) \\ &= B\{\cos(\theta-\tilde{\theta})J_3+\sin(\theta-\tilde{\theta})(\cos\omega t J_1+\sin\omega t J_2)\}\end{aligned}$$
$$\tag{7.98}$$

となり, 行列要素 (7.96) は
$$\begin{aligned}&\langle(j,m');t|H(t)|(j,m);t\rangle \\ &= B\langle\!\langle j,m'|\{\cos(\theta-\tilde{\theta})J_3+\sin(\theta-\tilde{\theta})(\cos\omega t J_1+\sin\omega t J_2)\}|j,m\rangle\!\rangle\end{aligned} \tag{7.96'}$$
となる.

(7.95), (7.96') より
$$\langle(j,m');t|\left(i\hbar\frac{\partial}{\partial t}-H(t)\right)|(j,m);t\rangle$$

$$= -《j,m'| \Big[\{\omega(1-\cos\tilde{\theta})+B\cos(\theta-\tilde{\theta})\}J_3$$

$$-\{\omega\sin\tilde{\theta}+B\sin(\theta-\tilde{\theta})\}(\cos\omega tJ_1+\sin\omega tJ_2)\Big]|j,m》 \qquad (7.99)$$

を得る.ところで,上記表式中,J_1 の係数に現れる $\{\omega\sin\tilde{\theta}+B\sin(\theta-\tilde{\theta})\}$ は,(7.86′), (7.89′) により 0 となる.他方,J_3 の係数 $\{-\omega(1-\cos\tilde{\theta})-B\cos(\theta-\tilde{\theta})\}$ も,この両式を用いればたんに $(\Omega-\omega)$ となる.このように対角要素のみが残るのは,先に述べた一般的性質 (7.49) の反映である.結局 $\theta_m(t)$ は

$$\theta_m(t) = m\hbar(\Omega-\omega) \qquad (7.100)$$

と,時間に無関係な定数となる.従ってシュレーディンガー方程式の解は

$$|\widetilde{(j,m)};t\rangle = e^{im(\Omega-\omega)t}R(\tilde{\theta},\omega t)|j,m》 \qquad (7.101)$$

で与えられる.

7.3.2 時間発展の演算子 $U(t,0)$

ここでは,前項で取り上げた系について,演算子 $U(t,0)$ を具体的に求めてみる.a (自由粒子) の場合は自明であるので b, c の場合を考察する.

b. 外場と相互作用しているボーズ振動子

(7.37) において (7.80), (7.82) を用いると

$$U(t,0) = \exp\left[-\frac{1}{2\hbar}\int_0^t \{\kappa^*(t')K(t')e^{-i\Omega(t')}-\kappa(t')K^*(t')e^{i\Omega(t')}\}dt'\right]$$

$$\times D^\dagger(\alpha(t))\{\sum_n \exp(-in\Omega(t))|n\rangle\langle n|\},$$

ここで $|n\rangle$ の前にある $\exp(-in\Omega(t))$ を $\exp(-i\Omega(t)a^\dagger a)$ で置き換え,$\sum_n |n\rangle\langle n| = 1$ および (7.77) を考慮すれば

$$= \exp\left[-\frac{1}{2\hbar}\int_0^t \{\kappa^*(t')K(t')e^{-i\Omega(t')}-\kappa(t')K^*(t')e^{i\Omega(t')}\}dt'\right]$$

$$\times \exp\left[(\alpha(t)a^\dagger - \alpha^*(t)a)\right]\exp\left[-i\Omega(t)a^\dagger a\right]\} \qquad (7.102)$$

となる.さらに,演算子 $a, a^\dagger$ を含む二つの指数関数は,次の公式を用いれば一つにまとめられる:

$$e^{xa^\dagger - x^*a}e^{-i\theta a^\dagger a} = \begin{cases} e^{-i\theta \mathcal{A}^\dagger \mathcal{A}+i\mathcal{B}} & (\theta \neq 2n\pi) \\ e^{xa^\dagger - x^*a} & (\theta = 2n\pi), \end{cases} \qquad (7.103)$$

ここに $\mathcal{A} \equiv a - \frac{x}{2}(1 - i\cot\frac{\theta}{2}), \mathcal{B} \equiv \frac{|x|^2}{2}\cot\frac{\theta}{2}$. このようにして，結局，$U(t,0)$ の最終的表式は次のようになる：

$\Omega(t) \neq 2n\pi$ ならば

$$U(t,0) = \exp\left[i\frac{|\alpha(t)|^2}{2}\cot\frac{\Omega(t)}{2} - \frac{1}{2\hbar}\int_0^t \{\kappa^*(t')K(t')e^{-i\Omega(t')}\right.$$
$$\left. - \kappa(t')K^*(t')e^{i\Omega(t')}\}dt'\right] \times \exp\left[-i\Omega(t)\mathcal{A}^\dagger(t)\mathcal{A}(t)\right], \quad (7.102')$$

ただし，$\mathcal{A}(t) \equiv a - \frac{\alpha(t)}{2}(1 - i\cot\frac{\Omega}{2})$.

また，$\Omega(t) = 2n\pi$ ならば，

$$U(t,0) = \exp\left[-\frac{1}{2\hbar}\int_0^t \{\kappa^*(t')K(t')e^{-i\Omega(t')} - \kappa(t')K^*(t')e^{i\Omega(t')}\}dt'\right]$$
$$\times \exp\left(\alpha(t)a^\dagger - \alpha^*(t)a\right). \quad (7.102'')$$

なお，公式 (7.103) の導出には，次のようにすればよい．$\theta = 2n\pi$ の場合は自明ゆえ，$\theta \neq 2n\pi$ とし，先ずハウスドルフの公式 (Hausdorff's formura)：

$$\exp X \exp Y = \exp\left\{X + Y + \frac{1}{2}[X,Y] + \frac{1}{12}([X,[X,Y]] + [Y,[Y,X]]) + \cdots\right\}$$
$$(7.104)$$

に着目する．上式右辺の $\cdots$ は，X および Y より成る3重以上の多重交換子 (multiple commutator)$[\ ,[\ ,\cdots[X,Y]]\cdots]$ を表わしている．ところで (7.103) の場合 $X = xa^\dagger - x^*a, Y = -i\theta a^\dagger a$ ととると，(7.104) 右辺の $\{\ \}$ 内第4項以下の和は $c_1 a + c_2 a^\dagger + c_3 (c_1, c_2, c_3$ は定数) の形となる．さらに (7.103) 左辺がユニタリ演算子であることを考慮すれば，その右辺は，従って，$\exp(-i\theta\mathcal{A}^\dagger\mathcal{A} + i\mathcal{B})$ の形にまとめられるはずである．ただし，$\mathcal{A} = a + c, \mathcal{B} = \mathcal{B}^* = c'(c, c'$ は定数) であり，これら定数 c, c' を決定するには，(7.103) の両辺を適当な幾つかの状態，例えば $a|0\rangle = 0, \mathcal{A}|0\rangle' = 0$ であるような状態 $|0\rangle, |0\rangle'$ についてそれぞれ期待値をとり，こうして得られた関係式を用いればよい．

$U(t,0)$ に対する表式 (7.102), (7.102'), (7.102'') の適用例題として，$t = \triangle t \approx 0$ の場合，$\omega_0(t) = \omega_0$(定数) かつ $\kappa(t) = \kappa_0 \exp(i\omega t)(\kappa_0, \omega$ は定数) の場合等を考察してみるのは興味深い．

c. スピンの運動

7.3.1項cのように$j=$一定の部分空間に制限すれば,再び(7.37)が使え,(7.94),(7.93)および(7.100)を考慮すれば

$$U(t,0) = \sum_m R(\tilde{\theta}, \omega t)|j,m\rangle\!\rangle e^{im(\Omega-\omega)t}\langle\!\langle j,m|R^\dagger(\tilde{\theta},0)$$

$$= e^{-i\omega t J_3/\hbar}e^{-i\tilde{\theta}J_2/\hbar}e^{i\Omega t J_3/\hbar}e^{i\tilde{\theta}J_2/\hbar},$$

ここで(7.90),(7.89′)を用いると

$$= e^{-i\omega t J_3/\hbar}e^{it(\tilde{\omega}J_3-B\sin\theta J_1)/\hbar} \tag{7.105}$$

が得られる.これは,もちろん一般に,$\exp(-iH(t)t/\hbar)$とは異なる.

上記(7.105)の表式は,また次のようにも解釈される.いま,これまでの静止した座標系から,外場$\vec{B}(t)$に伴ってz軸の周りに回転する座標系に移行したとしよう.この場合,(5.38)の意味での変換Sは$S(t) = \exp(i\omega t J_3/\hbar)$で与えられる.従って,回転座標系でのハミルトニアン$H'(t)$は(7.40)より求められ,

$$H'(t) = -(\tilde{\omega}J_3 - B\sin\theta J_1) = H(0) - \omega J_3 \equiv H' \tag{7.106}$$

すなわち,tに無関係な演算子H'となり,新しい座標系での時間発展の演算子は,たんに$U'(t,0) = \exp(-iH't/\hbar)$で与えられる.それゆえ,もとの座標系での$U(t,0)$を求めるには,先ず$t=0$において,$S(0)$によって回転座標系に移行し,そこにおいて$U'(t,0)$によって状態を時刻$t$にまで発展させ,その後に$S^{-1}(t)$によってもとの座標系に戻せばよい.すなわち,$U(t,0) = S^{-1}(t)U'(t,0)S(0) = S^{-1}(t)U'(t,0)$であり,これはまさに(7.105)に他ならない.

7.4 再帰状態とその位相

7.4.1 再 帰 状 態

保存量$G(t)$の固有状態$|n;t\rangle$に縮退がないとすると,この演算子はスペクトル分解されて

$$G(t) = \sum_n g_n|n;t\rangle\langle n;t| \tag{7.107}$$

と書かれる.他方,(7.45)において$G_0 = G(0)$を考慮すると,

$$G(t)U(t,0) = U(t,0)G(0) \tag{7.108}$$

となる．この式は，また (7.37) からも得られる．

いま，$t=\tau$ に対して $G(\tau)=G(0)$ となるとしよう．例えば，$G(t)$ が外場に依存し，前者の時間依存が後者のそれのみによるとし，外場が周期 τ でもって周期的に変化するとすれば，上のような状況が実現される．このような τ を再帰時間 (cyclic time) と呼ぶことにしよう．このとき，(7.108) より

$$[G(0), U(\tau,0)] = 0 \tag{7.109}$$

が得られるが，これは $G(0)$ と $U(\tau,0)$ が同時対角化され得ることを示している．従って，$t=0$ に対する (7.107) 式に対応して，$U(\tau,0)$ は

$$U(\tau,0) = \sum_n e^{i\xi_n}|n;0\rangle\langle n;0| \tag{7.110}$$

と書かれる．ここで ξ_n は実定数であり，$\exp(i\xi_n)$ は $U(\tau,0)$ の固有値である．

さて，もし $|0\rangle_s = |n;0\rangle$ であれば，上式より $|\tau\rangle_s = U(\tau,0)|0\rangle_s = \exp(i\xi_n)|n;0\rangle$ となる．すなわち，$t=\tau$ における状態は $t=0$ における状態と位相 ξ_n を除いて一致することになる．このような特性をもつ状態は，再帰状態 (cyclic state) と呼ばれている．すなわち，$G(\tau) = G(0)$ であれば，全ての固有状態 $|n;t\rangle$ は再帰状態となる．

$G(\tau) = G(0)$ であるので，位相を適当に調節して $|n;\tau\rangle = |n;0\rangle$ とすることができる．このとき $t=\tau$ に対する表式 (7.37) は (7.110) の形をとり，(7.9) を用いれば

$$\xi_n = \frac{1}{\hbar}\int_0^\tau \theta_n(t)dt$$
$$= \int_0^\tau \langle n;t|i\frac{\partial}{\partial t}|n;t\rangle dt - \frac{1}{\hbar}\int_0^\tau \langle n;t|H(t)|n;t\rangle dt \equiv \xi_n^{(g)} + \xi_n^{(d)} \tag{7.111}$$

が得られる．ここに上式第一項

$$\xi_n^{(g)} = \int_0^\tau \langle n;t|i\frac{\partial}{\partial t}|n;t\rangle dt = (\xi_n^{(g)})^* \tag{7.112}$$

は，幾何学的位相 (geometrical phase) または アハロノフ-アナンダン位相 (Aharonov-Anandan phase) と呼ばれ[*4]，第二項

$$\xi_n^{(d)} = -\frac{1}{\hbar}\int_0^\tau \langle n;t|H(t)|n;t\rangle dt \tag{7.113}$$

[*4] Y. Aharonov and J. Anandan: Phys. Rev. Lett. **58**(1987)1593.

は動力学的位相 (dynamical phase) と呼ばれることがある．後者は馴染み深い $\exp[-iE_n t/\hbar]$ の一般化であり，文字通り '動力学的' な性格をもつ．前者の名称の由来については，次の 7.4.2 項で触れる．

ここで固有状態 $|n;t\rangle$ の位相について一言しておこう．問題の位相は固有値方程式において，先に (7.2) に関連して要請した条件を考慮した上でも，なお不定である．従って $|n;t\rangle$ の代わりに

$$|n;t\rangle' = e^{-if(t)}|n;t\rangle \tag{7.114}$$

を取ってもよい．ここに $f(t)$ は t のみの関数とする．このような位相変換の下で，$U(t,0)$ が不変であることは，すでに 7.1.4 項で述べた．さらにこのとき，$\xi_n^{(d)} \to \xi_n^{(d)'} = \xi_n^{(d)}$ であるが，$\xi_n^{(g)} \to \xi_n^{(g)'} = \xi_n^{(g)} + (f(\tau) - f(0))$ となる．しかし，(7.111) の成立は，$|n;\tau\rangle = |n;0\rangle$ を前提としていたので，同じ条件は $|n;t\rangle'$ に対しても要請されねばならない．すなわち $|n;\tau\rangle' = |n;0\rangle'$，従って $f(\tau) = f(0)$．換言すれば，ξ_n を (7.111) によって計算する限り，許される位相変換は付加条件

$$f(\tau) = f(0) \tag{7.114'}$$

を満たすものに限られる．このとき，$\xi_n, \xi_n^{(d)}, \xi_n^{(g)}$ はすべて変換の下で不変である．

次に 7.1.2 項 a で述べた断熱近似，すなわち $\Lambda(t) = H(t)$ とした場合を考えてみよう．7.1.4 項の終りに注意したように，$U(t,0)$ に対する表式としては，この場合も (7.37) と同じ式が近似的に成り立つ．そこで，もし $t = \tau$ に対して $H(\tau) = H(0)$ であるならば，同式において $|n;\tau\rangle = |n;0\rangle$ とおき，上と同様の議論をすることができる．すなわち，$|0\rangle_s = |n;0\rangle$ であれば，$|\tau\rangle_s = \exp(i\eta_n)|n;0\rangle$ となり，$|\tau\rangle_s$ は近似的に再帰状態となる．この場合，$H(t)|n;t\rangle = E_n(t)|n;t\rangle$ ゆえ

$$\eta_n = \frac{1}{\hbar}\int_0^\tau \theta_n(t')dt' = \eta_n^{(g)} + \eta_n^{(d)} \tag{7.115}$$

であり，

$$\begin{aligned}\eta_n^{(g)} &= \int_0^\tau \langle n;t'|i\frac{\partial}{\partial t'}|n;t'\rangle dt', \\ \eta_n^{(d)} &= -\frac{1}{\hbar}\int_0^\tau E_n(t')dt'\end{aligned} \tag{7.116}$$

となる．このように，$\eta_n^{(g)}, \eta_n^{(d)}$ は，それぞれ $\xi_n^{(g)}, \xi_n^{(d)}$ に対する近似とみなせるが，

とくに $\eta_n^{(g)}$ は，通常，ベリー位相 (Berry phase) として，よく知られている[*5]．

終りに $\Lambda(t) = G(t)$ の固有状態に縮退のある場合についても一言しておこう．$G(t)$ の再帰時間 τ に対して (7.110) に相当する式は同様に成り立つが，これは $\langle n,\alpha;0|U(\tau,0)|n',\alpha';0\rangle = \delta_{nn'}\langle n,\alpha;0|U(\tau,0)|n,\alpha';0\rangle$ を意味するに過ぎない．つまり，基底ベクトル $|n,\alpha;0\rangle$ に関して $G(0)$ が対角的であっても，$U(\tau,0)$ は必ずしもそうはならない．実際，(7.31) において $t=\tau, |n,\alpha;\tau\rangle = |n,\alpha;0\rangle$ とすると

$$U(\tau,0) = \sum_{n,\alpha,\alpha'} |n,\alpha;0\rangle \mathcal{M}^{(n)}_{\alpha\alpha'} \langle n,\alpha';0| \tag{7.117}$$

となる．ただし，$\mathcal{M}^{(n)} \equiv M^{(n)}(\tau)M^{(n)}(0)^{-1}$ である．いま基底ベクトル $|n,\alpha;0\rangle$ に対して (7.32) の変換 T を行い，別の基底ベクトル $|n;\alpha;0\rangle'$ に移行すれば，

$$U(\tau,0) = \sum_{n,\alpha,\alpha'} |n,\alpha;0\rangle' \mathcal{M}^{(n)'}_{\alpha\alpha'} \langle n;\alpha';0|' \tag{7.117'}$$

となる．ここで $\mathcal{M}^{(n)'} \equiv T^{-1}\mathcal{M}^{(n)}T$．それ故 $U(\tau,0)$ を対角化するには，ユニタリ行列 $\mathcal{M}^{(n)'}$ が対角的，すなわち $\mathcal{M}^{(n)'}_{\alpha\alpha'} = \delta_{\alpha\alpha'}\exp(i\xi_{n\alpha})$ となるように，T を選べばよい．このとき，

$$U(\tau,0) = \sum_{n,\alpha} e^{i\xi_{n\alpha}} |n,\alpha;0\rangle' \langle n,\alpha;0|' \tag{7.117''}$$

であり，従って各 $|n,\alpha;t\rangle'$ が再帰状態であることがわかる．

7.4.2 幾何学的位相とゲージ変換

a. 再び縮退のない場合から考察する．いま $G(t)$ 従ってその固有状態 $|n;t\rangle$ がいくつかの実のパラメーター $\vec{a}(t) \equiv (a_1(t), a_2(t), \cdots)$ に依存し，前者の時間依存性が後者のそれのみに起因するものとしよう．以下では，従って，$|n;t\rangle$ のことを $|n;\vec{a}(t)\rangle \equiv |n;a\rangle$ と記すことにする．実際ハミルトニアンがこの種の時間依存性をもつときには，(7.43) により，その性質が $H(t)$ より $G(t)$ に継承される (例えば 7.3.1 項 c の例参照)．さて，$|n;a(\tau)\rangle = |n;a(0)\rangle$ であるので，とくに $a(\tau) = a(0)$ であるとしよう．このとき変換 (7.114) を

$$|n;a\rangle' = e^{-if(a)}|n;a\rangle \tag{7.118}$$

と書くと，付加条件 (7.114') は自動的に満たされる．そこで

[*5] M.V. Berry: Proc. Roy. Soc. (London) **A392**(1984)45.

7.4 再帰状態とその位相

$$A_j^{(n)}(a) \equiv \langle n;a|i\frac{\partial}{\partial a_j}|n;a\rangle \tag{7.119}$$

とおくと, これは実ベクトルであり, (7.112) より

$$\xi_n^{(g)} = \oint_C A_j^{(n)}(a) da_j \tag{7.120}$$

となる. ここに C は, $\vec{a}(t)$ が $t=0 \to t=\tau$ に応じて描くパラメーター空間での閉曲線であり, 積分記号は C についての周回積分を表わす.

変換 (7.118) の下で, $A_j^{(n)}(a)$ はゲージ変換

$$A_j^{(n)}(a) \to A_j^{(n)\prime}(a) = A_j^{(n)}(a) + \frac{\partial}{\partial a_j} f(a) \tag{7.121}$$

を受けるが, $\xi_n^{(g)}$ は不変である. 実際, ストークスの定理 (Stokes' theorem) を用いれば,

$$\xi_n^{(g)} = \frac{1}{2}\int\int_S F_{jk}^{(n)}(a) da_j \wedge da_k \tag{7.120'}$$

となる. ここに S は C によって囲まれた面を表わし,

$$F_{jk}^{(n)}(a) \equiv \frac{\partial A_k^{(n)}(a)}{\partial a_j} - \frac{\partial A_j^{(n)}(a)}{\partial a_k} \tag{7.122}$$

とする. この形では, $\xi_n^{(g)}$ のゲージ不変性は自明である. 因みに, このようなゲージ構造は, すでに 7.1.4 項 (例えば (7.34) 式) において指摘したところである.

さらに (7.14) より得られる

$$\langle n;a|\frac{\partial}{\partial a_j}|n';a\rangle = \frac{1}{(g_{n'}-g_n)}\langle n;a|\frac{\partial G(a)}{\partial a_j}|n';a\rangle \quad (n \neq n') \tag{7.14'}$$

および $\partial/\partial a_j(\langle n;a|)|n';a\rangle = -\langle n;a|\partial/\partial a_j|n';a\rangle$ を考慮すると, $F_{jk}^{(n)}(a)$ はまた次の形にも書かれる. すなわち

$$\begin{aligned}F_{jk}^{(n)}(a) = i\sum_{n'\neq n}\frac{1}{(g_n-g_{n'})^2}&\left\{\langle n;a|\frac{\partial G(a)}{\partial a_j}|n';a\rangle\langle n';a|\frac{\partial G(a)}{\partial a_k}|n;a\rangle\right.\\&\left.-\langle n;a|\frac{\partial G(a)}{\partial a_k}|n';a\rangle\langle n';a|\frac{\partial G(a)}{\partial a_j}|n;a\rangle\right\}.\end{aligned} \tag{7.123}$$

上で見たように, $\xi_n^{(g)}$ がパラメーター空間の図形 C または S に対応した射線束の性質のみに依存し, 例えば状態 $|n;t\rangle$ の位相や, その時間変化の緩急など

に無関係であるという意味で,'幾何学的'であり非'動力学的'であると言える.これがその名称の由来である.

b. 次に縮退のある場合について,二三の注意を付加しておく.7.1.4項での議論から,この場合には,一般に非可換ゲージ変換が関与してくると予想される.時間発展の演算子 $U(t,0)$ は (7.31) 式,すなわち

$$U(t,0) = \sum_{n,\alpha,\alpha'} |n,\alpha;t\rangle M^{(n)}_{\alpha\alpha'}(t)\langle n,\alpha';0| \qquad (7.31')$$

で与えられる.ただし,ここでは,$M^{(n)}(t)M^{(n)}(0)^{-1}$ を改めて $M^{(n)}(t)$ とおいた.従って新しい $M^{(n)}(t)$ に対しては $M^{(n)}(0)=I$ である.行列 $M^{(n)}(t)$ は,(7.25) の初期条件 $M^{(n)}(0)=I$ を満たす解として与えられる.

縮退のない場合に $\theta_n(t)$ を二つの部分に分けたように,この場合にも,(7.9′) で与えられる $\Theta^{(n)}(t)$ を次のように書く.

$$\Theta^{(n)}(t) \equiv \hbar\Omega^{(n)}(t) - H^{(n)}(t), \qquad (7.124)$$

ただし

$$\begin{aligned}\Omega^{(n)}_{\alpha\alpha'}(t) &\equiv \langle n,\alpha;t|i\tfrac{\partial}{\partial t}|n,\alpha';t\rangle, \\ H^{(n)}_{\alpha\alpha'}(t) &\equiv \langle n,\alpha;t|H(t)|n,\alpha';t\rangle.\end{aligned} \qquad (7.124')$$

従って $M^{(n)}(t)$ に対する微分方程式は

$$i\frac{dM^{(n)}(t)}{dt} = \left(\frac{1}{\hbar}H^{(n)}(t)-\Omega^{(n)}(t)\right)M^{(n)}(t) \qquad (7.125)$$

と書かれる.いま $M^{(n)}(t)$ を二つの行列の積

$$M^{(n)}(t) = V^{(n)}(t)W^{(n)}(t), \quad V^{(n)}(0)=I, W^{(n)}(0)=I \qquad (7.126)$$

とし,さらに $V^{(n)}(t)$ は

$$i\frac{dV^{(n)}(t)}{dt} = -\Omega^{(n)}(t)V^{(n)}(t) \qquad (7.127)$$

を満たすものとすれば,$W^{(n)}(t)$ は

$$\begin{aligned}i\hbar\frac{dW^{(n)}(t)}{dt} &= H^{(n)\prime}(t)W^{(n)}(t), \\ H^{(n)\prime}(t) &\equiv \left(V^{(n)}(t)\right)^{-1}H^{(n)}(t)V^{(n)}(t)\end{aligned} \qquad (7.128)$$

の解として与えられる.上記の構成が示すように,$V^{(n)}(t)$ は幾何学的,$W^{(n)}(t)$

は動力学的な役割を果たすと予想される．

さて，(7.127) と $V^{(n)}(t)$ に対する初期条件を積分方程式の形にまとめると

$$V^{(n)}(t) = I + i \int_0^t \Omega^{(n)}(t')V^{(n)}(t')dt' \tag{7.127'}$$

となる．さきの場合と同様に，$|n,\alpha;t\rangle$ のことを $|n,\alpha;\vec{a}(t)\rangle \equiv |n,\alpha;a\rangle$ と記し，$\vec{a}(\tau) = \vec{a}(0)$ が実現されているならば，上式を

$$V^{(n)}(\tau) = I + i \oint_C A_j^{(n)}(a)V^{(n)}(a)da_j \tag{7.129}$$

の形に書くことができる．ただし $A_j^{(n)}(a)$ は

$$\left(A_j^{(n)}(a)\right)_{\alpha\alpha'} \equiv \langle n,\alpha;a|i\frac{\partial}{\partial a_j}|n,\alpha';a\rangle \tag{7.130}$$

で定義され，エルミート行列である．(7.129) に対して再びストークスの定理を用い，(7.127') より得られる $\partial V^{(n)}(a)/\partial a_j = iA_j^{(n)}(a)V^{(n)}(a)$ を考慮すると，(7.129) は

$$V^{(n)}(\tau) = I + \frac{i}{2}\int\int_S F_{jk}^{(n)}(a)V^{(n)}(a)da_j \wedge a_k \tag{7.129'}$$

の形に書き直される．ただし

$$F_{jk}^{(n)}(a) = \frac{\partial A_k^{(n)}(a)}{\partial a_j} - \frac{\partial A_j^{(n)}(a)}{\partial a_k} - i[A_j^{(n)}(a), A_k^{(n)}(a)] \tag{7.131}$$

である．上式は非可換ゲージ理論における場 A_j とその強さ F_{jk} の関係と同一である．

このことをさらに吟味するために，変換 (7.32) を

$$|n,\alpha;a\rangle' = \sum_{\alpha'} T_{\alpha\alpha'}(a)|n,\alpha';a\rangle \tag{7.32'}$$

と書き，$T_{\alpha\alpha'}(a)$ は $\vec{a}(t)$ のみの関数としよう．いま (7.130) において，$|n,\alpha;a\rangle$ を $|n;\alpha;a\rangle'$ で置き換えて得られる量を $A_j^{(n)\prime}(a)$ とすると，(7.34) に対応して $A_j^{(n)}(a)$ はゲージ変換

$$A_j^{(n)}(a) \to A_j^{(n)\prime}(a) = T(a)^{-1}A_j^{(n)}(a)T(a) + iT(a)^{-1}\frac{\partial}{\partial a_j}T(a) \tag{7.34'}$$

を受ける．他方，(7.131) において $A_j^{(n)}(a)$ を $A_j^{(n)\prime}(a)$ で置き換えて得られる量を

$F_{jk}^{(n)\prime}(a)$ とすると

$$F_{jk}^{(n)\prime}(a) = T(a)^{-1} F_{jk}^{(n)}(a) T(a) \tag{7.132}$$

であり，ゲージ共変となる．

　$V^{(n)}(\tau)$ が周回積分 (または面積分) の形に書かれることは，縮退のない場合と同様であるが，$W^{(n)}(\tau)$ を類似の形に書くことはできない．$H^{(n)\prime}(a)$ には $V^{(n)}(t)(t<\tau)$ が寄与し，後者の線積分が周回積分とはならないからである．$V^{(n)}(\tau)$ と $W^{(n)}(\tau)$ とが上のように絡み合ってくるので，二種の位相への分割は，縮退のない場合のように明確なものではないと思われる．

7.4.3　位相 ξ_n に対する二，三の例

　簡単な例として，7.3.1 項で取り上げた場合について，各種位相 ξ_n を求めてみよう．a の場合は該当しないので，b，c の場合を考える．

b. 外場と相互作用しているボーズ振動子

　ハミルトニアンは (7.70) で与えられる．このとき先の結果を用いれば

$$\langle n;t|i\hbar\partial_t|n;t\rangle = \frac{i}{2}(\kappa K^* e^{i\Omega} - \kappa^* K e^{-i\Omega}) + \hbar\omega_0\, K^*K, \tag{7.133}$$

$$\langle n;t|H(t)|n;t\rangle = n\hbar\omega_0 + i(\kappa K^* e^{i\Omega} - \kappa^* K e^{-i\Omega}) + \hbar\omega_0\, K^*K \tag{7.134}$$

であり，θ_n は (7.82) で与えられる．

　さて問題をさらに簡単化するために，$\omega_0 = \text{const.}, \kappa(t) = \kappa_0 e^{i\omega t}$ (ただし $\omega = \text{const.}$) と置いてみよう．このとき

$$\Omega(t) = \omega_0 t, \qquad K(t) = \frac{\kappa_0}{\hbar} \frac{e^{i(\omega+\omega_0)t}-1}{i(\omega+\omega_0)} \tag{7.135}$$

となるから，これらを (7.133)，(7.134) および (7.82) に代入すれば

$$\langle n;t|i\hbar\partial_t|n;t\rangle = -\frac{2|\kappa_0|^2}{\hbar} \frac{\omega-\omega_0}{(\omega+\omega_0)^2} \sin^2 \frac{(\omega+\omega_0)t}{2}, \tag{7.133$'$}$$

$$\langle n;t|H(t)|n;t\rangle = n\hbar\omega_0 - \frac{4|\kappa_0|^2}{\hbar} \frac{\omega}{(\omega+\omega_0)^2} \sin^2 \frac{(\omega+\omega_0)t}{2}, \tag{7.134$'$}$$

$$\theta_n(t) = -n\hbar\omega_0 + \frac{2|\kappa_0|^2}{\hbar} \frac{\sin^2 \frac{(\omega+\omega_0)t}{2}}{\omega+\omega_0} \tag{7.82$'$}$$

となる．$\omega = \omega_0$ の場合には，$i\hbar \langle n;t|\partial_t|n;t\rangle = 0$ となることに注意したい．

$\omega_0 = \text{const.}$ ゆえ，ハミルトニアンは周期 $2\pi/\omega$ の周期関数である．一方，

$$\begin{aligned}
A(t) &= a + \frac{2i\kappa_0}{\hbar} \frac{e^{i(\omega-\omega_0)t/2}}{\omega+\omega_0} \sin\frac{(\omega+\omega_0)t}{2}, \\
A(t)^\dagger &= a^\dagger - \frac{2i\kappa_0}{\hbar} \frac{e^{-i(\omega-\omega_0)t/2}}{\omega+\omega_0} \sin\frac{(\omega+\omega_0)t}{2}
\end{aligned} \tag{7.136}$$

より，$A(t), A^\dagger(t)$ は，あるいは $G_3^{(2)}(t)$ は，それぞれ周期 $4\pi/(\omega+\omega_0), 4\pi/(\omega-\omega_0)$ をもつ関数を含む．この周期の比が有理数でなければ，$G_3^{(2)}$ は周期的な振舞いをすることはなく，系は再帰状態をもたない．

それに対して，$4\pi/(\omega+\omega_0)$ と $4\pi/(\omega-\omega_0)$ の比が有理数である場合には，$G_3^{(2)}$ はこれら二つの周期の最小公倍数を周期とする周期関数となる．ここでその特別な場合として，$\omega = 3\omega_0$，すなわち $(\omega+\omega_0) = 2(\omega-\omega_0) = 4\omega_0$ の場合を考えると，$G_3^{(2)}(t)$ は $\tau = 2\pi/\omega_0$ の周期関数となる[*6]．このとき，(7.133′)，(7.134′) および (7.82′) より，

$$\xi_n^{(g)} = \int_0^T \langle n;t|i\partial_t|n;t\rangle dt = -\frac{\pi|\kappa_0|^2}{4\hbar^2\omega_0^2}, \tag{7.137}$$

$$\xi_n^{(d)} = -\frac{1}{\hbar}\int_0^T \langle n;t|H(t)|n;t\rangle = -2n\pi + \frac{3\pi|\kappa_0|^2}{4\hbar^2\omega_0^2}, \tag{7.138}$$

$$\xi_n = -2n\pi + \frac{\pi|\kappa_0|^2}{2\hbar^2\omega_0^2} \tag{7.139}$$

となる．

c. スピンの運動

(7.86) で定義された $G_3(t)$ に対しては，$G_3(2\pi/\omega) = G_3(0)$ であり，再帰時間は $\tau = 2\pi/\omega$ となる．さらにこの場合には (7.88) より $H(\tau) = H(0)$ でもある．従って，(7.94) で定義された各 $|(j,m);t\rangle$ は再帰状態となる．

他方，$R(\tilde{\theta},\omega t)$ の定義より $|(j,m);\tau\rangle = |(j,m);0\rangle$ であるから，各種位相は公式 (7.111) ～ (7.113) を用いて求められる．先ず，(7.112) と (7.95) より

$$\xi_n^{(g)} = -2\pi m(1-\cos\tilde{\theta}), \tag{7.140}$$

また (7.113) と (7.96′) より

[*6] $H(t)$ は周期 $\tau/3$ の周期関数である．

$$\xi_n^{(d)} = -\frac{2\pi mB}{\omega}\cos(\theta-\tilde{\theta}), \tag{7.141}$$

従って (7.111), (7.86′), (7.89′) より

$$\xi_n = 2\pi m\left(\frac{\Omega}{\omega}-1\right) \tag{7.142}$$

となる．(7.142) はまた，(7.101) より直接求めることもできる．

8

作用変数・角変数・位相

前期量子論において，重要な役割を演じた作用変数や角変数が，量子力学の通常の定式化の中ではどのような形で現れるかを，簡単な系について検討する．また，これらの変数に特有な表示についても触れる．

8.1 古典論的考察

8.1.1 断熱不変量と保存量

一次元の周期系に対する正準運動量および同座標を，それぞれ p, q とする．このとき，作用量 (action) または角運動量と同じ次元をもつ変数として作用変数 (action variable) J が定義される: $J \equiv \oint p\,dq$．ここに積分は一周期にわたるものとする．他方，J を正準運動量とみなしたとき，これに正準共役な座標は，角変数 (angle variable) と呼ばれている．

系の運動がいくつかのパラメーター $a_i (i=1, 2, \cdots)$ に依存し，それらが時間的に変化する場合 $(a_i = a_i(t))$ にも，J は適当な仕方で定義される[*1]．このとき，系のエネルギー E は時間的な不変量 (保存量) とはならないが，a_i の時間的変化が極めて緩やかであるならば (断熱的変化)，J は不変に保たれる．すなわち，J はいわゆる断熱不変量となっている．例えば調和振動子 (振動数: ν) の場合，E や ν は不変でなくとも，E/ν は不変量となる．まさにこの性質のゆえに，前期量子論においては，量子条件が $J = n\hbar +$ const. の形で仮定されたのであった．

断熱不変量は，しかしながら，いわゆる断熱近似 (7.1.2 項 a 参照) の範囲内で

[*1] 例えば朝永振一郎『量子力学 I』(みすず書房，1952).

の近似的な保存量に過ぎない．そこで以下の議論においては，J の代わりに，その一般化として，厳密な意味での保存量 $P(t)$ を採用することにする．ここで時間変数 t を陽に含む物理量の保存とは，7.2 節で与えた意味のものとする．この $P(t)$ を新しい正準運動量とみなし，適当な正準変換によって，系の変換後のハミルトニアンが $P(t)$ のみの関数となり，それに正準共役な座標 $Q(t)$，すなわち一般化された角変数を含まないようにできるならば，この $Q(t)$ はいわゆる循環座標 (cyclic coordinate) となる．

以下においては，上述のプログラムを，比較的簡単な一次元系に対して遂行することにする．系のハミルトニアンとしては

$$H(t) = X(t)p^2 + Y(t)(pq+qp) + Z(t)q^2 \tag{8.1}$$

を採る．ここに $X(t), Y(t), Z(t)$ は，時刻 t の適当な実関数とする．系のエネルギーは，従って，一般には保存しない．しかしこの系は，特別な場合 $(X(t) = 1/2m, Y(t) = 0, Z(t) = m\omega^2/2)$ に通常の調和振動子に帰着するので，便宜上，以下ではこれを'一般振動子'と呼ぶことにする．

8.1.2　一般振動子の古典的取り扱い (1)

古典的運動方程式は

$$\ddot{q} - \frac{\dot{X}}{X}\dot{q} + \Omega q = 0, \tag{8.2}$$

$$\Omega(t) \equiv \frac{2}{X}(\dot{X}Y - X\dot{Y}) + 4(XZ - Y^2).$$

因みに，この場合のハミルトン－ヤコビの方程式 (Hamilton-Jacobi equation) は

$$X\left(\frac{\partial S}{\partial q}\right)^2 + 2Yq\frac{\partial S}{\partial q} + Zq^2 + \frac{\partial S}{\partial t} = 0 \tag{8.3}$$

となる．ここに $S = S(q,t)$ はハミルトンの主関数 (Hamilton's principal function) である．さて，問題を取り扱うためには，正準変換によるのが便利であり，以下では 2 種類の変換 (1), (2) を考える．

先ず，正準変換 (1) においては，J に代るべき P として

$$P = A(t)p^2 + 2B(t)pq + C(t)q^2 \tag{8.4}$$

を採る．ここに $A(t)(>0), B(t), C(t)$ は t の適当な実関数であり，P が保存量と

なるように決定する．正準変換 $(p,q) \to (P,Q)$ の母関数を $S_1(q,P,t)$ とすれば，

$$p = \frac{\partial S_1(q,P,t)}{\partial q}, \quad Q = \frac{\partial S_1(q,P,t)}{\partial P} \tag{8.5}$$

であり，(8.4)，(8.5) より，$S_1(q,P,t)$ に対して微分方程式

$$\frac{\partial S_1(q,P,t)}{\partial q} = -\frac{B}{A}q + \frac{1}{A}\sqrt{AP - \kappa q^2}, \tag{8.6}$$

$$\kappa(t) \equiv A(t)C(t) - B^2(t)$$

が得られる．

κ に対しては $\kappa = 0, > 0, < 0$ の三つの可能性が考えられるが，以下ではもっぱら $\kappa > 0$ の場合を取り扱う．このとき $P > 0$ となる．さて (8.6) を積分すれば

$$S_1(q,P,t) = -\frac{B}{2A}q^2 + \frac{\sqrt{\kappa}}{2A}\left[q\sqrt{\frac{AP}{\kappa} - q^2} + \frac{AP}{\kappa}\sin^{-1}\left(\sqrt{\frac{\kappa}{AP}}\,q\right)\right]$$
$$+ s_1(P,t), \tag{8.7}$$

ただし，$s_1(P,t)$ は P,t の任意関数である．(8.5)，(8.7) より

$$Q = \frac{1}{2\sqrt{\kappa}}\sin^{-1}\left(\sqrt{\frac{\kappa}{AP}}\,q\right) + \frac{\partial s_1(P,t)}{\partial P} \tag{8.8}$$

であり，他方 (8.5)，(8.6)，(8.8) より

$$q = \sqrt{\frac{AP}{\kappa}}\sin\Theta, \quad p = \sqrt{\frac{P}{A}}\left\{-\frac{B}{\sqrt{\kappa}}\sin\Theta + \cos\Theta\right\},$$
$$\Theta \equiv 2\sqrt{\kappa}\left(Q - \frac{\partial s_1(P,t)}{\partial P}\right) \tag{8.9}$$

となる．正準変換後のハミルトニアン $K_1(P,Q,t)$ は $K_1 = H(t) + \partial S_1/\partial t$ で与えられるが，(8.7)，(8.9) を用いれば

$$K_1(P,Q,t) = \frac{X}{A}P + \frac{\partial s_1(P,t)}{\partial t}$$
$$+ \frac{P}{\kappa A}\left\{A(AZ-BY) + B(AY-BX) + \frac{1}{2}(\dot{A}B - A\dot{B}) - \kappa X\right\}\sin^2\Theta$$
$$+ \frac{P}{4A\sqrt{\kappa}}\left\{4(AY-BX) + \frac{A}{2}\frac{\dot{\kappa}}{\kappa} - \dot{A}\right\}\sin(2\Theta) - \frac{P\Theta}{4\sqrt{\kappa}}\frac{\dot{\kappa}}{\kappa}. \tag{8.10}$$

$\dot{Q}, \dot{P}$ は，もちろん，K_1 をハミルトニアンとしたハミルトンの方程式より求められる．このようにして，正準変換 (1)，すなわち $(p,q) \to (P,Q)$ は，任意関数

$A(t), B(t), C(t)$ を媒介として決定されたことになる．

次に，これら三つの任意関数を適当に選び，ハミルトニアン K_1 をさらに制約することにしよう．先ず K_1 が座標 Q を含まないようにすることを試みる．このとき Q は循環座標となる．(8.10) から明らかなように，このための必要十分条件は $A(t), B(t), C(t)$ が次の関係式を満たすことである：

$$2A(AZ-BY)-2B(AY-BX)+(\dot{A}B-A\dot{B})-2\kappa X = 0, \quad (8.11)$$

$$2\dot{A}-A\frac{\dot{\kappa}}{\kappa}-8(AY-BX) = 0, \quad (8.12)$$

$$\dot{\kappa} = \dot{A}C+A\dot{C}-2B\dot{B} = 0. \quad (8.13)$$

(8.13) より $\kappa = \text{const.}$ となるから，これを (8.12) に代入して

$$\dot{A} = 4(AY-BX), \quad (8.14)$$

これを (8.11) に代入すれば

$$\dot{B} = \frac{2}{A}(A^2 Z - B^2 X - \kappa X) \quad (8.15)$$

となる．さらに (8.14), (8.15) を用いて (8.12) から $B, \dot{B}$ を消去すれば，$A(t)$ に対する2階非線形の微分方程式が導かれる：

$$\ddot{A}-\frac{1}{2}\frac{\dot{A}^2}{A}-\frac{\dot{X}}{X}\dot{A}+2\Omega A-8\kappa\frac{X^2}{A} = 0. \quad (8.16)$$

このとき $B(t), C(t)$ は $A(t)$ で表わせて

$$B = \frac{4AY-\dot{A}}{4X}, \quad C = \frac{\kappa+B^2}{A} = \frac{\kappa}{A}+\frac{(4AY-\dot{A})^2}{16AX^2} \quad (8.17)$$

となる．すなわち，ひとたび $A(t)$ が (8.16) の解として求められるならば，$B(t), C(t)$ は (8.17) によって決定されることになる．

このとき，ハミルトニアン K_1 は

$$K_1(P,t) = \frac{X}{A}P+\frac{\partial s_1(P,t)}{\partial t} \quad (8.10')$$

と簡単化され，ハミルトンの方程式 $\dot{P} = \partial K_1/\partial Q = 0$ より，$P(t) = \text{const.}$ となる．このとき

$$\frac{dP}{dt} \equiv \frac{\partial P}{\partial t}+\{P,H\} = 0 \quad (8.18)$$

も直接確かめられる．

上記 K_1 は，しかしながら，なお未定関数 $s_1(P,t)$ を含んでいる．その関数について，次の二つの場合を考える．

i) $s_1(P,t) = 0$ の場合：
このとき
$$K_1(P,t) = \frac{X(t)}{A(t)}P, \tag{8.10''}$$
従って，$\dot{Q}(t) = X(t)/A(t)$, すなわち
$$Q(t) = \int^t \frac{X(t')}{A(t')}dt'. \tag{8.19}$$
これを (8.9) に代入すれば
$$\begin{aligned}q &= \sqrt{\frac{AP}{\kappa}}\sin(\varphi(t)+\varphi_0), \\ p &= \sqrt{\frac{P}{A}}\left\{-\frac{B}{\sqrt{\kappa}}\sin(\varphi(t)+\varphi_0)+\cos(\varphi(t)+\varphi_0)\right\}\end{aligned} \tag{8.9'}$$
が得られる．ここに $\varphi_0 = \text{const.}$, かつ
$$\varphi(t) \equiv 2\sqrt{\kappa}\int_0^t \frac{X(t')}{A(t')}dt' \tag{8.20}$$
とおいた．なお，この $\varphi(t)$ を用いれば
$$Q(t) = \frac{1}{2\sqrt{\kappa}}\varphi(t)+Q(0) \tag{8.19'}$$
となる．(8.9'), (8.20) が運動方程式 (8.2) に対する形式解を与える．(8.19) より見られるように，一般化された角変数 $Q(t)$ は，必ずしも t の一次関数とはならない．

とくに X,Y,Z が t によらず，かつ $XZ-Y^2 > 0$ の場合には
$$A = \sqrt{\frac{\kappa}{XZ-Y^2}}X, \quad B = \sqrt{\frac{\kappa}{XZ-Y^2}}Y, \quad C = \sqrt{\frac{\kappa}{XZ-Y^2}}Z \tag{8.21}$$
が (8.16), (8.17) を満たし，このとき P,Q は
$$\begin{aligned}P &= \sqrt{\frac{\kappa}{XZ-Y^2}}\left(Xp^2+2Ypq+Zq^2\right) = \frac{1}{\nu}H, \\ Q &= \nu t+\text{const.}, \quad \nu = \sqrt{(XZ-Y^2)/\kappa}\end{aligned} \tag{8.22}$$
となる．すなわち，P および Q は，それぞれ通常の作用変数および角変数に一

ii) $s_1(P,t)$ が

$$s_1(P,t) = -P\int_0^t \frac{X(t')}{A(t')}dt' \tag{8.23}$$

である場合:

このとき，(8.10′) より $K_1 \equiv 0$ であり，P も Q もともに const. となる．正準変換 (1) の母関数 (8.7) は

$$S_1(q,P,t) = -\frac{B(t)}{2A(t)}q^2 + \frac{\sqrt{\kappa}}{2A(t)}\left[q\sqrt{\frac{A(t)P}{\kappa}-q^2} + \frac{A(t)P}{\kappa}\sin^{-1}(\sqrt{\frac{\kappa}{A(t)P}}\,q)\right]$$

$$-P\int_0^t \frac{X(t')}{A(t')}dt' \tag{8.7′}$$

となり，ハミルトン-ヤコビの方程式 (8.3) を満たす．(8.23) を (8.9) に代入するならば，q,p に対する形式解は，この場合も，(8.9′) と同一の形で与えられる．

8.1.3　一般振動子の古典的取り扱い (2)

形式解を求めるための正準変換として，以下では変換 (2):$(p,q) \to (\gamma,\eta)$ を考える．ただし正準運動量 γ としては，p,q の一次結合

$$\gamma = f(t)p + g(t)q \tag{8.24}$$

を採る．ここに $f(t), g(t)$ は t の適当な実関数である．この変換の母関数を $S_2(q,\gamma,t)$ とすれば

$$p = \frac{\partial S_2(q,\gamma,t)}{\partial q} = \frac{\gamma}{f} - \frac{g}{f}q \tag{8.25}$$

であり，これを積分して

$$S_2(q,\gamma,t) = \frac{\gamma}{f}q - \frac{g}{2f}q^2 + s_2(\gamma,t) \tag{8.26}$$

が得られる．ただし，$s_2(\gamma,t)$ は γ, t の任意関数である．

他方，γ に正準共役な座標 η は

$$\eta = \frac{\partial S_2(q,\gamma,t)}{\partial \gamma} = \frac{q}{f} + \frac{\partial s_2(\gamma,t)}{\partial \gamma} \tag{8.27}$$

で与えられる．従って (8.25)，(8.27) より

8.1 古典論的考察

$$q = f\left(\eta - \frac{\partial s_2(\gamma,t)}{\partial \gamma}\right), \quad p = \frac{\gamma}{f} - g\left(\eta - \frac{\partial s_2(\gamma,t)}{\partial \gamma}\right) \tag{8.28}$$

となる．上記 (8.24), (8.27) および (8.28) が正準変換 (2) を決定する．
このとき，ハミルトニアン H は $K_2(\gamma,\eta,t)$ に変換される：

$$\begin{aligned}K_2(\eta,\gamma,t) &= \frac{X}{f^2}\gamma^2 + \left(-\frac{\dot{f}}{f} - 2X\frac{g}{f} + 2Y\right)\gamma\left(\eta - \frac{\partial s_2(\gamma,t)}{\partial \gamma}\right) \\ &\quad + \left(Xg^2 - 2Yfg + Zf^2 + \frac{\dot{f}g - f\dot{g}}{2}\right)\left(\eta - \frac{\partial s_2(\gamma,t)}{\partial \gamma}\right)^2 + \frac{\partial s_2(\gamma,t)}{\partial t}.\end{aligned} \tag{8.29}$$

次に，変換 (1) におけるように，座標 η が循環座標になるように，関数 $f(t), g(t)$ を制約しよう．$K_2(\gamma,\eta,t)$ が η を含まないための必要十分条件は，(8.29) より

$$\dot{f} = 2(Yf - Xg), \quad \dot{g} = 2(Zf - Yg). \tag{8.30}$$

上二式より

$$\ddot{f} - \frac{\dot{X}}{X}\dot{f} + \Omega f = 0 \tag{8.31}$$

が得られるが，これは運動方程式 (8.2) と全く同形である．

(8.31) の解 $f(t)$ が得られるならば，(8.30) 第一式より $g(t)$ は

$$g(t) = \frac{2fY - \dot{f}}{2X} \tag{8.32}$$

として求められる．f, g がそれぞれ (8.31), (8.32) を満たすとき，ハミルトニアン $K_2(\gamma,t)$ は

$$K_2 = \frac{X}{f^2}\gamma^2 + \frac{\partial s_2(\gamma,t)}{\partial t} \tag{8.29'}$$

であり，もはや η を含まない．従って正準運動量 γ は $\gamma = \mathrm{const.}$ となる．

再び未定関数 $s_2(\gamma,t)$ に関して，次の二つの場合を考えよう．

i) $s_2(\gamma,t) = 0$ の場合：
このとき $K_2(\gamma,t) = (X/f^2)\gamma^2$ であり，$\dot{\eta} = \partial K_2/\partial \gamma = 2(X/f^2)\gamma$ となる．従って

$$\eta = 2\gamma\tilde{\varphi}(t) + \eta_0, \quad \tilde{\varphi}(t) \equiv \int_0^t \frac{X(t')}{f^2(t')}dt'. \tag{8.33}$$

ここで $\eta_0 = \mathrm{const.}$ とする．このとき q は，(8.28) 第一式および (8.33) より

$$q = f(t)\left(2\gamma\tilde{\varphi}(t)+\eta_0\right) \tag{8.34}$$

として得られる．これは運動方程式 (8.2) の形式解に対する別の表式を与える．

ii) $s_2(\gamma,t)$ が

$$s_2(\gamma,t) = -\gamma^2\tilde{\varphi}(t) \tag{8.35}$$

である場合:

このとき $K_2 = 0$ であり，γ も η もともに const. となる．正準変換の母関数 $S_2(q,\gamma,t)$ は (8.26)，(8.35) より

$$S_2(q,\gamma,t) = \frac{\gamma}{f(t)}q - \frac{g(t)}{2f(t)}q^2 - \gamma^2\tilde{\varphi}(t) \tag{8.26'}$$

であり，これはハミルトン-ヤコビの方程式 (8.3) を満たす．また (8.27)，(8.24) より

$$\eta = (-2f(t)\tilde{\varphi}(t))\,p + \left(\frac{1}{f(t)} - 2g(t)\tilde{\varphi}(t)\right)q \tag{8.36}$$

が導かれる．

8.1.4 $A(t)$ と $f(t)$ の関係

上記の議論では，同一の問題を取り扱うために，2種類の正準変換 (1) と (2) を用いた．そして，それぞれの場合の形式解は，本質的に，関数 $A(t)$ および $f(t)$ でもって表わされることを見た．ところで，前者が非線形な微分方程式 (8.16) を満たすのに対し，後者は線形な微分方程式 (8.31) を満たす．以下では，両関数の数学的関係について考察してみる．

$f_1(t), f_2(t)$ を (8.31) の一次独立な二つの解としたとき，次の関係が成り立つことが容易に示される：

$$\dot{f}_1(t)f_2(t) - f_1(t)\dot{f}_2(t) = \text{const.}X(t). \tag{8.37}$$

そこで，$f_1(t), f_2(t)$ を適当に調節し，上記の const. が 1 になるようにしよう．このとき

$$A(t) = k_1\left(f_1^2(t)+f_2^2(t)\right) + k_2\left(f_1^2(t)-f_2^2(t)\right) + 2k_3 f_1(t)f_2(t) \tag{8.38}$$

は，(8.16) の解となっている．ここで，k_1, k_2, k_3 は $(k_1^2 - k_2^2 - k_3^2) = 4\kappa$ を満たす定数である．(8.38) の証明は，(8.37) を用いて行われるが，計算は初等的だが長くなるので，ここでは省略する．

さて，$f(t)$ を (8.31) の一つの解であり，$f(0) \neq 0$ としよう．このとき，(8.33) で定義された $\tilde{\varphi}(t)$ と $f(t)$ の積 $f(t)\tilde{\varphi}(t)$ もまた，(8.31) を満たし，$f(0)\tilde{\varphi}(0) = 0$ である．いま，$f_1(t) = f(t), f_2(t) = -f(t)\tilde{\varphi}(t)$ と取るならば，$f_1(t), f_2(t)$ は互いに独立な (8.31) の解であり，$\dot{f}_1(t)f_2(t) - f_1(t)\dot{f}_2(t) = X(t)$ となっている．この両関数を (8.38) に代入すれば

$$A(t) = \{(k_1+k_2) - 2k_3\tilde{\varphi}(t) + (k_1-k_2)\tilde{\varphi}^2(t)\}f^2(t). \tag{8.38'}$$

が得られる．

さて，(8.38') の $A(t)$ を用いるならば，(8.20) で定義された $\varphi(t)$ を $\tilde{\varphi}(t)$ でもって書くことができる：

$$\begin{aligned}
\varphi(t) &= 2\sqrt{\kappa} \int_0^t \frac{X(t')}{f^2(t')} \times \frac{dt'}{k_1+k_2-2k_3\tilde{\varphi}(t')+(k_1-k_2)\tilde{\varphi}^2(t')} \\
&= 2\sqrt{\kappa} \int_0^{\tilde{\varphi}(t)} \frac{d\tilde{\varphi}(t')}{k_1+k_2-2k_3\tilde{\varphi}(t')+(k_1-k_2)\tilde{\varphi}^2(t')} \\
&= \tan^{-1}\left\{\frac{(k_1-k_2)\tilde{\varphi}(t)-k_3}{2\sqrt{\kappa}}\right\} + \tan^{-1}\left\{\frac{k_3}{2\sqrt{\kappa}}\right\},
\end{aligned} \tag{8.39}$$

従って

$$\begin{aligned}
\sin\varphi(t) &= \frac{2\sqrt{\kappa}}{\sqrt{k_1+k_2}} \times \frac{\tilde{\varphi}(t)}{\sqrt{k_1+k_2-2k_3\tilde{\varphi}(t)+(k_1-k_2)\tilde{\varphi}^2(t)}}, \\
\cos\varphi(t) &= \frac{1}{\sqrt{k_1+k_2}} \times \frac{k_1+k_2-k_3\tilde{\varphi}(t)}{\sqrt{k_1+k_2-2k_3\tilde{\varphi}(t)+(k_1-k_2)\tilde{\varphi}^2(t)}}.
\end{aligned} \tag{8.40}$$

(8.38'), (8.40) を用いるならば，正準変換 (1) で得た q に対する形式解 (8.9') は，以下のように書き直される：

$$q = \sqrt{\frac{P}{(k_1+k_2)\kappa}} \{(2\sqrt{\kappa}\cos\varphi_0 - k_3\sin\varphi_0)\tilde{\varphi}(t) + (k_1+k_2)\sin\varphi_0\}f(t). \tag{8.41}$$

ここで，定数に対して

$$\begin{aligned}
\sqrt{\frac{P}{(k_1+k_2)\kappa}} (2\sqrt{\kappa}\cos\varphi_0 - k_3\sin\varphi_0) &\equiv 2\gamma, \\
\sqrt{\frac{P}{(k_1+k_2)\kappa}} (k_1+k_2)\sin\varphi_0 &\equiv \eta_0
\end{aligned} \tag{8.42}$$

とおくならば，(8.41) は正準変換 (2) で得た形式解 (8.34) に一致する．

非線形な微分方程式 (8.16) の解 $A(t)$ が, 線形な微分方程式 (8.31) の二つの解 $f_1(t), f_2(t)$ でもって表わされたのは, 物理的にも数学的にもまことに興味深いことである. これは物理的に見れば, 正準変換 (1) から導かれた正準運動量 P が, 変換 (2) から導かれた二つの γ のいわば積の形をしていることに由る.

8.2 量子論的考察

8.2.1 一般振動子の量子力学

本節では, (8.1) をハミルトニアンとする系の量子力学を, シュレーディンガー表示において検討する. p, q は, 従って, この表示における正準変数の演算子とする. ハミルトニアン $H = H(t)$ は時刻 t に依存するので, 第7章で述べた方法が有効である.

(8.4) に対応するエルミート演算子を $G(t)$ とする. すなわち

$$G(t) \equiv A(t)p^2 + B(t)(pq+qp) + C(t)q^2. \tag{8.43}$$

容易に示されるように, $A(t), B(t), C(t)$ が (8.16), (8.17) を満たすならば, 演算子 $G(t)$ は保存量に対する条件式 $\mathcal{D}G(t)/\mathcal{D}t = 0$ (7.2.2項参照) を満たす. そこで以下での $G(t)$ は, このような性質のものと考える.

$G(t)$ の固有状態を求めるために, 一対の演算子 $a(t), a^\dagger(t)$ を次式によって導入する:

$$a(t) = \frac{1}{\sqrt{2\hbar\sqrt{\kappa}A(t)}} \left\{ (\sqrt{\kappa}+iB(t))q + iA(t)p \right\},$$
$$a^\dagger(t) = \frac{1}{\sqrt{2\hbar\sqrt{\kappa}A(t)}} \left\{ (\sqrt{\kappa}-iB(t))q - iA(t)p \right\}. \tag{8.44}$$

$a(t), a^\dagger(t)$ は t に依存する演算子であり, $[q,p] = i\hbar$ より

$$[a(t), a^\dagger(t)] = 1 \tag{8.45}$$

が任意の t に対して成り立つ. (8.44) を逆に解けば

$$p = -\sqrt{\frac{\hbar}{2A(t)\sqrt{\kappa}}} \left\{ (B(t)+i\sqrt{\kappa})a(t) + (B(t)-i\sqrt{\kappa})a^\dagger(t) \right\},$$

8.2 量子論的考察

$$q = \sqrt{\frac{\hbar A(t)}{2\sqrt{\kappa}}} \left\{a(t)+a^\dagger(t)\right\} \tag{8.46}$$

となる．(8.46) を (8.43) に代入すると

$$G(t) = 2\hbar\left(N(t)+\frac{1}{2}\right), \quad N(t) \equiv a^\dagger(t)a(t) \tag{8.47}$$

が得られる．

$G(t)$ と $N(t)$ は，もちろん，同時対角化され，同時固有状態は

$$|n;t\rangle \equiv \frac{1}{\sqrt{n!}}\left(a^\dagger(t)\right)^n |0;t\rangle \quad (n=0,1,2,\cdots) \tag{8.48}$$

で与えられる．ここに $|0;t\rangle$ は

$$a(t)\,|0;t\rangle = 0 \tag{8.49}$$

によって規定される状態である．固有状態 $|n;t\rangle$ に対しては，次の関係式が成り立つ：

$$\begin{aligned}&N(t)|n;t\rangle = n|n;t\rangle, \quad G(t)|n;t\rangle = 2\hbar\sqrt{\kappa}\left(n+\tfrac{1}{2}\right)|n;t\rangle, \\ &\sum_n |n;t\rangle\langle n;t| = \mathrm{I}, \quad \langle n;t|n';t\rangle = \delta_{nn'}.\end{aligned} \tag{8.50}$$

従って，$G(t)$ を一般化された作用変数とみなすならば，上記第二式が量子条件になっている．

さて，状態 $|n;t\rangle$ の座標空間表示，あるいは q-表示 $\langle q|n;t\rangle$ は，以下のようにして求められる．先ず，$|0;t\rangle$ に対しては，(8.44) 第一式と (8.49) より

$$\langle q|a(t)|0;t\rangle = \frac{1}{\sqrt{2\hbar A(t)\sqrt{\kappa}}}\left[(\sqrt{\kappa}+iB(t))\,q+\hbar A(t)\frac{d}{dq}\right]\langle q|0;t\rangle = 0 \tag{8.51}$$

が成り立ち，これを解いて

$$\langle q|0;t\rangle = \left(\frac{\sqrt{\kappa}}{\hbar\pi A(t)}\right)^{1/4} \exp\left\{-\frac{(\sqrt{\kappa}+iB(t))}{2\hbar A(t)}q^2\right\} \tag{8.52}$$

が得られる．明らかに，上式右辺は t に依存する (この時間依存性は，もちろん，シュレーディンガー方程式に起因するものではない)．

他方，$a^\dagger(t)$ は (8.44) の第2式より

$$a^\dagger(t) = \frac{1}{\sqrt{2\hbar A(t)\sqrt{\kappa}}}\left\{(\sqrt{\kappa}-iB(t))q-\hbar A(t)\frac{d}{dq}\right\}$$

$$= -\sqrt{\frac{\hbar A(t)}{2\sqrt{\kappa}}} \exp\left\{\frac{(\sqrt{\kappa}-iB(t))}{2\hbar A(t)}q^2\right\} \frac{d}{dq} \exp\left\{-\frac{(\sqrt{\kappa}-iB(t))}{2\hbar A(t)}q^2\right\} \tag{8.53}$$

と書かれるから, $(a^\dagger(t))^n$ に対しては

$$\left(a^\dagger(t)\right)^n = \left(-\sqrt{\frac{\hbar A(t)}{2\sqrt{\kappa}}}\right)^n \exp\left\{\frac{(\sqrt{\kappa}-iB(t))}{2\hbar A(t)}q^2\right\} \frac{d^n}{dq^n} \exp\left\{-\frac{(\sqrt{\kappa}-iB(t))}{2\hbar A(t)}q^2\right\} \tag{8.53'}$$

が成り立つ. 従って (8.48) より

$$\begin{aligned}\langle q|n;t\rangle &= \frac{1}{\sqrt{n!}} \langle q|(a^\dagger(t))^n|0;t\rangle \\ &= \sqrt{\frac{\xi(t)}{n!\sqrt{2\pi}}} \exp\left\{-\left(\frac{\xi^2(t)}{4}+\frac{iB(t)}{2\hbar A(t)}\right)q^2\right\} H_n(\xi(t)q), \\ \xi(t) &\equiv \sqrt{2\sqrt{\kappa}/(\hbar A(t))}\end{aligned} \tag{8.54}$$

が得られる.

ハミルトニアン (8.1) に対する表式は, $a(t), a^\dagger(t)$ で書くといささか煩雑な形となる：

$$\begin{aligned}H = \frac{\hbar}{2\sqrt{\kappa}} \Bigg[&\left\{\frac{X}{A}(B^2+2i\sqrt{\kappa}B-\kappa)-2Y(B+i\sqrt{\kappa})+AZ\right\} a^2(t) \\ &+ \left\{\frac{X}{A}(B^2-2i\sqrt{\kappa}B-\kappa)+2Y(-B+i\sqrt{\kappa})+AZ\right\} (a^\dagger(t))^2 \\ &+ \left\{\frac{X}{A}(B^2+\kappa)-2BY+AZ\right\} \left(a^\dagger(t)a(t)+a(t)a^\dagger(t)\right) \Bigg]. \end{aligned} \tag{8.55}$$

次に公式 (7.24) を適用する際に必要な $\theta_n(t),(7.9),$ を求めておく. 先ず $\langle n;t|H(t)|n;t\rangle$ は, 長いがしかし単純な計算の結果

$$\langle n;t|H(t)|n;t\rangle = \left(n+\frac{1}{2}\right)\frac{\hbar}{\sqrt{\kappa}} \left\{\frac{X(t)}{A(t)}(B^2(t)+\kappa)-2B(t)Y(t)+A(t)Z(t)\right\} \tag{8.56}$$

となる. また (8.54) を用いれば, $\langle n;t|i\hbar\frac{\partial}{\partial t}|n;t\rangle$ は

$$\langle n;t|i\hbar\frac{\partial}{\partial t}|n;t\rangle = \int d^3q \langle n;t|q\rangle \left(i\hbar\frac{\partial}{\partial t}\right)\langle q|n;t\rangle$$

$$= \left(n+\frac{1}{2}\right)\frac{\hbar}{2\sqrt{\kappa}}\frac{A(t)\dot{B}(t)-\dot{A}(t)B(t)}{A(t)} \qquad (8.57)$$

である. (8.57) に対して (8.14), (8.15) を用いれば, 結局

$$\theta_n(t) = -\left(n+\frac{1}{2}\right)(\hbar\sqrt{\kappa})\frac{2X(t)}{A(t)} \qquad (8.58)$$

が見出される. 従って, ハミルトニアンを $H(t)$ とするシュレーディンガー方程式の解を $|t\rangle_s$ とすると, その q-表示 $\langle q|t\rangle_s$ は, (7.24), (8.54) より

$$\langle q|t\rangle_s = \sum_n c_n \sqrt{\frac{\xi(t)}{n!\sqrt{2\pi}}} \exp\left[-i\left(n+\frac{1}{2}\right)\varphi(t)\right]$$

$$\times \exp\left[-\left(\frac{\xi^2(t)}{4}q^2 + \frac{iB(t)}{2\hbar A(t)}\right)q^2\right] H_n(\xi(t)q) \qquad (8.59)$$

となる. 上式中の $\varphi(t)$ は, すでに (8.20) で定義した.

(8.9′), (8.19′) および (8.59) に見られるように, 一般振動子に対しては, その古典的振舞いも量子論的振舞いも, ともに同一の関数 $\varphi(t)$ でもって特徴づけられている. 前者においては, 一般化された角変数 $Q(t)$ の中に, 後者においては状態の位相の中に, この関数が現れる. ところで後者には, 動力学的位相のみならず幾何学的位相も同様に寄与している. 上の結果は, 従って, 量子力学における幾何学的位相のもつ重要性を示すものと言える.

時間発展の演算子 $U(t,0)$ は (7.37) で与えられているから, 例えばファインマンの伝播関数 (Feynman propagator) は, 次のように求められる:

$$\langle q_1|U(t,0)|q_2\rangle$$

$$= \sum_n \langle q_1|n;t\rangle \exp\left[\frac{i}{\hbar}\int_0^t \theta_n(t')dt'\right] \langle n;0|q_2\rangle$$

$$= \left(\frac{\sqrt{\kappa}}{2\pi i\hbar \sin\varphi(t)}\right)^{1/2} (A(t)A(0))^{-1/4} \exp\left[-\frac{i}{2\hbar}\left(\frac{B(t)}{A(t)}q_1^2 - \frac{B(0)}{A(0)}q_2^2\right)\right]$$

$$\times \exp\left[i\frac{(\xi^2(t)q_1^2+\xi^2(0)q_2^2)\cos\varphi(t)-2\xi(t)\xi(0)q_1q_2}{4\sin\varphi(t)}\right]. \qquad (8.60)$$

ただし, この計算では次の公式を用いた:

$$\sum_{n=0}^{\infty} \frac{e^{-\beta(n+\frac{1}{2})}}{n!\sqrt{\pi}} H_n(\xi_1 x_1) H_n(\xi_2 x_2) \exp\left\{-\frac{(\xi_1^2 x_1^2+\xi_2^2 x_2^2)}{4}\right\}$$

$$= \frac{1}{\sqrt{2\pi \sinh \beta}} \exp\left\{-\frac{(\xi_1^2 x_1^2 + \xi_2^2 x_2^2)\cosh\beta - 2\xi_1\xi_2 x_1 x_2}{4\sinh\beta}\right\}. \quad (8.61)$$

8.2.2 一般振動子のコヒーレント状態

(8.44) で定義された演算子 $a(t)$ の固有状態について考察する．これは時間依存の演算子であるが，固有値方程式は 5.2.1 項におけるように

$$a(t)|\alpha;t\rangle = \alpha|\alpha;t\rangle \quad (8.62)$$

と書かれる．ここに固有値 α は任意の複素数であり，時間によらないとしてよい．これは，一見，7.2.3 項の結果に抵触するかのようであるが，固有値 α が連続的で，しかも任意の複素数値を取り得ることのために，$a(t)$ と $a(t')(t \neq t')$ は同一の固有値をもち得るのである．実際，このような固有状態 $|\alpha;t\rangle$ は，(5.29) と類似の形で具体的に構成される：

$$|\alpha;t\rangle = e^{-\frac{|\alpha|^2}{2}} \sum_{n=0}^{\infty} \frac{\alpha^n}{\sqrt{n!}} |n;t\rangle. \quad (8.63)$$

ここで $a(t)$ の時間依存性は，$|n;t\rangle$ の中に反映されている．

さて，$t=0$ で $|\alpha;0\rangle$ から出発し，シュレーディンガー方程式に従って時刻 t まで時間発展した状態を $|t\rangle_{\alpha,s}$ としよう．

$$|t\rangle_{\alpha,s} = U(t,0)|\alpha;0\rangle. \quad (8.64)$$

ここで $U(t,0)$ に対して再び (7.37) を用い，(8.58)，(8.20) を考慮すれば

$$|t\rangle_{\alpha,s} = \exp\left[-\frac{|\alpha|^2}{2} - \frac{i}{2}\varphi(t)\right] \sum_{n=0}^{\infty} \frac{(\tilde{\alpha}(t))^n}{\sqrt{n!}} |n;t\rangle, \quad (8.65)$$

$$\tilde{\alpha}(t) \equiv \alpha \exp(-i\varphi(t))$$

が得られる．(8.65) を (8.63) と比較すると，$|t\rangle_{\alpha,s}$ は，$|\alpha;t\rangle$ とは定義が異なるにも拘わらず，やはり $a(t)$ の固有状態，あるいはコヒーレント状態 $|\tilde{\alpha}(t);t\rangle$ に留まることがわかる．すなわち，

$$a(t)|t\rangle_{\alpha,s} = \tilde{\alpha}(t)|t\rangle_{\alpha,s}. \quad (8.66)$$

上式はまた，左辺を直接計算することによっても確かめられる．

状態 $|t\rangle_{\alpha,s}$ の q-表示は，(8.65) に (8.54)，(5.39) を併用すれば求められる：

$$\langle q|t\rangle_{\alpha,s} = \sqrt{\frac{\xi(t)}{\sqrt{2\pi}}} \exp\left[-\frac{|\alpha|^2}{2} - \frac{i}{2}\varphi(t) - \left(\frac{\xi^2(t)}{4} + \frac{i}{2\hbar}\frac{B(t)}{A(t)}\right)q^2\right.$$

$$+\tilde{\alpha}(t)\xi(t)q-\frac{1}{2}(\tilde{\alpha})^2\Big]. \tag{8.67}$$

因みに上の結果は, (8.59) において $c_n = \alpha^n \exp(-|\alpha|^2/2)/\sqrt{n!}$ とおくことによっても求められる.

次に状態 $|t\rangle_{\alpha,s}$ に関する期待値 $\langle\cdots\rangle$ を, q, p, q^2, p^2 に対して求めてみる. 結果は, $\beta_{\pm}(t) \equiv \tilde{\alpha} \pm \tilde{\alpha}^*(t)$ とおけば

$$\langle q \rangle = \frac{\beta_+(t)}{\xi(t)}, \quad \langle p \rangle = \left(\frac{\hbar\xi(t)}{2i}\right)\beta_-(t) - \left(\frac{B(t)}{A(t)}\right)\frac{\beta_+(t)}{\xi(t)},$$

$$\langle q^2 \rangle = \frac{1+\beta_+^2(t)}{\xi^2(t)}, \tag{8.68}$$

$$\langle p^2 \rangle = \frac{\hbar^2\xi^2(t)}{4}\{1-\beta_-^2(t)\} + i\hbar\left(\frac{B(t)}{A(t)}\right)\beta_+(t)\beta_-(t) + \left(\frac{B^2(t)}{A^2(t)}\right)\frac{1+\beta_+^2(t)}{\xi^2(t)}$$

となる. これを用いて p^2, q^2 に対する平均二乗偏差 $(\triangle q)^2, (\triangle p)^2$ を求めると

$$(\triangle q)^2 \equiv \langle q^2 \rangle - \langle q \rangle^2 = \frac{1}{\xi^2(t)},$$

$$(\triangle p)^2 \equiv \langle p^2 \rangle - \langle p \rangle^2 = \frac{\hbar^2\xi^2(t)}{4} + \frac{B^2(t)}{A^2(t)\xi^2(t)} \tag{8.69}$$

であり, 従って

$$(\triangle q)(\triangle p) = \frac{\hbar}{2}\sqrt{1+\frac{4B^2(t)}{\hbar^2 A^2(t)\xi^4(t)}} = \frac{\hbar}{2}\sqrt{\frac{A(t)C(t)}{\kappa}} \tag{8.70}$$

が得られる.

この結果は, たとえコヒーレント状態であっても, $B(t) \neq 0$ である限り, 最小不確定性は必ずしも実現されるものではない, ことを示している.

ここで $\alpha = |\alpha|e^{-i\epsilon}$ とおくと, (8.67) はさらに書き直されて

$\langle q|t\rangle_{\alpha,s} =$

$$\sqrt{\frac{\xi}{\sqrt{2\pi}}} \exp\Big[\Big\{-\frac{|\alpha|^2}{2}-\frac{\xi^2}{4}q^2-\frac{1}{2}|\alpha|^2\cos(2\varphi(t)+2\epsilon)+|\alpha|\xi q\cos(\varphi(t)+\epsilon)\Big\}$$

$$+i\Big\{-\frac{1}{2}\varphi(t)-\frac{1}{2\hbar}\frac{B(t)}{A(t)}q^2+\frac{1}{2}|\alpha|^2\sin(2\varphi(t)+2\epsilon)-|\alpha|\xi q\sin(\varphi(t)+\epsilon)\Big\}\Big],$$

$$\tag{8.67'}$$

従って

$$|\langle q|\phi(t)\rangle_\alpha|^2 = \frac{\xi}{\sqrt{2\pi}} \exp\left[-\frac{\xi^2(t)}{2}\left\{q - 2\frac{|\alpha|}{\xi(t)}\cos(\varphi(t)+\epsilon)\right\}^2\right] \qquad (8.71)$$

となる．いま $|\alpha| = \sqrt{P/2\sqrt{\kappa}\hbar}$ と取れば，$|\alpha|/\xi = \sqrt{AP/4\kappa}$．そこで $\sqrt{A(t)P/4\kappa}$ を一定に保ち $\hbar \to 0$ とすれば，$|\alpha| \to \infty, \xi \to \infty$ となる．従って，5.2.1項におけると同様にして

$$\lim_{\hbar \to 0}|\langle q|t\rangle_{\alpha,s}|^2 = \delta\left\{q - \sqrt{\frac{A(t)P}{\kappa}}\cos(\varphi(t)+\epsilon)\right\} \qquad (8.72)$$

が結論される．上式で $\epsilon = \varphi_0 + 3\pi/2$ とすれば，波束の運動の極限は古典的軌道 (8.9′) に一致する．すなわち，波束が最小不確定性をもたなくても，それは正しい古典的な極限をもつことになる．古典論におけると同一の関数 $\varphi(t)$ が量子論的状態にも現れることが，上の結果を可能ならしめていることを，ここで改めて強調しておく．

8.3 ハミルトン–ヤコビ表示

8.3.1 新しい表示への移行

よく知られているように，古典 (解析) 力学においては，ハミルトン–ヤコビの方程式の解，すなわちハミルトンの主関数 (Hamilton's principal functions) を母関数とするような正準変換を行うことにより，変換後のハミルトニアン K を 0 とすることができる: $H \to K = 0$. 量子力学においても，以下に示すように，例えば通常のシュレーディンガー表示から出発してこのような変換を行うことができる．こうして得られた表示のことを，以下では便宜上，ハミルトン–ヤコビ表示 (Hamilton-Jacobi representation)，略して H–J 表示と呼ぶことにする．

H–J 表示を，一般振動子について調べることとし，このために 8.1.3 項で論じた正準変換 (2) の方法を採る．ここでの正準運動量および座標は，それぞれ γ, η である．関数 $s_2(\gamma,t)$ を 8.1.3 項 ii) のように選べば，量子論においても，変換後のハミルトニアンに対して $K_2 = 0$ が期待されよう．このとき γ, η と p, q の関係は (8.24)，(8.36) で与えられる．演算子に対しては，以下必要な折には，上

8.3 ハミルトン–ヤコビ表示

付き記号 ^ を用いることにすれば

$$\hat{\gamma}(t) = f(t)\hat{p}+g(t)\hat{q}, \tag{8.24'}$$

$$\hat{\eta}(t) = (-2f(t)\tilde{\varphi}(t))\hat{p}+\left(\frac{1}{f(t)}-2g(t)\tilde{\varphi}(t)\right)\hat{q} \tag{8.36'}$$

である．両式から明らかなように，ここで考えている変換は単なる点変換ではなく，また q–表示から p–表示に移る変換とも異なる．以下では，先ず，この変換に対する変換関数を求めることから始める．

さて，容易に確かめられるように，$\hat{\eta}(t)$ 自体は $\mathcal{D}\hat{\eta}/\mathcal{D}t = 0$ の意味での保存量であるが，t を陽に含んでいるので，その固有値方程式は，7.2.3 項におけるように

$$\hat{\eta}(t)|\eta;t\rangle = \eta|\eta;t\rangle \tag{8.73}$$

の形に書かれる．ここで固有値 η は，t によらない任意の実数であり，固有状態 $|\eta;t\rangle$ に対する q–表示は，以下のようにして求められる．先ず $\langle q|\hat{\eta}|\eta;t\rangle$ を考えると

$$\langle q|\hat{\eta}|\eta;t\rangle = \left[2i\hbar f(t)\tilde{\varphi}(t)\frac{\partial}{\partial q}+\left(\frac{1}{f(t)}-2g(t)\tilde{\varphi}(t)\right)q\right]\langle q|\eta;t\rangle = \eta\langle q|\eta;t\rangle. \tag{8.74}$$

上式を $\langle q|\eta;t\rangle$ について解けば，規格化された解は

$$\langle q|\eta;t\rangle = \Phi(\eta)\ (4\pi\hbar f(t)\tilde{\varphi}(t))^{-1/2}\exp\left[-\frac{i}{\hbar}\frac{\eta q+(g(t)\tilde{\varphi}(t)-\frac{1}{2f(t)})q^2}{2f(t)\tilde{\varphi}(t)}\right] \tag{8.75}$$

となる．ここで $\Phi(\eta)$ は任意の位相係数である：$|\Phi(\eta)| = 1$.

他方，任意の状態 $|\ \rangle$ に対する行列要素 $\langle \eta;t|\hat{\gamma}|\ \rangle$ は，(8.24'), (8.75) より

$$\langle \eta;t|\hat{\gamma}|\ \rangle = \int dq \langle \eta;t|q\rangle\langle q|\hat{\gamma}|\ \rangle = \left(\frac{\hbar}{i}\frac{\partial}{\partial \eta}-\frac{\hbar}{i\Phi^*}\frac{\partial \Phi^*}{\partial \eta}-\frac{\eta}{2\tilde{\varphi}(t)}\right)\langle \eta;t|\ \rangle \tag{8.76}$$

ゆえ，$\Phi(\eta) = \exp[i\eta^2/(4\hbar\tilde{\varphi}(t)]$ とおけば，結局

$$\langle \eta;t|\hat{\eta}|\ \rangle = \eta\langle \eta;t|\ \rangle, \quad \langle \eta;t|\hat{\gamma}|\ \rangle = \frac{\hbar}{i}\frac{\partial}{\partial \eta}\langle \eta;t|\ \rangle \tag{8.77}$$

が得られる．このとき (8.75) は

$$\langle q|\eta;t\rangle = (4\pi\hbar f(t)\tilde{\varphi}(t))^{-1/2}\exp\left[\frac{i}{\hbar}\frac{f(t)\eta^2-2\eta q-2(g(t)\tilde{\varphi}(t)-\frac{1}{2f(t)})q^2}{4f(t)\tilde{\varphi}(t)}\right] \tag{8.75'}$$

となる*2. $\langle\eta;t|q\rangle = \langle q|\eta;t\rangle^*$ が, q-表示から η-表示への求める変換関数である.

基底状態 $\{|q\rangle\}$ が完全直交系をなすならば, 容易に示されるように上記の変換関数で結ばれた $\{|\eta;t\rangle\}$ もまた完全直交系となる. そこで時間依存のユニタリ演算子 $T(t)$ を次式によって定義しよう:

$$T(t) \equiv \int d\eta |\eta;t\rangle\langle\eta|, \quad \hat{q}|\eta\rangle = \eta|\eta\rangle. \tag{8.78}$$

$T(t)$ のユニタリ性は上記のことから明らかである. このとき当然のことながら

$$|\eta;t\rangle = T(t)|\eta\rangle \tag{8.79}$$

である.

(8.78) を用いれば直ちに

$$T\hat{q}T^\dagger = \int d\eta d\eta' |\eta;t\rangle\langle\eta|\hat{q}|\eta'\rangle\langle\eta';t| = \int d\eta\, \eta|\eta;t\rangle\langle\eta;t|$$

$$= \int d\eta \hat{\eta}|\eta;t\rangle\langle\hat{\eta};t| = \hat{\eta}. \tag{8.80}$$

他方, $T\hat{p}T^\dagger$ に対しても同様にして

$$T\hat{p}T^\dagger = i\hbar \int d\eta \frac{\partial}{\partial\eta}|\eta;t\rangle\cdot\langle\eta;t| \tag{8.81}$$

が得られる. 従ってその行列要素

$$\langle q|T\hat{p}T^\dagger|q'\rangle = i\hbar \int d\eta \frac{\partial}{\partial\eta}\langle q|\eta;t\rangle\cdot\langle\eta;t|q'\rangle$$

において, (8.75') の具体的表式を用いれば

$$= -\frac{1}{2\tilde{\varphi}}\int d\eta\eta \langle q|\eta;t\rangle\langle\eta;t|q'\rangle + \frac{1}{2f\tilde{\varphi}}q\langle q|q'\rangle,$$

ここで第一項に対して (8.80) を考慮すれば

$$= \langle q|\hat{\gamma}|q'\rangle$$

となり, 結局

$$T\hat{p}T^\dagger = \hat{\gamma} \tag{8.81'}$$

が得られる.

また, (8.80), (8.81') を逆に解けば

---

*2 (8.75') に関しては, 位相 $\theta_\eta(t) \equiv \langle\eta;t|(i\hbar(\partial/\partial t) - H(t))|\eta;t\rangle = 0$. よって, $\langle q|\eta;t\rangle$ は保存量 $\hat{\eta}$ の固有状態であるだけでなく, それ自身シュレーディンガー方程式の解でもある.

$$T^\dagger \hat{p} T = \left(\frac{1}{f} - 2g\tilde{\varphi}\right)\hat{p} - g\hat{q}, \quad T^\dagger \hat{q} T = 2f\tilde{\varphi}\hat{p} + f\hat{q} \tag{8.82}$$

となる．これは 8.1.3 項における変数変換 (8.28) に対応する．

8.3.2 H–J 表示のハミルトニアン

シュレーディンガー方程式に従う状態を $|t\rangle_s$ とするとき，通常の波動関数は $\langle q|t\rangle_s = \psi(q,t)$ で与えられるのに対応して，

$$\langle \eta; t|t\rangle_s \equiv \Psi(\eta, t) \tag{8.83}$$

を H–J 表示の波動関数と定義しよう．このとき $\Psi(\eta,t) = \langle \eta|T^\dagger(t)|t\rangle_s$ である．$i\hbar\dot{\psi}(q,t) = \int dq' \langle q|\hat{H}(\hat{p},\hat{q},t)|q'\rangle \psi(q',t)$ であるから，$\Psi(\eta,t)$ に対しては

$$i\hbar \frac{\partial \Psi(\eta,t)}{\partial t} = \int d\eta' \langle \eta|\hat{K}|\eta'\rangle \Psi(\eta',t) \tag{8.84}$$

が成り立つ．ここに H–J 表示におけるハミルトニアン $\hat{K}$ は

$$\hat{K} \equiv T^\dagger \hat{H}(\hat{p},\hat{q},t)T + i\hbar \dot{T}^\dagger T \tag{8.85}$$

で与えられる．

さて，上式右辺第一項は，$\hat{H}(\hat{p},\hat{q},t)$ に対する表式 (8.1) および (8.82) を用いると

$$\begin{aligned}
T^\dagger \hat{H}(\hat{p},\hat{q},t)T &= \left\{\left(\frac{1}{f}-2g\tilde{\varphi}\right)^2 X + 4\tilde{\varphi}(1-2fg\tilde{\varphi})Y + 4f^2\tilde{\varphi}^2 Z\right\}\hat{p}^2 \\
&+ \left\{-\left(\frac{g}{f}-2g^2\tilde{\varphi}\right)X + (1-4fg\tilde{\varphi})Y + 2f^2\tilde{\varphi}Z\right\}(\hat{p}\hat{q}+\hat{q}\hat{p}) \\
&+ (g^2 X - 2fgY + f^2 Z)\hat{q}^2
\end{aligned} \tag{8.86}$$

となる．

他方，(8.85) 式右辺第二項に対しては，その行列要素をとると

$$\begin{aligned}
i\hbar \langle \eta|\dot{T}^\dagger T|\eta'\rangle &= i\hbar \int dq \frac{\partial}{\partial t}\langle \eta|T^\dagger|q\rangle \cdot \langle q|T|\eta'\rangle \\
&= i\hbar \int dq \frac{\partial}{\partial t}\langle \eta; t|q\rangle \cdot \langle q|\eta'; t\rangle \\
&= i\hbar \int dq \left[-\frac{\dot{f}\tilde{\varphi}+f\dot{\tilde{\varphi}}}{2f\tilde{\varphi}} + \frac{i}{4\hbar f^2\tilde{\varphi}^2}\{f^2\dot{\varphi}\eta^2 - 2(\dot{f}\tilde{\varphi}+f\dot{\tilde{\varphi}})\eta q\right.
\end{aligned}$$

$$-2(\dot{f}g\tilde{\varphi}^2-f\dot{g}\tilde{\varphi}^2-\frac{1}{2}\dot{\tilde{\varphi}}-\frac{\dot{f}}{f}\tilde{\varphi})q^2\}\bigg]\langle\eta;t|q\rangle\langle q|\eta';t\rangle \tag{8.87}$$

となる．ここで

$$q\langle\eta:t|q\rangle = 2f\tilde{\varphi}\left(-i\hbar\frac{\partial}{\partial\eta}+\frac{\eta}{2\tilde{\varphi}}\right)\langle\eta;t|q\rangle, \tag{8.88}$$

および (8.30), (8.33) を用いると，(8.87) は

$$\begin{aligned}(8.87) =& \bigg[-\hbar^2\left\{\left(\frac{4g\tilde{\varphi}}{f}-\frac{1}{f^2}-4g^2\tilde{\varphi}^2\right)X+4\tilde{\varphi}(2fg\tilde{\varphi}-1)Y-4f^2\tilde{\varphi}^2 Z\right\}\frac{\partial^2}{\partial\eta^2}\\ &-\frac{i\hbar}{f}\{g(1-2fg\tilde{\varphi})X-f(1-4fg\tilde{\varphi})Y-2f^3\tilde{\varphi}Z\}\left(\eta\frac{\partial}{\partial\eta}+\frac{\partial}{\partial\eta}\eta\right)\\ &-(g^2X-2fgY+f^2Z)\eta^2\bigg]\langle\eta|\eta'\rangle\end{aligned} \tag{8.87'}$$

と変形されるが，これは更に次の形に書かれる：

$$\begin{aligned}(8.87') =& -\langle\eta|\bigg[\left\{\left(\frac{1}{f}-2g\tilde{\varphi}\right)^2 X+4\tilde{\varphi}(1-2fg\tilde{\varphi})Y+4f^2\tilde{\varphi}^2 Z\right\}\hat{p}^2\\ &+\left\{-\left(\frac{g}{f}-2g^2\tilde{\varphi}\right)X+(1-4fg\tilde{\varphi})Y+2f^2\tilde{\varphi}Z\right\}(\hat{p}\hat{q}+\hat{q}\hat{p})\\ &+(g^2X-2fgY+f^2Z)\hat{q}^2\bigg]|\eta'\rangle.\end{aligned} \tag{8.87''}$$

従って，(8.86) と (8.87″) により $\langle\eta|(T^\dagger\hat{H}T+i\hbar\dot{T}^\dagger T)|\eta'\rangle = \langle\eta|\hat{K}|\eta'\rangle = 0$, すなわち

$$\hat{K} = T^\dagger\hat{H}T+i\hbar\dot{T}^\dagger T = 0 \tag{8.89}$$

が結論される．

(8.84) から上式は

$$i\hbar\frac{\partial\Psi(\eta,t)}{\partial t} = 0 \tag{8.90}$$

に導く．この事情は，まさに古典力学における $\gamma = \text{const.}, \eta = \text{const.}$ の反映である．これを要するに，H–J 表示とは，喩えて言うならば，運動物体を，物体に固定した座標系から眺めることに対応している．

さて，上記ハミルトニアンの変換 $\hat{H} \to \hat{K} = T^\dagger\hat{H}T+i\hbar\dot{T}^\dagger T$ は，古典力学における変換 $H \to K = H+\partial S/\partial t$ (S は母関数) の量子力学版であり，$T^\dagger\hat{H}T+i\hbar\dot{T}^\dagger T = 0$

は，従って，ハミルトン–ヤコビの方程式の量子力学版と言える．ところでこの方程式は $i\hbar \dot{T} = \hat{H}T$ を意味し，状態の時間発展の演算子 $U(t,0)$ に対する (7.27) 第一式と全く同一である．両演算子の相違は，従って，その初期条件のみであり，$T(t) = U(t,0)T(0)$ と書くことができる．このとき $\Psi(\eta,t) \equiv \langle\eta|T^\dagger(t)|t\rangle_s = \langle\eta|T^\dagger(0)U^\dagger(t,0)U(t,0)|0\rangle_s = \langle\eta|T^\dagger(0)|0\rangle_s = \Psi(\eta,0)$ となり，(8.90) はまさに当然の帰結であった．ここで (7.59) 第三式に鑑み，$|0\rangle_s$ をハイゼンベルク表示における状態とみなすならば，これは H–J 表示の状態とは，たんに，時間に依らないユニタリ変換 $T^\dagger(0)$ だけ相違している．他方，H–J 表示の演算子については，ハイゼンベルク演算子とは異なり，時間 t を陽に含む特別なシュレーディンガー演算子 $\hat{\gamma}(t), \hat{\eta}(t)$ を用いねばならない．このような演算子が，古典力学における対応物，すなわち正準変数 $\gamma(t), \eta(t)$ から直接導かれることを，上記の議論は示している．

8.3.4 項では，(8.90) を二，三の場合について，具体的な計算によって直接確認する．

8.3.3 変換 $T(t)$ の演算子による表現

ここでは，さきに (8.78) で定義した時間依存のユニタリ演算子 $T(t)$ を，直接演算子 p, q でもって表現することを試みる．

そのために先ず

$$T(t) = \exp\left(\frac{i}{\hbar}F(t)\right), \quad F(t) = \frac{1}{2}\left\{a(t)p^2 + b(t)(pq+qp) + c(t)q^2\right\} \quad (8.91)$$

とおく．ここに $a(t), b(t), c(t)$ は t の実関数とする．このとき，次の関係が成り立つ：

$$TpT^\dagger = \left(\cosh z - \frac{b}{z}\sinh z\right)p - \frac{c}{z}\sinh z \cdot q,$$

$$TqT^\dagger = \left(\cosh z + \frac{b}{z}\sinh z\right)q + \frac{a}{z}\sinh z \cdot p, \quad (8.92)$$

$$z^2 \equiv b^2 - ac.$$

従って問題は，(8.92) の変換式が，それぞれ (8.81′)，(8.80) を再現するように，$a(t), b(t), c(t)$ を決定することとなる：

$$TpT^\dagger = f(t)p+g(t)q \equiv \alpha_1 p+\alpha_2 q,$$
$$TqT^\dagger = \left(\frac{1}{f(t)}-2g(t)\tilde{\varphi}(t)\right)q+(-2f(t)\tilde{\varphi}(t))\,p \equiv \beta_1 q+\beta_2 p; \qquad (8.93)$$

すなわち

$$\alpha_1 = \cosh z - \frac{b}{z}\sinh z, \qquad \alpha_2 = -\frac{c}{z}\sinh z,$$
$$\beta_1 = \cosh z + \frac{b}{z}\sinh z, \qquad \beta_2 = \frac{a}{z}\sinh z \qquad (8.94)$$

が要求される.

(8.94) を a,b,c,z について解けば

$$a = -\frac{\beta_2}{\alpha_2}c, \quad b = \frac{\alpha_1-\beta_1}{2\alpha_2}c,$$
$$c = 2\alpha_2\left\{(\alpha_1-\beta_2)^2+4\alpha_2\beta_2\right\}^{-1/2}z, \qquad (8.95)$$
$$z = \frac{1}{2}\log\left\{\frac{\alpha_1+\beta_1}{2}+\frac{1}{2}\sqrt{(\alpha_1+\beta_1)^2-4}\right\}^2$$

が得られる. 従って最終的な表式は

$$a = \frac{2f}{g}\tilde{\varphi}c, \quad b = \frac{1}{g}\left(\frac{f}{2}-\frac{1}{2f}+g\tilde{\varphi}\right)c,$$
$$c = \frac{g}{2\sqrt{(\frac{f}{2}+\frac{1}{2f}-g\tilde{\varphi})^2-1}}\log\left\{\left(\frac{f}{2}+\frac{1}{2f}-g\tilde{\varphi}\right)+\sqrt{(\frac{f}{2}+\frac{1}{2f}-g\tilde{\varphi})^2-1}\right\}^2 \qquad (8.95')$$

となる. 因みに (8.94) 右辺では, $z^2>0\,(<0)$ に応じて, $\cosh(\cos),\sinh(\sin)$ が現れる.

8.3.4 状態の H–J 表示

以下では, これまで考察してきた二三の状態に対して, H–J 表示での波動関数 $\Psi(\eta,t)=\langle\eta,t|\,\rangle$ を具体的に求めてみる. 通常の q-表示 $\langle q|\,\rangle$ が既知ならば, $\langle\eta;t|\,\rangle$ は, もちろん, 公式

$$\langle\eta;t|\,\rangle = \int dq\langle\eta;t|q\rangle\langle q|\,\rangle \qquad (8.96)$$

に (8.75′) を併用すれば計算できる. 例として先ず, 8.2.1 項で考察した演算子 $G(t)$ の固有状態 $|n;t\rangle$ を調べてみる. しかし, (8.96) において $|\,\rangle=|n;t\rangle$ とした

場合，その q-積分はいささか面倒である．ここでは従って，次のような迂回路をとろう．

そのために，先ず行列要素 $\langle \eta;t|a^\dagger(t)|\ \rangle$ を計算する．ただし，$|\ \rangle$ は任意の状態である．(8.96) 式の $|\ \rangle$ を $a^\dagger(t)|\ \rangle$ で置き換え，$a^\dagger(t)$ に対して (8.44) の表式を採れば

$$\langle \eta;t|a^\dagger(t)|\ \rangle$$
$$= \frac{1}{\sqrt{2\hbar\sqrt{\kappa}A}} \int dq \langle \eta;t|q\rangle \left\{(\sqrt{\kappa}-iB)-\hbar A\frac{d}{dq}\right\}\langle q|\ \rangle$$
$$= \frac{1}{\sqrt{2\hbar\sqrt{\kappa}A}} \int dq \left\{(\sqrt{\kappa}-iB)+\hbar A\frac{d}{dq}\right\}\langle \eta;t|q\rangle\cdot\langle q|\ \rangle$$
$$= \frac{1}{\sqrt{2\hbar\sqrt{\kappa}A}} \int dq \left[\frac{iA}{2f\tilde{\varphi}}\eta+\left\{(\sqrt{\kappa}-iB)-i\frac{A(1-2fg\tilde{\varphi})}{2f^2\tilde{\varphi}}\right\}q\right]\langle \eta;t|q\rangle\langle q|\ \rangle. \tag{8.97}$$

ここで (8.88) を用いると

$$(8.97) = \frac{1}{\sqrt{2\hbar\sqrt{\kappa}A}} \int dq \left[\{\sqrt{\kappa}f-i(fB-gA)\}\eta \right.$$
$$\left. +\frac{\hbar}{i}\left\{2\sqrt{\kappa}f\tilde{\varphi}-2i\tilde{\varphi}(fB-gA)-i\frac{A}{f}\right\}\frac{\partial}{\partial\eta}\right]\langle \eta;t|\ \rangle. \tag{8.97$'$}$$

上式で更に，(8.17)，(8.32) より得られる関係式

$$fB-gA = \frac{1}{2}\{k_3-(k_1-k_2)\tilde{\varphi}\}f,$$
$$2\tilde{\varphi}(fB-gA)+\frac{A}{f} = (k_1+k_2-k_3\tilde{\varphi})f, \tag{8.98}$$

および $f(t)$ に対する表式 (8.38$'$) を用いれば

$$(8.97') =$$
$$-\sqrt{\frac{(k_1+k_2)\hbar}{2\sqrt{\kappa}}}\mathcal{F}(t)\exp\left[\frac{2\sqrt{\kappa}-ik_3}{4\hbar(k_1+k_2)}\eta^2\right]\frac{\partial}{\partial\eta}\left\{\exp\left[-\frac{2\sqrt{\kappa}-ik_3}{4\hbar(k_1+k_2)}\eta^2\right]\langle \eta;t|\ \rangle\right\},$$
$$\mathcal{F}(t) \equiv \left(\frac{k_1+k_2-k_3\tilde{\varphi}(t)+2i\sqrt{\kappa}\tilde{\varphi}(t)}{k_1+k_2-k_3\tilde{\varphi}(t)-2i\sqrt{\kappa}\tilde{\varphi}(t)}\right) \tag{8.97$''$}$$

が得られる．従って

$$\langle \eta;t|n;t\rangle = \frac{1}{\sqrt{n!}}\langle \eta;t|(\hat{a}^\dagger(t))^n|0;t\rangle$$

$$= \frac{(-1)^n}{\sqrt{n!}}\left(\frac{(k_1+k_2)\hbar}{2\sqrt{\kappa}}\right)^{n/2}(\mathcal{F}(t))^n \exp\left[\frac{2\sqrt{\kappa}-ik_3}{4\hbar(k_1+k_2)}\eta^2\right]$$

$$\times \frac{\partial^n}{\partial \eta^n}\left\{\exp\left[-\frac{2\sqrt{\kappa}-ik_3}{4\hbar(k_1+k_2)}\eta^2\right]\langle \eta;t|0;t\rangle\right\} \quad (8.99)$$

となる (ただしここでの $|0;t\rangle$ は $|n;t\rangle|_{n=0}$ とする). ところで $\langle \eta;t|0;t\rangle$ は簡単に求められて

$$\langle \eta;t|0;t\rangle = \int dq \langle \eta;t|q\rangle\langle q|0;t\rangle$$

$$= (-i)^{1/2}\left(\frac{\sqrt{\kappa}}{\pi\hbar(k_1+k_2)}\right)^{1/4}(\mathcal{F}(t))^{1/2}\exp\left[-\frac{2\sqrt{\kappa}+ik_3}{4\hbar(k_1+k_2)}\eta^2\right]. \quad (8.100)$$

(8.100) を (8.99) に代入すれば，求める H–J 表示は

$$\langle \eta;t|n;t\rangle = \frac{1}{\sqrt{n!}}\left(\frac{-\sqrt{\kappa}}{\pi\hbar(k_1+k_2)}\right)^{1/4}(\mathcal{F}(t))^{n+1/2}\exp\left[-\frac{2\sqrt{\kappa}+ik_3}{4\hbar(k_1+k_2)}\eta^2\right]$$

$$\times H_n\left(\sqrt{\frac{2\sqrt{\kappa}}{\hbar(k_1+k_2)}}\eta\right) \quad (8.101)$$

となる.

他方，(8.58), (8.20), (8.40) より

$$\exp\left[\frac{i}{\hbar}\int_0^t \theta_n(t')dt'\right] = \exp\left[-i\left(n+\frac{1}{2}\right)\varphi(t)\right] = (\mathcal{F}(t))^{-(n+1/2)} \quad (8.102)$$

である. ところでシュレーディンガー方程式を満たす状態 $|t\rangle_s$ に対しては (7.24) が成り立つが，この式に (8.101), (8.102) を併用すれば

$$\langle \eta;t|t\rangle_s = \sum_{n=0}^\infty c_n \exp\left[\frac{i}{\hbar}\int_0^t \theta(t')dt'\right]\langle \eta;t|n;t\rangle$$

$$= \sum_n \frac{c_n}{\sqrt{n!}}\left(\frac{-\sqrt{\kappa}}{\pi\hbar(k_1+k_2)}\right)^{1/4}\exp\left[-\frac{2\sqrt{\kappa}+ik_3}{4\hbar(k_1+k_2)}\eta^2\right]H_n\left(\sqrt{\frac{2\sqrt{\kappa}}{\hbar(k_1+k_2)}}\,\eta\right) \quad (8.103)$$

が得られる. これはシュレーディンガー方程式の一般の解に対する H–J 表示に

他ならない．(8.101)，(8.103) から明らかなように，$\langle \eta;t|n;t\rangle$ は t に依存するのに対し，$\langle \eta;t|t\rangle_s$ は t には依らない．これは (8.90) よりして当然の結果である．このためには，幾何学的位相からの寄与が不可欠であったことに注意されたい．

ファインマンの伝播関数の H–J 表示も興味深い形をしている．(7.37) を用いれば，以下のように求められる：

$$\langle \eta_1;t|U(t,0)|\eta_2;0\rangle = \sum_n \langle \eta_1;t|n;t\rangle \exp\left[\frac{i}{\hbar}\int_0^t \theta_n(t')dt'\right]\langle n;0|\eta_2;0\rangle$$

$$= \left(\frac{\sqrt{\kappa}}{\pi\hbar(k_1+k_2)}\right)^{1/2}\exp\left[-\frac{\sqrt{\kappa}(\eta_1^2+\eta_2^2)}{2\hbar(k_1+k_2)}\right]\exp\left[-\frac{ik_3(\eta_1^2-\eta_2^2)}{4\hbar(k_1+k_2)}\right]$$

$$\times \sum_n \frac{1}{n!} H_n\left(\sqrt{\frac{2\sqrt{\kappa}}{\hbar(k_1+k_2)}}\,\eta_1\right) H_n\left(\sqrt{\frac{2\sqrt{\kappa}}{\hbar(k_1+k_2)}}\,\eta_2\right)$$

$$= \exp\left[-\frac{i}{4\hbar}\frac{k_3(\eta_1^2-\eta_2^2)}{k_1+k_2}\right]\delta(\eta_1-\eta_2) = \delta(\eta_1-\eta_2). \quad (8.104)$$

ここでは公式

$$\lim_{\beta\to 0}\sum_{n=0}\frac{e^{-\beta(n+1/2)}}{n!}H_n(\xi_1 x_1)H_n(\xi_2 x_2)\exp\left[-\frac{\xi_1^2 x_1^2+\xi_2^2 x_2^2}{4}\right] = \sqrt{\frac{\pi}{2}}\delta\left(\frac{\xi_1}{2}x_1-\frac{\xi_2}{2}x_2\right) \quad (8.105)$$

を用いた．(8.104) の結果も (8.90) に対応したものである．

コヒーレント状態の H–J 表示も容易に求められる．(8.65) で与えられた $|t\rangle_{\alpha,s}$ に対しては

$$\langle \eta;t|t\rangle_{\alpha,s} = \left(\frac{-\sqrt{\kappa}}{\pi\hbar(k_1+k_2)}\right)^{1/4}\exp\left[-\frac{|\alpha|^2}{2}-\frac{\alpha^2}{2}-\frac{2\sqrt{\kappa}+ik_3}{4\hbar(k_1+k_2)}\eta^2+\alpha\sqrt{\frac{2\sqrt{\kappa}}{\hbar(k_1+k_2)}}\eta\right] \quad (8.106)$$

であり，t に無関係になる．さらに

$$|\langle \eta;t|t\rangle_{\alpha,s}|^2 = \left(\frac{\sqrt{\kappa}}{\pi\hbar(k_1+k_2)}\right)^{1/2}\exp\left[-\frac{\sqrt{\kappa}}{\hbar(k_1+k_2)}\left\{\eta-|\alpha|\sqrt{\frac{2\hbar(k_1+k_2)}{\sqrt{\kappa}}}\cos\epsilon\right\}^2\right]. \quad (8.107)$$

従って，その古典的極限は

$$\lim_{\hbar\to 0}|\langle \eta;t|t\rangle_{\alpha,s}|^2 = \delta(\eta-\eta_0), \quad (8.108)$$

$$|\alpha| = \sqrt{\frac{\sqrt{\kappa}}{\pi\hbar(k_1+k_2)}\frac{\eta_0}{\cos\epsilon}}$$

となる．これも古典的な軌道 $\eta = \eta_0 (= \text{const.})$ に対応した結果である．

8.4　具体的な例

8.4.1　調和振動子

$X(t) = 1/(2m), Y(t) = 0, Z(t) = m\omega^2/2$ のとき，われわれの系は通常の調和振動子に帰着する．このとき $f(t) = \sqrt{1/(2m\omega)}\cos\omega t$ が (8.31) を満たし，(8.38)，(8.33) で導入した $f_1(t), f_2(t), \tilde{\varphi}(t)$ はそれぞれ

$$f_1(t) = \sqrt{\frac{1}{2m\omega}}\cos\omega t, \quad f_2(t) = -\sqrt{\frac{1}{2m\omega}}\sin\omega t, \quad \tilde{\varphi}(t) = \tan\omega t \quad (8.109)$$

としてよい．このとき $\dot{f}_1 f_2 - f_1 \dot{f}_2 = X$ である．

(8.16) はいまの場合

$$\ddot{A} - \frac{\dot{A}^2}{2A} + 2\omega^2 A - \frac{2\kappa}{m^2}\frac{1}{A} = 0 \quad (8.110)$$

であるが，(8.38)，(8.109)，(8.17) より解 $A(t)$，およびそれに対応する $B(t), C(t)$ は以下のようになる：

$$\begin{aligned}
&A(t) = \tfrac{1}{2m\omega}(k_1 + k_2\cos 2\omega t - k_3\sin 2\omega t), \\
&B(t) = \tfrac{1}{2}(k_2\sin 2\omega t + k_3\cos 2\omega t), \\
&C(t) = \tfrac{m\omega}{2}(k_1 - k_2\cos 2\omega t + k_3\sin 2\omega t) \\
&(k_1^2 - k_2^2 - k_3^2 = 4\kappa).
\end{aligned} \quad (8.111)$$

(8.4) で定義された保存量 P，あるいは一般化された作用変数に対する (古典的な) 表式は

$$P = \frac{1}{2m\omega}(k_1 + k_2\cos 2\omega t - k_3\sin 2\omega t)p^2 + (k_2\sin 2\omega t + k_3\cos 2\omega t)pq$$
$$+ \frac{m\omega}{2}(k_1 - k_2\cos 2\omega t + k_3\sin 2\omega t)q^2 \quad (8.112)$$

であり，一般には t を陽に含む．とくに $k_2 = k_3 = 0$ ($k_1 = 2\sqrt{\kappa}$) ならば

$$P = \frac{2\sqrt{\kappa}}{\omega}H \quad (8.112')$$

8.4 具体的な例

である．

以下，系の古典的，量子論的性質について，二，三の結果を付加しておく．先ず，(8.41), (8.109) より古典的運動方程式の解は

$$q = \sqrt{\frac{P}{2m\omega\kappa(k_1+k_2)}} \left\{ (2\sqrt{\kappa}\cos\varphi_0 - k_3\sin\varphi_0)\sin\omega t + (k_1+k_2)\sin\varphi_0\cos\omega t \right\} \tag{8.113}$$

であり，$k_2 = k_3 = 0$ $(k_1 = 2\sqrt{\kappa})$ ならば $q = \sqrt{P/(m\omega\sqrt{\kappa})}\sin(\omega t + \varphi_0)$ に帰着する．また (8.109), (8.111) を用いると，次の関係式が導かれる：

$$\frac{\xi(t)\xi(0)}{\sin\varphi(t)} = \frac{2m\omega}{\hbar\sin\omega t}, \quad \cot\varphi(t) = \frac{(k_1-k_2)\cos\omega t + k_3\sin\omega t}{2\sqrt{\kappa}\sin\omega t},$$

$$-\frac{1}{2\hbar}\frac{B(t)}{A(t)} + \frac{\xi^2(t)}{4}\cot\varphi(t) = \frac{m\omega}{2\hbar}\cot\omega t, \tag{8.114}$$

$$\frac{1}{2\hbar}\frac{B(0)}{A(0)} + \frac{\xi^2(0)}{4}\cot\varphi(t) = \frac{m\omega}{2\hbar}\cot\omega t.$$

これらを (8.60) に代入すれば，ファインマンの伝播関数は

$$\langle q_1|U(t,0)|q_2\rangle = \left(\frac{m\omega}{2\pi i\hbar\sin\omega t}\right)^{1/2}\exp\left[\frac{im\omega}{2\hbar}\frac{((q_1^2+q_2^2)\cos\omega t - 2q_1q_2)}{\sin\omega t}\right] \tag{8.115}$$

となり，k_1, k_2, k_3 に無関係なよく知られた表式に一致する．動力学的位相や幾何学的位相に関係した量も計算しておくと

$$\langle n;t|H|n;t\rangle = \left(n+\frac{1}{2}\right)\hbar\omega\frac{k_1}{2\sqrt{\kappa}},$$

$$\langle n;t|i\hbar\frac{\partial}{\partial t}|n;t\rangle = \left(n+\frac{1}{2}\right)\hbar\omega\frac{k_2(k_2+k_1\cos 2\omega t) + k_3(k_3+k_1\sin 2\omega t)}{2\sqrt{\kappa}(k_1+k_2\cos 2\omega t - k_3\sin 2\omega t)} \tag{8.116}$$

となる．またコヒーレント状態に対する不確定性関係は

$$\triangle q \triangle p = \frac{\hbar}{2}\sqrt{1+\frac{(k_2\sin 2\omega t + k_3\cos 2\omega t)^2}{4\kappa}} \tag{8.117}$$

となる．従って一般に $(k_2 \neq 0, k_3 \neq 0)$ 幾何学的位相は 0 ではなく，不確定性関係も必ずしも最小値にはならない．これらの結果から，さらに次のことも結論される：幾何学的位相は，$H = H(t)$ の場合にのみ妥当する概念ではない．

8.4.2 減衰振動子

この場合

$$X(t) = \frac{1}{2m}e^{-2\mu t}, \quad Y(t) = 0, \quad Z(t) = \frac{m\omega^2}{2}e^{2\mu t} \quad (\mu < \omega) \tag{8.118}$$

であり，運動方程式は

$$\ddot{q} + 2\mu\dot{q} + \omega^2 q = 0, \tag{8.119}$$

(8.16) 式は

$$\ddot{A} - \frac{\dot{A}^2}{2A} + 2\mu\dot{A} + 2\omega^2 A - \frac{2\kappa}{m^2}\frac{e^{-4\mu t}}{A} = 0 \tag{8.120}$$

となる．また (8.109), (8.111) は変形されて以下のようになる：

$$f_1(t) = \sqrt{\frac{1}{2m\tilde{\omega}}}e^{-\mu t}\cos\tilde{\omega}t, \quad f_2(t) = -\sqrt{\frac{1}{2m\tilde{\omega}}}e^{-\mu t}\sin\tilde{\omega}t, \quad \tilde{\varphi}(t) = \tan\tilde{\omega}t,$$

$$\tilde{\omega} \equiv \sqrt{\omega^2 - \mu^2}; \tag{8.121}$$

$$A(t) = \frac{e^{-2\mu t}}{2m\tilde{\omega}}(k_1 + k_2\cos 2\tilde{\omega}t - k_3\sin 2\tilde{\omega}t),$$

$$B(t) = \frac{1}{2}(k_2\sin 2\tilde{\omega}t + k_3\cos 2\tilde{\omega}t) + \frac{\mu}{2\tilde{\omega}}(k_1 + k_2\cos 2\tilde{\omega}t - k_3\sin 2\tilde{\omega}t),$$

$$C(t) = \frac{m\tilde{\omega}}{2}e^{2\mu t}(k_1 - k_2\cos 2\tilde{\omega}t + k_3\sin 2\tilde{\omega}t) + m\mu e^{2\mu t}(k_2\sin 2\tilde{\omega}t + k_3\cos 2\tilde{\omega}t)$$

$$+ \frac{m\mu^2}{2\tilde{\omega}}e^{2\mu t}(k_1 + k_2\cos 2\tilde{\omega}t - k_3\sin 2\tilde{\omega}t) \tag{8.122}$$

$$(k_1^2 - k_2^2 - k_3^2 = 4\kappa).$$

これに応じて保存量 P の (古典的) 表式も

$$P = (k_1 + k_2\cos 2\tilde{\omega}t - k_3\sin 2\tilde{\omega}t)\left(\frac{e^{-2\mu t}}{2m\tilde{\omega}}p^2 + \frac{\mu}{\tilde{\omega}}pq + \frac{m\mu^2}{2\tilde{\omega}}e^{2\mu t}q^2\right)$$

$$+ (k_2\sin 2\tilde{\omega}t + k_3\cos 2\tilde{\omega}t)\left(pq + m\mu e^{2\mu t}q^2\right)$$

$$+ \frac{m\tilde{\omega}}{2}e^{2\mu t}(k_1 - k_2\cos 2\tilde{\omega}t + k_3\sin 2\tilde{\omega}t)q^2 \tag{8.123}$$

と拡張される．とくに $k_2 = k_3 = 0$ $(k_1 = 2\sqrt{\kappa})$ の場合，P は

$$P = \frac{2\sqrt{\kappa}}{\tilde{\omega}}(H + \mu pq) \tag{8.123'}$$

となる．

運動方程式 (8.119) の解は，(8.113) に対応して

$$q = \sqrt{\frac{P}{2m\tilde{\omega}\kappa(k_1+k_2)}} e^{-\mu t}\left\{(2\sqrt{\kappa}\cos\varphi_0 - k_3\sin\varphi_0)\sin\tilde{\omega}t + (k_1+k_2)\sin\varphi_0\cos\tilde{\omega}t\right\} \tag{8.124}$$

であり，とくに $k_2 = k_3 = 0$ $(k_1 = 2\sqrt{\kappa})$ ならば $q = \sqrt{\frac{P}{m\tilde{\omega}\sqrt{\kappa}}}e^{-\mu t}\sin(\tilde{\omega}t+\phi_0)$ である．

ファインマンの伝播関数も，先の場合と同様にして求められて

$$\begin{aligned}\langle q_1|U(t,0)|q_2\rangle &= \left(\frac{m\tilde{\omega}}{2\pi i\hbar\sin\tilde{\omega}t}\right)^{1/2} e^{\mu t/2} \\ &\quad \times \exp\left[\frac{im\tilde{\omega}}{2\hbar}e^{2\mu t}(-\mu+\cot\tilde{\omega}t)q_1^2 \right.\\ &\quad \left. +\frac{im\tilde{\omega}}{2\hbar}(\mu+\cot\tilde{\omega}t)q_2^2 - \frac{im\tilde{\omega}}{\hbar}\frac{e^{\mu t}}{\sin\tilde{\omega}t}q_1 q_2\right]\end{aligned} \tag{8.125}$$

となる．動力学的ならびに幾何学的位相に関係した行列要素 $\langle n;t|H(t)|n;t\rangle$, $\langle n;t|i\hbar\frac{\partial}{\partial t}|n;t\rangle$ も煩雑な形をとるが，とくに $k_2 = k_3 = 0$ $(k_1 = 2\sqrt{\kappa})$ の場合には

$$\langle n;t|H(t)|n;t\rangle = \left(n+\frac{1}{2}\right)\hbar\omega\left(\frac{\omega}{\tilde{\omega}}\right), \quad \langle n;t|i\hbar\frac{\partial}{\partial t}|n;t\rangle = \left(n+\frac{1}{2}\right)\hbar\omega\left(\frac{\mu^2}{\omega\tilde{\omega}}\right) \tag{8.126}$$

である．$\mu \neq 0$ ならば後者 $\neq 0$ であるのは興味深い．

8.4.3 単振子

質量 m を吊るす糸の長さ ℓ が時間とともに緩やかに変わる場合を考える：$\ell = \ell(t)$．振れの角度 q が小さくて $\sin q \sim q$ と近似できるとすると，運動方程式は

$$\ddot{q} + 2\frac{\dot{\ell}}{\ell}\dot{q} + \frac{g_0}{\ell}q = 0 \tag{8.127}$$

である．ただし，g_0 は重力の加速度とする．対応するハミルトニアンは

$$H = \frac{1}{2m\ell^2}p^2 + \frac{mg\ell}{2}q^2 \tag{8.128}$$

で与えられる．とくに，$\ell(t)$ が t の一次関数，すなわち $\ell(t) = \ell_0(1+\epsilon t)$ の場合，

解は具体的に求められて

$$f_1(t) = \frac{1}{2\epsilon}\sqrt{\frac{\pi g_0}{2m\ell_0}}\frac{1}{z}J_1(z) \equiv f(t),$$

$$\tilde{\varphi}(t) = \frac{N_1(z)}{J_1(z)} - \frac{N_1(z_0)}{J_1(z_0)}, \qquad (8.129)$$

$$f_2(t) = \frac{1}{2\epsilon}\sqrt{\frac{\pi g_0}{2m\ell_0}}\frac{1}{z}\left(N_1(z) - \frac{N_1(z_0)}{J_1(z_0)}J_1(z)\right);$$

$$z \equiv \frac{2}{\ell_0 \epsilon}\sqrt{g_0 \ell}, \quad z_0 \equiv \frac{2}{\epsilon}\sqrt{\frac{g_0}{\ell_0}}$$

となる.ここに J_1(そして後出の J_2),N_1 はベッセル関数 (Bessel function) である.

このとき

$$A(t) = \left\{(k_1+k_2)-2k_3\tilde{\varphi}+(k_1-k_2\tilde{\varphi}^2)\right\}f^2,$$

$$B(t) = -\frac{1}{2X}\frac{\dot{f}}{f}A + \frac{1}{2}\left\{k_3-(k_1-k_2)\tilde{\varphi}\right\}, \qquad (8.130)$$

$$C(t) = \frac{\dot{f}^2}{4X^2 f^2}A + \frac{k_1-k_2}{4f^2} - \frac{\dot{f}}{2Xf}\left\{k_3-(k_1-k_2)\tilde{\varphi}\right\}$$

であり,従って保存量 P の (古典的) 表式は

$$P = A(t)\left(p-\frac{\dot{f}}{2Xf}q\right)^2 + \{k_3-(k_1-k_2)\tilde{\varphi}\}\left(p-\frac{\dot{f}}{2Xf}q\right)q$$

$$+ \frac{k_1-k_2}{4f^2}q^2, \qquad (8.131)$$

$$\frac{\dot{f}}{Xf} = -\frac{m\epsilon\ell}{\ell_0}z\frac{J_2(z)}{J_1(z)}$$

となる.

量子論への移行は,先行 2 例と同様にして行える.

III 部
補　遺

9

相対論的な場と粒子性

すでに 5.3.1 項で触れたように，ローレンツ共変な場とガリレイ共変な場との大きな相違は，その粒子性に現れる．すなわち前者においては，後者の場合とは異なり，波動演算子 Ψ_w がそのまま粒子演算子 Ψ_p とはなり得ない．つまり，場の量 $\Psi(\vec{x},t)$ の引数 $\vec{x}$ は，対応する粒子の位置座標ではあり得ない．言うまでもなく，ここでの'粒子'とは，系の空間的局在状態のことである．以下においてはこの問題を，さらに立ち入って考察する．当分の間，相対論的場の理論の慣習（記法の煩雑を避ける利点あり）に従い，$c=\hbar=1$ なる単位系を採用する．

9.1 スカラー場の場合

9.1.1 基本関係式

簡単のため，質量 m の自由中性スカラー場 $\phi(x)$ に対する考察から始めよう．ただし，$x \equiv \{x^\mu; \mu=0,1,2,3; x^0=t\}$ である．この場はいわゆるクライン-ゴルドン方程式 $(\triangle-\partial^2/\partial t^2+m^2)\phi(x)=0$ を満たすが，それを導くラグランジアン（密度）は，通常，次の形に書かれる：

$$\mathcal{L} = -\frac{1}{2}\left(\eta^{\mu\nu}\partial_\mu\phi(x)\partial_\nu\phi(x)+m^2\phi^2(x)\right), \tag{9.1}$$

ただし，$-\eta^{00}=\eta^{ii}=1 (i=1,2,3)$．従って，変数 $\phi(\vec{x},t)$ に正準共役な運動量は $\pi(\vec{x},t)=\dot{\phi}(\vec{x},t)$ となる．後出の一般公式 (10.25)（ただし $\mu,\nu=0,1,2,3$）より $T^\mu{}_\nu(x)$ を求め，これによって場の全エネルギー（またはハミルトニアン）H_0 や全運動量 $\vec{P}$ を計算すれば

$$H_0 = \frac{1}{2}\int d^3x\left\{\pi^2(x)+(\vec{\nabla}\phi(x))^2+m^2\phi^2(x)\right\}, \tag{9.2}$$

9.1 スカラー場の場合

$$\vec{P} = -\frac{1}{2}\int d^3x\{\pi(x)\vec{\nabla}\phi(x)+\vec{\nabla}\phi(x)\,\pi(x)\}$$

となる.

さて，ローレンツ不変な体積要素 $dw_{\vec{k}} \equiv d^3k/k_0$ を用いて，$\phi(x)$ を

$$\phi(x) = \frac{1}{\sqrt{2(2\pi)^3}}\int dw_{\vec{k}}\{a_k e^{ikx}+a_k^\dagger e^{-ikx}\}$$

$$\equiv \phi^{(+)}(x)+\phi^{(-)}(x), \tag{9.3}$$

の形に展開しよう．ここで $k_0 \equiv \sqrt{\vec{k}^2+m^2}, kx \equiv \vec{k}\vec{x}-k_0 t$，また，$\phi^{(+)}$ ($\phi^{(-)}$) は $\phi(x)$ の正（負）振動数部分であり，$\phi^{(-)} = (\phi^{(+)})^\dagger$ が成り立つ．ところで，ローレンツ変換 $x \to x' = \Lambda x$ ($x^\mu \to x'^\mu = \Lambda^\mu{}_\nu x^\nu$ の略記) の下で，$\phi(x)$ はもちろん不変量であるから，(9.3) 右辺の積分もまた不変量でなくてはならない．他方，$dw_{\vec{k}} = dw_{\vec{k}'}, (kx) = (k'x')$ (ただし，$k' = \Lambda k$) であるから，$a'_{\vec{k}'} = a_{\vec{k}}$ あるいは $a'_{\vec{k}} = a_{\Lambda^{-1}\vec{k}}$ が成り立っているはずである.

このとき，場に対する正準交換関係

$$\begin{aligned}[\phi(\vec{x},t),\pi(\vec{x}',t)] &= i\delta(\vec{x}-\vec{x}'), \\ [\phi(\vec{x},t),\phi(\vec{x}',t)] &= [\pi(\vec{x},t),\pi(\vec{x}',t)] = 0\end{aligned} \tag{9.4}$$

は，

$$\begin{aligned}[a_{\vec{k}},\,a_{\vec{k}'}^\dagger] &= k_0\,\delta(\vec{k}-\vec{k}'), \\ [a_{\vec{k}},\,a_{\vec{k}'}] &= [a_{\vec{k}}^\dagger,\,a_{\vec{k}'}^\dagger] = 0\end{aligned} \tag{9.4'}$$

の形を取る．因みに，(9.4′) 第一式右辺は，それ自体，ローレンツ不変である. 以後，誤解を生じない限り，$a_{\vec{k}},a_{\vec{k}}^\dagger,dw_{\vec{k}}$ を単に $a_k,a_k^\dagger,dw_k$ と書くことにする. (9.3) を (9.2) に代入し，(9.4′) を用いれば

$$H_0 = \int dw_k k_0\,a_k^\dagger a_k, \quad \vec{P} = \int dw_k \vec{k}\,a_k^\dagger a_k \tag{9.2'}$$

が得られる．ただし上の H_0 からは，零点エネルギーを除いてある.

ここで N なる演算子を

$$N \equiv \int dw_k\,a_k^\dagger a_k \tag{9.5}$$

によって定義すれば，その固有値は $0,1,2,\cdots$ である．この演算子は，よく知られたように，通常，全粒子数と同定されるものである．しかしながら，これを

もとの演算子 $\phi(x), \pi(x)$ を用いて表わすと

$$N = \frac{1}{2}\int d^3x \left\{ \phi(x)\sqrt{-\triangle + m^2}\,\phi(x) + \pi(x)\frac{1}{\sqrt{-\triangle + m^2}}\,\pi(x) - \delta^3(0) \right\} \quad (9.5')$$

となる．ここに演算子 $(\sqrt{-\triangle + m^2})^\nu$ は積分核を用いれば

$$(\sqrt{-\triangle + m^2})^\nu f(\vec{x}) = \int d^3x' G_\nu(\vec{x}-\vec{x}') f(\vec{x}'),$$

$$G_\nu(\vec{x}) \equiv \frac{1}{(2\pi)^3}\int d^3k\, k_0^\nu e^{i\vec{k}\vec{x}} \quad (9.6)$$

で定義される．従って，N はまた

$$N = \frac{1}{2}\int d^3x \int d^3x' \{ \phi(\vec{x},t) G_1(\vec{x}-\vec{x}') \phi(\vec{x}',t)$$
$$+ \pi(\vec{x},t) G_{-1}(\vec{x}-\vec{x}') \pi(\vec{x}',t) \} - \frac{1}{2}\int d^3x\, \delta^{(3)}(0) \quad (9.5'')$$

とも書かれる．

$G_\nu(\vec{x})$ は一般に $|\vec{x}| = r$ の関数であり，10.4.2項によれば，$G_1(\vec{x}) = \mathrm{const.}(m/r)^2 \times K_2(mr)$，$G_{-1}(\vec{x}) = \mathrm{const.}(m/r) K_1(mr)$ で与えられる．ここに K_ν は変形されたベッセル関数 (modified Bessel function) である．$G_{\pm 1}(\vec{x})$ の $r \to \infty$ に対する漸近的振舞いは，$G_1(\vec{x}) \sim \mathrm{const.}(mr)^{-5/2} e^{-mr}$，$G_{-1}(\vec{x}) \sim \mathrm{const.}(mr)^{-3/2} e^{-mr}$ であり，両者は本質的にコンプトン波長 (Compton wavelength) 程度に拡がった領域で 0 でない値をもち得る関数である．(9.5'') の括弧 $\{\cdots\}$ 内の量は，従って，空間の 2 点 $\vec{x}, \vec{x}'$ に依存する．すなわち，N は，もとの (正準変数) $\phi(x), \pi(x)$ を基本にとる限り，空間的に非局所的な関数の積分として与えられる．

因みに，$\phi(x)$ の正負振動数部分 $\phi^{(\pm)}(x)$ も，上と同じ意味で非局所的である：

$$\phi^{(\pm)}(x) = \frac{1}{2}\left(\phi(x) \pm \frac{i}{\sqrt{-\triangle + m^2}}\pi(x) \right). \quad (9.7)$$

9.1.2 粒子演算子

粒子を，ある時刻に，空間のある一点に局在する状態であるとし，さきに非相対論的な場合に考えたと同種の対象として論じ得るためには，そこで考えたと同一の性質をもつ粒子演算子 $\Psi_p(x)$ をここでも導入しなければならない．

それに関連して，波動演算子 $\Psi_w(x)$ の定義についてであるが，どのような

波動を観るかということには，本来，任意性があるから，以下では便宜的に $\Psi_w(x) \equiv \phi^{(+)}(x)$ としておこう．すなわち，$\phi^{(\pm)}(x)$ が物質波を表わすとする．このとき問題は，このような条件の下で，$\Psi_p(x)$ を如何に定義するか，ということになる．ところで，非相対論的な場合，粒子演算子は以下の性質をもっていた：(1) 局所的な交換関係 $[\Psi_p(\vec{x},t),\Psi_p^\dagger(\vec{x}',t)]_\mp = \delta(\vec{x}-\vec{x}')$, $[\Psi_p(\vec{x},t),\Psi_p(\vec{x}',t)]_\mp = [\Psi_p^\dagger(\vec{x},t),\Psi_p^\dagger(\vec{x}',t)]_\mp = 0$ が成り立つこと，(2) 物質密度が $\rho(x) \equiv \Psi_p^\dagger(\vec{x},t)\Psi_p(\vec{x},t)$ で与えられ，かつ $\Psi_p(\vec{x},t)|0\rangle = 0$ であること，そしてさらに (3) 場の (全) 物理量 A が $A = \int d^3 x \Psi_p^\dagger(\vec{x},t) \mathcal{A} \Psi_p(\vec{x},t)$ ($\mathcal{A}$ は $\vec{x},\vec{\nabla}$ からなる演算子) の形に書かれること，であった．従って問題は，$\phi(x)$ から出発して，上記の性質をもつ演算子が作れるか否か，ということになる．直ちに明らかなように，$\Psi_p(x) = \phi^{(+)}(x)$ とは置けない．何故ならば，$\phi^{(+)}(x)$ の次元 $[\phi^{(+)}(x)]$ は $[L^{-1}]$ であるのに対し，上記 (1) より $[\Psi_p] = [L^{-3/2}]$ でなければならないからである．

そこで上記の $a_k, a_k^\dagger$ をもとにし，次元を考慮して，次のような演算子 $\chi(x), \chi^\dagger(x)$ を作ってみよう：

$$\begin{aligned}\chi(x) &\equiv \frac{1}{\sqrt{(2\pi)^3}} \int dw_k \, k_0^{1/2} \, a_k e^{ikx}, \\ \chi^\dagger(x) &\equiv \frac{1}{\sqrt{(2\pi)^3}} \int dw_k \, k_0^{1/2} \, a_k^\dagger e^{-ikx}.\end{aligned} \quad (9.8)$$

ここで，$\Psi_p(x) = \chi(x)$ と置いてみると，先ず上記 (1) の性質が満たされる．改めて書けば[*1]

$$\begin{aligned} [\chi(\vec{x},t),\chi^\dagger(\vec{x}',t)] &= \delta(\vec{x}-\vec{x}'), \\ [\chi(\vec{x},t),\chi(\vec{x}',t)] &= [\chi^\dagger(\vec{x},t),\chi^\dagger(\vec{x}',t)] = 0. \end{aligned} \quad (9.9)$$

さらに容易に確かめられるように

$$\begin{aligned} H_0 &= \int d^3 x \chi^\dagger(x) \mathcal{H} \chi(x), \quad \mathcal{H} \equiv \sqrt{-\triangle + m^2}, \\ \vec{P} &= \int d^3 x \chi^\dagger(x) \left(-i\vec{\nabla}\right) \chi(x), \\ N &= \int d^3 x \chi^\dagger(x) \chi(x) \equiv \int d^3 x \rho(x) \end{aligned} \quad (9.10)$$

[*1] 一般に，$[\chi(\vec{x},t),\chi^\dagger(\vec{x}',t')] = G_0^{(+)}(\vec{x}-\vec{x}',t-t')$，ただし関数 $G_0^{(+)}(\vec{x},t)$ は後出の (9.95) で定義されている．

も成り立つ．すなわち，上記(2),(3)の性質も満たされている．実際，$\chi(x), \chi^\dagger(x)$ を用いる理論形式は，$\mathcal{H}$ に対する具体的な表式を除けば，非相対論的な場合と，全く同一である．従って，粒子状態に対しては，5.1.4項，5.3節におけると同様に議論できることになる．とくに，(9.10)で与えられた $\rho(x)$ は，(9.5′)とは異なり，$\chi(x), \chi^\dagger(x)$ に関して局所的になっており，この量を点 $\vec{x}$ における物質密度を表わす演算子として解釈することが可能となる．その引数 $\vec{x}$ は，従って粒子の空間的な位置を表わす．

他方，$\chi(x)$ はまた，形式的に，一種の場の量であるとも考えられる．ただし，$\chi(x)$ はもはやローレンツ変換の下でのスカラー量ではない(9.3.1項参照)．場の方程式は，ハイゼンベルクの運動方程式 $i\dot\chi(x) = [\chi(x), H_0]$ と (9.9), (9.10) より

$$i\frac{\partial}{\partial t}\chi(x) = \mathcal{H}\chi(x) \tag{9.11}$$

となる．$\chi(x)$ に対する理論は，形式的に，次のラグランジアン(密度)から導くこともできよう：

$$\mathcal{L}_\chi = \chi^\dagger(x)\frac{\partial}{\partial t}\chi(x) - \chi^\dagger(x)\mathcal{H}\chi(x). \tag{9.12}$$

実質的には，しかしながら，$\chi(x)$ は通常の局所場——例えば $\phi(x)$ の如き——とは大いに異なっている．先に5.1.3項でも述べたように，局所場 $\Psi(x)$ においては，その時間微分 $\dot\Psi(\vec{x}, t)$，従ってハイゼンベルク方程式の右辺が，点 $\vec{x}$ の近傍の量のみに依存することが必要であった．しかし，$\chi(x)$ に対しては $\mathcal{H} = \sqrt{-\triangle + m^2}$ の故に，この条件は満たされていない．すなわち，$\chi(x)$ は通常の局所場ではない．実際，定義より $\chi(x) = \sqrt{2}(\sqrt{-\triangle + m^2})^{1/2}\phi^{(+)}(x)$ であるから，これと (9.7) 式より

$$\chi(x) = \frac{1}{\sqrt{2}}\left\{\left(\sqrt{-\triangle+m^2}\right)^{1/2}\phi(x) + i\left(\sqrt{-\triangle+m^2}\right)^{-1/2}\pi(x)\right\} \tag{9.13}$$

が成り立つ．すなわち，$\chi(x)$ は局所場 $\phi(x), \pi(x)$ と非局所的な関係にある．それ故，$\chi(x), \chi^\dagger(x), \cdots$ から成り，しかも $\vec{x}$ について局所的な量を作っても，その時間的な振舞い，あるいは動力学一般は，局所場の場合と大いに異なるものと予想される．

しかし，時刻 t を——例えば $t=0$ に——固定し，そこでの運動学を考える場合には，変数として ϕ, π の代わりに $\chi, \chi^\dagger$ を採用することは許されるであろう．実

を言えば，通常の議論においても，われわれは (9.5″), (9.7) に見るような非局所的演算子 N, $\phi^{(\pm)}(x)$ を重用しているのである．

他方，(9.13) を逆に解けば

$$\begin{aligned}\phi(x) &= \frac{1}{\sqrt{2}}\left(\sqrt{-\triangle+m^2}\right)^{-1/2}(\chi(x)+\chi^\dagger(x)), \\ \pi(x) &= \frac{1}{\sqrt{2}i}\left(\sqrt{-\triangle+m^2}\right)^{1/2}(\chi(x)-\chi^\dagger(x))\end{aligned} \tag{9.13'}$$

となる．従って，$\chi(x), \chi^\dagger(x)$ を用いて構成される局所的な量は，$\phi(x), \pi(x)$ について見れば，非局所的になっている．以下で考察する粒子状態は，その一例である．これを要するに，変数の組 ϕ, π と $\chi, \chi^\dagger$ は，局所性に関して言えば，互いに相反的になっている．

9.1.3 粒子状態と位置座標

以下の議論では，シュレーディンガー表示を採る．シュレーディンガー演算子としては，上述の理由から，$\chi(\vec{x},0) \equiv \chi(\vec{x}), \chi^\dagger(\vec{x},0) \equiv \chi^\dagger(\vec{x})$ を用いる．すでに述べたように，これらの演算子は (9.9) を満たし，かつ種々の量が (9.10) によって与えられるから，粒子状態に関する議論は，5.1.4 項におけると全く同様になる．例えば n 粒子状態は (5.25) において，各 $\psi^\dagger(\vec{x}_j)$ $(j=1,2,\cdots,n)$ を $\chi^\dagger(\vec{x}_j)$ で置き換えた表式で与えられ，$\chi^\dagger(\vec{x}_j)$ の引数 $\vec{x}_j$ は，対応する粒子の位置座標を与える．このとき，$\{|\vec{x}_1,\vec{x}_2,\cdots,\vec{x}_n\rangle\}$ の完全性は

$$I = |0\rangle\langle 0| + \sum_{n=1}^{\infty}\int d^3x_1 d^3x_2 \cdots d^3x_n |\vec{x}_1,\vec{x}_2,\cdots,\vec{x}_n\rangle\langle\vec{x}_n,\vec{x}_{n-1},\cdots,\vec{x}_1| \tag{9.14}$$

と書かれる．

(2.68) に倣って

$$\vec{X} \equiv \int d^3x \chi^\dagger(\vec{x})\,\vec{x}\,\chi(\vec{x}) \tag{9.15}$$

と置けば，非相対論の場合と同様，(9.10) の諸量との間に次の交換関係が成り立つ：

$$\begin{aligned}&[X_j, X_\ell] = 0, \quad [X_j, P_\ell] = i\delta_{j\ell}\, N, \quad [X_j, N] = 0, \\ &[X_j, H_0] = i\,V_j.\end{aligned} \tag{9.16}$$

ここに

$$\vec{V} \equiv \int dw_k a_k^\dagger \frac{\vec{k}}{k_0} a_k = \int d^3x \chi^\dagger(\vec{x}) \frac{-i\vec{\nabla}}{\sqrt{-\triangle+m^2}} \chi(\vec{x}) \tag{9.17}$$

は速度の演算子とみなされ，相対論から要請される正しい形をもっている．5.1.4 項で見たように，$\{|\vec{x}_1, \vec{x}_2, \cdots, \vec{x}_n\rangle\}$ はまた，上記 $\vec{X}$ の固有値 $\sum_{j=1}^{n} \vec{x}_j$ に対する固有状態になっている．従って，場全体の重心座標は，(2.68′) と同じく，$\vec{X}_G = \vec{X}/N$ で与えられる．

他方，$\vec{P}$ と N の同時固有状態も同様にして求められる．それぞれの固有値 $\sum_{j=1}^{n} \vec{k}_j$ および n に対応する同時固有状態は

$$|\vec{k}_1, \vec{k}_2, \cdots, \vec{k}_n\rangle \equiv \frac{1}{\sqrt{n!}} a_{k_1}^\dagger a_{k_2}^\dagger \cdots a_{k_n}^\dagger |0\rangle \tag{9.18}$$

によって与えられ，その内積は

$$\langle \vec{k}'_n, \vec{k}'_{n-1}, \cdots, \vec{k}'_1 | \vec{k}_1, \vec{k}_2, \cdots, \vec{k}_n \rangle$$
$$= \frac{1}{n!} \prod_{j=i}^{n} k_{0,j} \sum_{\sigma \in S_n} \delta(\vec{k}_{\sigma_1} - \vec{k}_1) \delta(\vec{k}_{\sigma_2} - \vec{k}_2) \cdots \delta(\vec{k}_{\sigma_n} - \vec{k}_n) \tag{9.19}$$

となる．また，(9.14) に対応する完全性は

$$I = |0\rangle\langle 0| + \sum_{n=1}^{\infty} \int dw_{k_1} dw_{k_2} \cdots dw_{k_n} |\vec{k}_1, \vec{k}_2, \cdots, \vec{k}_n\rangle\langle\vec{k}_n, \vec{k}_{n-1}, \cdots, \vec{k}_1| \tag{9.20}$$

と表わされる．$|\vec{k}_1, \vec{k}_2, \cdots, \vec{k}_n\rangle$ はまた，$\vec{V}$ の固有状態でもあり，例えば $\vec{V}|\vec{k}\rangle = (\vec{k}/k_0)|\vec{k}\rangle$ である．

単一粒子についての運動学的性質をさらに立ち入って検討するため，以下では議論を，1粒子状態に制限する．さて，時刻 t における任意の1粒子状態 $|t\rangle$ は，基礎ベクトル $\{|\vec{x}\rangle\}$ で展開され

$$|t\rangle = \int d^3x \varphi(\vec{x}, t) |\vec{x}\rangle \tag{9.21}$$

と書かれる：ここに $\vec{X}|\vec{x}\rangle = \vec{x}|\vec{x}\rangle$．$|\vec{x}\rangle$ に対する物理的意味から，$\varphi(\vec{x}, t) = \langle \vec{x} | t \rangle$ は非相対論的な場合と同様な確率振幅になっている．状態の規格化は $\langle t|t\rangle = \int d^3x |\varphi(\vec{x}, t)|^2 = 1$ である．$|\varphi(\vec{x}, t)|^2$ は時刻 t において粒子を $[\vec{x}, \vec{x}+d\vec{x}]$ に見出す確率密度であるが，これはまた，密度演算子 $\rho(\vec{x}) \equiv \chi^\dagger(\vec{x})\chi(\vec{x})$ の $|t\rangle$ に関する期

待値でもある．すなわち，
$$\langle t|\rho(\vec{x})|t\rangle = |\varphi(\vec{x},t)|^2 \tag{9.22}$$
であり，この量の確率解釈と整合的である．

他方，$|t\rangle$ はまた $\{|\vec{k}\rangle\}$ によっても展開されて
$$|t\rangle = \int dw_k \tilde{\varphi}(\vec{k},t)|\vec{k}\rangle \tag{9.21'}$$
となるが，この場合も $\tilde{\varphi}(\vec{k},t) = \langle \vec{k}|t\rangle$ である．また，$\langle t|t\rangle = 1 = \int dw_k |\tilde{\varphi}(\vec{k},t)|^2$ であるから，粒子を $[\vec{k},\vec{k}+d\vec{k}]$ に見出す確率は $|\tilde{\varphi}(\vec{k},t)|^2 dw_k$ で与えられる．両基底ベクトル系 $\{|\vec{x}\rangle\}$, $\{|\vec{k}\rangle\}$ を結ぶ変換関数は
$$\langle \vec{k}|\vec{x}\rangle = \frac{1}{\sqrt{(2\pi)^3}} k_0^{1/2} e^{-i\vec{k}\vec{x}} \tag{9.23}$$
であり，フーリエ変換とは因子 $k_0^{1/2}$ の相違がある．このとき，$\varphi(\vec{x},t) = \int dw_k \langle \vec{x}|\vec{k}\rangle \times \tilde{\varphi}(\vec{k},t)$, $\tilde{\varphi}(\vec{k},t) = \int d^3x \langle \vec{k}|\vec{x}\rangle \varphi(\vec{x},t)$ である．

$\varphi(\vec{x},t)$, $\tilde{\varphi}(\vec{k},t)$ の時間的変化を規定する'相対論的シュレーディンガー方程式'は，$i(\partial/\partial t)|t\rangle = H_0|t\rangle$ を用いれば
$$\begin{aligned} i\frac{\partial \varphi(\vec{x},t)}{\partial t} &= \sqrt{-\triangle + m^2}\,\varphi(\vec{x},t), \\ i\frac{\partial \tilde{\varphi}(\vec{k},t)}{\partial t} &= k_0 \tilde{\varphi}(\vec{k},t) \end{aligned} \tag{9.24}$$
となる．

さて，二つの状態 $|t\rangle, |t\rangle' = \int d^3x' \varphi'(\vec{x},t)|\vec{x}\rangle$ に関する $\vec{X}$ の行列要素を求めると
$$\begin{aligned} \langle t|\vec{X}|t\rangle' &= \int d^3x \varphi^*(\vec{x},t)\,\vec{x}\,\varphi'(\vec{x},t) \\ &= \int dw_k \tilde{\varphi}^*(\vec{k},t) \left\{ i\vec{\nabla}_k - \frac{1}{2}\frac{i\vec{k}}{\vec{k}^2+m^2} \right\} \tilde{\varphi}'(\vec{k},t) \end{aligned} \tag{9.25}$$
となる．(9.25) の { } 内の表式は，ニュートンとウィグナーが，別の考察から求めた'相対論的粒子の位置'と一致する[*2]．これについては，さらに 9.1.4 項でも論ずる．他方，全角運動量 $\vec{P}$ に対しては，よく知られた形

[*2] T.D.Newton and E.P.Wigner: Rev. Mod. Phys. **21**(1949)400. なお，相対論的粒子の位置座標や粒子系の重心座標の定義については，古来いろいろと議論がなされている．古い文献で代表的なものは上記論文に引用されている．われわれの粒子演算子の方法は，この問題に対して一つの解答を与える．

$$\langle t|\vec{P}|t\rangle' = \int d^3x\, \varphi^*(\vec{x},t) \left(-i\vec{\nabla}\right) \varphi'(\vec{x},t) = \int dw_k\, \tilde{\varphi}^*(\vec{k},t) \vec{k} \tilde{\varphi}'(\vec{k},t) \qquad (9.26)$$

となる.

おわりに，(9.24) 式の非相対論的近似について一言しておく．例えばその第一式において，右辺を $(-\triangle/m^2)$ について展開して $\sqrt{-\triangle+m^2} \sim m - \triangle/2m$ と近似し，$\varphi(\vec{x},t) = \bar{\varphi}(\vec{x},t)e^{-imt}$ とおけば，$\bar{\varphi}(\vec{x},t)$ に対してよく知られた形のシュレーディンガー方程式が導かれる (因みに，第2章で述べたガリレイ共変な5次元形式では，e^{-imt} に対応する因子は e^{-ims} として現れる). これに反して，通常，文献では，'場'に対する相対論的な波動方程式に適当な非相対論的近似を施すことにより，シュレーディンガー方程式が導かれた，と結論することが多いようである．しかし，それでは不十分である．'確率振幅'に対する近似式を導くためには，相対論においても，先ず確率振幅なるものを定義し，しかる後にそれに対して上述のような数学的手続きを踏まなくてはならない．単なる数学的の近似によって，対象の物理的意味が—場から確率振幅へと—変更されるはずがないからである．

相対論的場の理論から非相対論的量子力学を導出する手続きは，従って，運動量空間で行う方が，粒子状態についての再吟味が不必要であり，遥かに簡単である．

9.1.4　ニュートン–ウィグナーの局在状態

上記両名の論文 (以下 N-W と略記) については先にも触れたが，以下では粒子演算子 $\chi(x)$ を用いる方法との関係について調べてみる．結論を先に述べるならば，粒子演算子の方法は N-W の場の量子論的定式化・一般化に相当する.

N-W は，群論的考察から出発し，相対論の枠組みにおける'構造をもたない系' (elementary system) に対する'局在状態' (localized state) について調べ，一般的な議論を展開した．彼等の前提とした条件は，(1) $t=0, \vec{x}=0$ に局在する状態 ψ の集合を S_0 としたとき，S_0 に属する任意の二状態 ψ_1, ψ_2 の重畳 $\psi_1+\psi_2$ もまた S_0 に属すること；(2) S_0 は座標原点を中心とする空間回転，空間及び時間反転の下で不変であること；(3) ψ を空間的に移動させた状態を ψ' としたとき，$(\psi', \psi) = 0$ であること；そして (4) ψ に対しては，ローレンツ群のすべて

の形成演算子が適用可能であること,以上である.

　他方,本書の方法は場の量子論に基づいているので,上記 (1), (2), (4) の条件は,当然満たされているであろうと期待される.N-W はもっぱら 1 体の '波動関数' や演算子を取り扱っているので,両方法の比較のためには,われわれの場合の 1 粒子状態 $|\vec{x}\rangle$ との関係を見れば十分である.実際,以下に示すように,われわれの $|\vec{x}\rangle$ に対する $\tilde{\varphi}(\vec{k},0) \equiv \tilde{\varphi}(\vec{k})$ の表式,ならびに演算子の定義が N-W のそれと完全に一致するので,われわれの $|\vec{x}\rangle$ が上記 4 条件を満足する N-W の局在状態に対応することがわかる.

　このことを見るために,先ず 1 粒子状態 $|\vec{a}\rangle$ から出発する.このとき,(9.21), (9.21′) によって定義される確率振幅は,それぞれ

$$\varphi_{\vec{a}}(\vec{x}) = \delta(\vec{x}-\vec{a}), \qquad \tilde{\varphi}_{\vec{a}}(\vec{k}) = \frac{1}{(2\pi)^3}\, k_0^{1/2}\, e^{-i\vec{k}\vec{a}} \qquad (9.27)$$

となる.ここで $|\vec{a}\rangle = e^{-i\vec{P}\vec{a}}|\vec{0}\rangle$ に対応して,$\tilde{\varphi}_{\vec{a}}(\vec{k}) = e^{-i\vec{k}\vec{a}}\,\tilde{\varphi}_{\vec{0}}(\vec{k})$ が成り立っており,また $(\tilde{\varphi}_{\vec{a}},\tilde{\varphi}_{\vec{0}}) \equiv \int dw_k\, \tilde{\varphi}_{\vec{a}}^*(\vec{k})\tilde{\varphi}_{\vec{0}}(\vec{k}) = \delta(\vec{a}) = 0\; (\vec{a}\neq 0)$ も直ちに明らかである.すなわち,N-W の条件 (3) が満たされている.実際,(9.27) の $\tilde{\varphi}_{\vec{a}}(\vec{k})$ に対する表式は,N-W が見出したものと一致している.

　さらに N-W は,独自の方法[*3]で粒子の位置演算子を導入するが,$\tilde{\varphi}(\vec{k})$ に対してこの演算子は,$\tilde{\varphi}(\vec{k}) \to \left\{i\vec{\nabla}_k - i\vec{k}/2(\vec{k}^2+m^2)\right\}\tilde{\varphi}(\vec{k})$ として作用する.すでに述べたように,これは (9.25) におけると全く同一である.他方,運動量演算子は,もちろん,$\tilde{\varphi}(\vec{k}) \to \vec{k}\tilde{\varphi}(\vec{k})$ として作用する.

　このように,'波動関数' $\tilde{\varphi}(\vec{k})$ および基本的演算子 $\vec{X}, \vec{P}$ に対する数学的表式は,両方法で完全に一致する.従って,'波動関数' が物理的に意味するもの[*4]もまた両方法で同一であるとするならば,N-W の局在状態とわれわれの粒子状態とは完全に一致する.

　おわりに,粒子状態 $|\vec{x}\rangle$ の特質をさらに味わうために,$\chi(\vec{x})$ の代わりに,もとの場の演算子 $\phi(\vec{x}) \equiv \phi(\vec{x},0)$ あるいは $\phi^{(\pm)}(\vec{x}) \equiv \phi^{(\pm)}(\vec{x},0)$ を用いて定義された

[*3] N-W は $\tilde{\varphi}(\vec{k})$ より,(9.23)(の複素共役)と同一の変換関数によって $\psi(\vec{x})$ に移り,ここでは位置演算子が対角化されている,と要請する(これは本書での立場と同じである).しかし,彼等の理論的枠組みの中において,何故このような表示をとらねばならないか,の説明は与えられていない.

[*4] N-W においては,このことについての明確な言及はない.

状態
$$|\vec{x}\rangle\!\rangle \equiv \sqrt{2}\,\phi(\vec{x})|0\rangle = \sqrt{2}\,\phi^{(-)}(\vec{x})|0\rangle \qquad (9.28)$$
と対比してみることにする．後者にたいしては，$\langle\!\langle \vec{x}|\vec{x}'\rangle\!\rangle = G_{-1}(\vec{x}-\vec{x}')$ であり，$\vec{x} \neq \vec{x}'$ であっても必ずしも直交しない．その完全性条件も，(9.14) より複雑な形をとり

$$I = |0\rangle\langle 0| + \int d^3x \int d^3x' |\vec{x}\rangle\!\rangle\, G_1(\vec{x}-\vec{x}')\, \langle\!\langle \vec{x}'| + \cdots \qquad (9.29)$$

となる．

従って任意の 1 粒子状態 $|\,\rangle$ を $\{|\vec{x}\rangle\!\rangle\}$ で展開して

$$|\,\rangle = \int d^3x\, \psi(\vec{x})\, |\vec{x}\rangle\!\rangle \qquad (9.30)$$

としたとき，$\psi(\vec{x}) = \int d^3x' G_1(\vec{x}-\vec{x}')\,\langle\!\langle\vec{x}'|\,\rangle$ であり，$\langle\,|\,\rangle = \int d^3x \int d^3x' \psi^*(\vec{x}) \times G_{-1}(\vec{x}-\vec{x}')\psi(\vec{x}')$ となる．このようなわけで，$|\vec{x}\rangle\!\rangle$ ないしは $\psi(\vec{x})$ に対して簡単な物理的意味を与えることは——$N=1$ の固有状態であること以外に——困難なようである．

さらに $|\vec{x}\rangle\!\rangle$ と $|\vec{y}\rangle\!\rangle$ の内積を作ってみると，$\langle\!\langle\vec{x}|\vec{y}\rangle\!\rangle = G_{1/2}(\vec{x}-\vec{y})$ であり，10.4.2項によれば $|\vec{x}-\vec{y}| < 1/m$ (コンプトン波長) である限り 0 とはならない．このことはまた，'物理量' $(\phi(\vec{x}))^2$ の $|\vec{a}\rangle, |\vec{a}\rangle\!\rangle$ による期待値においてもみられる：

$$\begin{aligned}\langle \vec{a}|\,(\phi(\vec{x}))^2\,|\vec{a}\rangle &= \bigl(G_{-1/2}(\vec{x}-\vec{a})\bigr)^2 + \text{const.}, \\ \langle\!\langle \vec{a}|\,(\phi(\vec{x}))^2\,|\vec{a}\rangle\!\rangle &= \bigl(G_{-1}(\vec{x}-\vec{a})\bigr)^2 + \text{const.}.\end{aligned} \qquad (9.31)$$

しかし，位置演算子 $\vec{X}$ が $|\vec{x}\rangle\!\rangle$ に作用する場合には，比較的簡単になって

$$\begin{aligned}\vec{X}|\vec{x}\rangle\!\rangle &= \left(\vec{x} + \frac{1}{2}\frac{\vec{\nabla}}{-\triangle + m^2}\right)|\vec{x}\rangle\!\rangle \\ &= \vec{x}|\vec{x}\rangle\!\rangle + \frac{1}{8\pi}\int d^3x'\, \frac{e^{-m|\vec{x}-\vec{x}'|}}{|\vec{x}-\vec{x}'|}\, \vec{\nabla}'\,|\vec{x}'\rangle\!\rangle \end{aligned} \qquad (9.32)$$

が導かれる．この結果は，粒子の位置が——'場' の観点から見る限り——コンプトン波長程度に拡がっていることを示唆している．こうした問題に，コンプトン波長がつねに関与するという事実は，また，次の事柄からも一般的に理解されよう：i) 演算子の組 $\{\phi, \pi\}$ と $\{\chi, \chi^\dagger\}$ とが，(9.13)，(9.13$'$) に見られるように，微分演算子 $(\sqrt{-\triangle + m^2})^\nu$ を媒介して結び付けられていること，そして ii) それ

らの積分表示 $G_\nu(\vec{x})$ の何れもが，— 10.4.2 項によれば—，$|\vec{x}| \to \infty$ に対する漸近形の中に，因子 $e^{-m|\vec{x}|}$ をもつこと，以上である．

9.2 ディラック場の場合

前節で述べた粒子演算子の方法は，この場合にももちろん適用可能である．ただし中性スカラー場の場合とは異なり，粒子状態の定義には，粒子・反粒子の区別や内部自由度 (スピン) の指定を行う必要が生じてくる．

9.2.1 基 本 関 係 式
a. 場の演算子と物理量

先ず種々の記号や規約等を固定しておく．ディラック場を $\psi(x)$(4 行 1 列の行列) と書き，それを物質場 (波) と考える．ただし $x \equiv \{x^\mu; \mu = 0, 1, 2, 3\}$. 自由場 (質量 m) のラグランジアン (密度) は

$$\mathcal{L} = \bar{\psi}(i\gamma^\mu \partial_\mu - m)\psi(x), \tag{9.33}$$

ここに $\bar{\psi}(x) \equiv \psi^\dagger(x)\gamma^0$, 4 行 4 列の行列 $\gamma^\mu (\mu = 0, 1, 2, 3)$ は，ディラック行列 $\vec{\alpha}, \beta$ を用いて $\gamma^0 = \beta, \vec{\gamma} \equiv (\gamma^1, \gamma^2, \gamma^3) = \beta\vec{\alpha}$ で与えられるとする．(9.33) より得られる場の方程式は $(i\gamma^\mu \partial_\mu - m)\psi(x) = 0$, すなわち

$$i\partial_0 \psi(x) = (-i\vec{\alpha}\vec{\nabla} + m\beta)\psi(x) \equiv \mathcal{H}_0(-i\vec{\nabla})\psi(x) \tag{9.34}$$

である．また場の全エネルギー H_0, 全運動量 $\vec{P}$, 全角運動量 $\vec{J}$ および物理量 N は，それぞれ以下のように与えられる：

$$\begin{aligned}
H_0 &= \int d^3x \ \psi^\dagger(x)\mathcal{H}_0\psi(x), \\
\vec{P} &= \int d^3x \ \psi^\dagger(x)(-i\vec{\nabla})\psi(x), \\
\vec{J} &= \int d^3x \ \psi^\dagger(x)\Big\{\vec{x} \times (-i\vec{\nabla}) + \frac{1}{2}\vec{\Sigma}\Big\}\psi(x), \\
N &= \int d^3x \ \psi^\dagger(x)\psi(x),
\end{aligned} \tag{9.35}$$

ただし，(3.65′) におけると同様に $\vec{\Sigma} \equiv \frac{1}{2i}\vec{\alpha} \times \vec{\alpha} = \text{diag}.(\vec{\sigma}, \vec{\sigma})$ とした．

ハイゼンベルク演算子 $\psi(x) \equiv \psi(\vec{x}, t)$ は，(9.34) を満たすので，次の形に展開

される：
$$\psi(x) = \sqrt{\frac{m}{(2\pi)^3}} \int dw_p \sum_r \{u_r(\vec{p})a_r(\vec{p})e^{ipx} + v_r(\vec{p})b_r^\dagger(\vec{p})e^{-ipx}\}$$
$$\equiv \psi^{(+)}(x) + \psi^{(-)}(x). \tag{9.36}$$

ここで $dw_p \equiv d^3p/E_p, px \equiv \vec{p}\vec{x} - E_p t, E_p \equiv \sqrt{\vec{p}^2 + m^2}$, $\sum_r$ は $r=1,2$ に関する和，$\psi^{(\pm)}(x)$ は $\psi(x)$ の正(負)振動数部分を表わすとする．また，4成分スピノル $u_r(\vec{p}), v_r(\vec{p})$ は $\mathcal{H}_0(\vec{p}) \equiv \vec{\alpha}\vec{p} + \beta m$ としたとき，それぞれ次式を満たすとする：
$$\mathcal{H}_0(\vec{p})u_r(\vec{p}) = E_p u_r(\vec{p}), \quad \mathcal{H}_0(-\vec{p})v_r(\vec{p}) = -E_p v_r(\vec{p}). \tag{9.37}$$

因みに，これらスピノルの具体的表式は
$$u_r(\vec{p}) = \sqrt{\frac{E_p+m}{2m}}\begin{pmatrix} e_r \\ \frac{\vec{\sigma}\vec{p}}{E_p+m}e_r \end{pmatrix},$$
$$v_r(\vec{p}) = \sqrt{\frac{E_p+m}{2m}}\begin{pmatrix} \frac{\vec{\sigma}\vec{p}}{E_p+m}e_r \\ e_r \end{pmatrix} \tag{9.38}$$

で与えられる．ここに e_r $(r=1,2)$ は互いに直交する任意の2成分単位スピノルを表わす[*5]．よって次の関係が成り立つ：
$$e_r^\dagger e_s = \delta_{rs}, \quad \sum_{r=1}^2 e_r e_r^\dagger = \begin{pmatrix} 1 & 0 \\ 0 & 1 \end{pmatrix}. \tag{9.39}$$

なお，$u_r(\vec{p}), v_r(\vec{p})$ に対しては次の関係がある：
$$u_r^\dagger(\vec{p})u_s(\vec{q}) = \frac{\sqrt{(E_p+m)(E_q+m)}}{2m}\left\{\delta_{rs} + \frac{\vec{p}\vec{q}\delta_{rs} + i(\vec{p}\times\vec{q})e_r^\dagger\vec{\sigma}e_s}{(E_p+m)(E_q+m)}\right\},$$
$$v_r^\dagger(\vec{p})v_s(\vec{q}) = \frac{\sqrt{(E_p+m)(E_q+m)}}{2m}\left\{\delta_{rs} + \frac{\vec{p}\vec{q}\delta_{rs} + i(\vec{p}\times\vec{q})e_r^\dagger\vec{\sigma}e_s}{(E_p+m)(E_q+m)}\right\},$$
$$u_r^\dagger(\vec{p})v_s(\vec{q}) = v_r^\dagger(\vec{p})u_s(\vec{q})$$
$$= \frac{\sqrt{(E_p+m)(E_q+m)}}{2m}\left\{\frac{e_r^\dagger(\vec{\sigma}\vec{p})e_s}{(E_p+m)} + \frac{e_r^\dagger(\vec{\sigma}\vec{q})e_s}{(E_q+m)}\right\}. \tag{9.40}$$

[*5] e_r の具体的な表式は，例えば任意の単位ベクトル $\vec{n} = (n_1, n_2, n_3)$, $(n_1^2 + n_2^2 + n_3^2 = 1)$ を用いて
$$e_1 = \frac{1}{\sqrt{2(n_3+1)}}\begin{pmatrix} n_3+1 \\ n_1+in_2 \end{pmatrix} \quad e_2 = \frac{1}{\sqrt{2(n_3+1)}}\begin{pmatrix} -n_1+in_2 \\ n_3+1 \end{pmatrix}$$
で与えられる．

よって，$\vec{p} = \vec{q}$ のとき，$u_r^\dagger(\vec{p})u_s(\vec{p}) = v_r^\dagger(\vec{p})v_s(\vec{p}) = (E_p/m)\delta_{rs}$，$\vec{q} = -\vec{p}$ のとき，$u_r^\dagger(\vec{p})v_s(-\vec{p}) = 0$ が成り立つ．さらに次の関係式もときに有用である：

$$\Lambda_{\rho\sigma}^{(+)}(\vec{p}) \equiv \frac{m}{E_p} \sum_r u_{r\rho}(\vec{p})u_{r\sigma}^*(\vec{p}) = \frac{(\vec{\alpha}\vec{p}+m\beta+E_p)_{\rho\sigma}}{2E_p},$$
$$\Lambda_{\rho\sigma}^{(-)}(\vec{p}) \equiv \frac{m}{E_p} \sum_r v_{r\rho}(\vec{p})v_{r\sigma}^*(\vec{p}) = \frac{(\vec{\alpha}\vec{p}-m\beta+E_p)_{\rho\sigma}}{2E_p}. \quad (9.41)$$

これら $\Lambda_{\rho\sigma}^{(\pm)}(\vec{p})$ に対しては

$$\Lambda^{(+)}(\vec{p})u_r(\vec{p}) = u_r(\vec{p}), \quad \Lambda^{(+)}(\vec{p})v_r(-\vec{p}) = 0,$$
$$\Lambda^{(-)}(\vec{p})v_r(\vec{p}) = v_r(\vec{p}), \quad \Lambda^{(-)}(\vec{p})u_r(-\vec{p}) = 0, \quad \text{etc.} \quad (9.41')$$

が満たされ，両者は射影演算子になっている．

言うまでもなく，上に導入した $r = 1, 2$ の自由度は，場のもつスピン自由度に対応しているが，ここでは $u_r(\vec{p})$ や $v_r(\vec{p})$ の独立な二つの解を区別する単なる数学的指標としておく．その物理的意味については後に触れる．

b. 反交換関係

場の正準反交換関係は，座標 $\psi_\rho(x)$ に対する正準運動量が $\pi_\rho(x) = i\psi^\dagger(x)$ であることから

$$[\psi_\rho(\vec{x},t), \psi_\sigma^\dagger(\vec{x}',t)]_+ = \delta_{\rho\sigma}\delta(\vec{x}-\vec{x}'),$$
$$[\psi_\rho(\vec{x},t), \psi_\sigma(\vec{x}',t)]_+ = [\psi_\rho^\dagger(\vec{x},t), \psi_\sigma^\dagger(\vec{x}',t)]_+ = 0 \quad (9.42)$$

となるが，これらは次式と同等である：

$$[a_r(\vec{p}), a_s^\dagger(\vec{p}\,')]_+ = E_p\delta_{rs}\delta(\vec{p}-\vec{p}\,'), \qquad [a_r(\vec{p}), a_s(\vec{p}\,')]_+ = 0;$$
$$[b_r(\vec{p}), b_s^\dagger(\vec{p}\,')]_+ = E_p\delta_{rs}\delta(\vec{p}-\vec{p}\,'), \qquad [b_r(\vec{p}), b_s(\vec{p}\,')]_+ = 0; \quad (9.43)$$
$$[a_r(\vec{p}), b_s(\vec{p}\,')]_+ = [a_r(\vec{p}), b_s^\dagger(\vec{p}\,')]_+ = 0.$$

因みに，$\psi^{(\pm)}(x) = \psi^{(\pm)}(\vec{x},t)$ に対する反交換関係は，それらの定義式 (9.36) および (9.43)，(9.41) から

$$[\psi_\rho^{(+)}(\vec{x},t), \psi_\sigma^{(+)\dagger}(\vec{x}',t)]_+ = \frac{1}{2}\{\mathcal{H}_0(-i\vec{\nabla}) + \sqrt{-\triangle + m^2}\}_{\rho\sigma} G_{-1}(\vec{x}-\vec{x}'),$$
$$[\psi_\rho^{(-)}(\vec{x},t), \psi_\sigma^{(-)\dagger}(\vec{x}',t)]_+ = \frac{1}{2}\{-\mathcal{H}_0(-i\vec{\nabla}) + \sqrt{-\triangle + m^2}\}_{\rho\sigma} G_{-1}(\vec{x}-\vec{x}'),$$
$$[\psi_\rho^{(+)}(\vec{x},t), \psi_\sigma^{(-)}(\vec{x}',t)]_+ = [\psi_\rho^{(+)}(\vec{x},t), \psi_\sigma^{(-)\dagger}(\vec{x}',t)]_+ = 0. \quad (9.44)$$

ここで $\sqrt{-\triangle + m^2}\, G_{-1}(\vec{x}) = \delta(\vec{x})$ に注意すれば，上式より直ちに

$$[\psi_\rho^{(+)}(\vec{x},t),\psi_\sigma^{(+)\dagger}(\vec{x}',t)]_+ + [\psi_\rho^{(-)}(\vec{x},t),\psi_\sigma^{(-)\dagger}(\vec{x}',t)]_+ = \delta_{\rho\sigma}\delta(\vec{x}-\vec{x}')$$
$$= [\psi_\rho(\vec{x},t),\psi_\sigma^\dagger(\vec{x}',t)]_+ \tag{9.45}$$

が確かめられる.

他方, $\psi^{(\pm)}(\vec{x},t)$ は直接 $\psi(\vec{x},t)$ でもって書き表わすこともできて

$$\psi^{(\pm)}(\vec{x},t) = \frac{\pm \mathcal{H}_0(-i\vec{\nabla}) + \sqrt{-\triangle + m^2}}{2\sqrt{-\triangle + m^2}} \psi(\vec{x},t) \tag{9.46}$$

となる. スカラー場の場合と同様に, 演算子 $\psi^{(\pm)}(x)$ は, $\psi(x)$ に関して非局所的である. ここでもコンプトン波長が, 非局所的領域の大きさの目安を与える.

(9.36), (9.40), (9.43) を用いれば, (9.35) の演算子は

$$\begin{aligned}
H_0 &= \int dw_p\, E_p \sum_r \left(N_r(\vec{p}) + \bar{N}_r(\vec{p})\right), \\
\vec{P} &= \int dw_p\, \vec{p} \sum_r \left(N_r(\vec{p}) + \bar{N}_r(\vec{p})\right), \\
\vec{J} &= \int dw_p \sum_r \left\{ a_r^\dagger(\vec{p})(i\vec{\nabla}\times\vec{p})a_r(\vec{p}) \right\} + \left\{ b_r^\dagger(\vec{p})(i\vec{\nabla}\times\vec{p})b_r(\vec{p}) \right\} + \vec{S}, \\
N &= \int dw_p \sum_{r=1}^{2} \left(N_r(\vec{p}) - \bar{N}_r(\vec{p})\right).
\end{aligned} \tag{9.35'}$$

ここで

$$\begin{aligned}
&N_r(\vec{p}) \equiv a_r^\dagger(\vec{p})a_r(\vec{p}), \quad \bar{N}_r(\vec{p}) = b_r^\dagger(\vec{p})b_r(\vec{p}); \\
&\vec{S} \equiv \int dw_p \sum_{r,s} \left\{ a_r^\dagger(\vec{p}) \left(e_r^\dagger \frac{\vec{\sigma}}{2} e_s\right) a_s(\vec{p}) + b_r(\vec{p}) \left(e_r^\dagger \frac{\vec{\sigma}}{2} e_s\right) b_s^\dagger(\vec{p}) \right\}
\end{aligned} \tag{9.47}$$

とおいた. ただし, 上記 $H_0, \vec{J}$ および N の表式からは, c 数項 (零点エネルギーなど) を除いてある.

c. スピン演算子

おわりに, 上記の演算子 $\vec{S}$ について, 二, 三の注意を付加しておく. 先ず, $\vec{J}$ に対する (9.35) の表式を (9.35') の形に書き換える際に, 前者の $(\vec{x}\times\vec{\nabla})$ を含む項および $\vec{\Sigma}$ を含む項が, それぞれ別々に, 後者の $(\vec{\nabla}\times\vec{p})$ を含む項および $\vec{S}$ の項に移行するわけではない. 書き換えに際して両者は互いに入りまじる. 次に, (9.47) で与えられた $\vec{S}$ は, (9.43), (9.39) を用いれば, 交換関係 $[S_j, S_k] = i\epsilon_{jk\ell}S_\ell$

9.2 ディラック場の場合

を満たすことがわかる．従って，$\vec{S}$ は場ないし粒子・反粒子のスピンを表わす演算子と考えられる．ところで $\vec{S}$ の表式の右辺括弧内の第二項は，第一項と類似の形に変形できる．すなわち，反交換関係 (9.43) を用いて $b_r(\vec{p})$ と $b_s^\dagger(\vec{p})$ の順序を入れ替え，単位スピノル e_r の代りに $\bar{e}_r \equiv \sigma_2 e_r^*$ $(r = 1, 2)$ を用いれば，$(e_r^\dagger \vec{\sigma} e_s) = -(\bar{e}_s^\dagger \vec{\sigma} \bar{e}_r)$ となり，結局

$$\vec{S}\text{の第二項} = \int dw_p \sum_{r,s} b_r^\dagger(\vec{p})(\bar{e}_r^\dagger \frac{\vec{\sigma}}{2} \bar{e}_s) b_s(\vec{p}) \tag{9.47'}$$

となる．

さきに脚注5で単位ベクトル $\vec{n}$ を導入したが，これを特別な仕方で選ぶとき，添字 r は次のような簡単な物理的意味をもつ．すなわち $\vec{n} // \vec{p}$ とすれば，$[(\vec{\sigma}\vec{n}), (\vec{\sigma}\vec{p})] = 0$ であり，$(\vec{\Sigma}\vec{n})u_r(\vec{p}) = (-1)^{r+1} u_r(\vec{p}), (\vec{\Sigma}\vec{n})v_r(\vec{p}) = (-1)^{r+1} v_r(\vec{p})$ となる．すなわち $r = 1, 2$ はスピンの n 方向の成分 $\pm 1/2$，あるいはヘリシティー (helicity) ± 1 に対応する．他方，$\vec{n} \perp \vec{p}$ と取れば $[(\vec{\sigma}\vec{n}), (\vec{\sigma}\vec{p})]_+ = 0$ であり，この場合には $\vec{\Sigma}' \equiv \beta\vec{\Sigma} = \text{diag.}(\vec{\sigma}, -\vec{\sigma})$ に対して $(\vec{\Sigma}'\vec{n})u_r(\vec{p}) = (-1)^{r+1} u_r(\vec{p}), (\vec{\Sigma}'\vec{n})v_r(\vec{p}) = (-1)^r v_r(\vec{p})$ となる．

なお，演算子 $\vec{S}$ は状態ベクトルに対して，次のように作用する．具体例として二つの1体状態 $| \rangle \equiv \int dw_p \sum_r \tilde{\varphi}_r(\vec{p}) a_r^\dagger(\vec{p}) |0\rangle, | \rangle' \equiv \int dw_p \sum_r \tilde{\varphi}'_r(\vec{p}) a_r^\dagger(\vec{p}) |0\rangle$ を考えよう．このとき $\vec{S}$ の行列要素 $\langle |\vec{S}| \rangle'$ は，簡単な計算の結果

$$\langle |\vec{S}| \rangle' = \int dw_p \sum_{r,s} \tilde{\varphi}_r^*(\vec{p}) \left(e_r^\dagger \frac{\vec{\sigma}}{2} e_s \right) \tilde{\varphi}'_s(\vec{p}) \tag{9.48}$$

となる．ここで波動関数 $\tilde{\varphi}_r(\vec{p})$ に対して，2成分スピノルの表式

$$\tilde{\varphi}(\vec{p}) \equiv \sum_r \tilde{\varphi}_r(\vec{p}) e_r \tag{9.49}$$

を用いるならば

$$\langle |\vec{S}| \rangle' = \int dw_p \tilde{\varphi}^*(\vec{p}) \left(\frac{\vec{\sigma}}{2} \right) \tilde{\varphi}'(\vec{p}) \tag{9.48'}$$

となり，$\vec{S}$ は $\tilde{\varphi}(\vec{p})$ に対してパウリ行列として作用することになる．

9.2.2 粒子・反粒子状態

a. 粒子演算子

中性スカラー場の場合とは異なり，ディラック場に対する粒子状態の定義には，粒子・反粒子の区別，および内部自由度 (スピンに対応) の指定を付加する必要がある．こうした区別や指定を行うべき付加パラメーターは，粒子の同一性を示すものに他ならず，自由粒子に対しては運動の恒量—従って自由ハミルトニアン H_0 はこれらに関して対角的—であることが求められる．すなわち，これらの条件を満足するように粒子演算子 $\Psi_p(x)$ を構成しなければならない．他方，波動演算子 $\Psi_w(x)$ としては，$\Psi_w(x) = \psi^{(\pm)}(x)$ とおくことは妥当であろう．要するに，$\psi(x)$ を物質場とみなすわけである．

ところで，$\psi^{(\pm)}(x)$ の次元は $[\psi^{(\pm)}(x)] = [L^{-3/2}]$ あり，これはまさに $\Psi_p(x)$ に対して要求される次元に等しい．しかしながら，$\Psi_p(x) = \psi^{(\pm)}(x)$ とおくことはできない．$\psi^{(\pm)}(x)$ に対する反交換関係は (9.44) であり，これは $\Psi_p(x)$ に対する要請—9.1.2 項の条件 (1) —を満たさないからである．さらに $\Psi_p(x) = \psi^{\pm}(x)$ とした場合，そのスピノル添字 $\rho, \sigma, \cdots (= 1, 2, 3, 4)$ は，一見，上述の付加パラメーターの役割を演ずるかに思えるが，$\mathcal{H}_0$ はこれらに関して対角的ではない，といった事情もある．

そこでスカラー場の場合に倣い，粒子および反粒子に対する粒子演算子を，それぞれ次式によって定義する：

$$\chi_r(x) \equiv \frac{1}{\sqrt{(2\pi)^3}} \int dw_p \sqrt{E_p}\, a_r(\vec{p}) e^{ipx},$$
$$\bar{\chi}_r(x) \equiv \frac{1}{\sqrt{(2\pi)^3}} \int dw_p \sqrt{E_p}\, b_r(\vec{p}) e^{ipx} \quad (r = 1, 2). \tag{9.50}$$

このとき，$\chi_r(x) = \chi_r(\vec{x}, t)$ 等として，次の同時反交換関係が成り立つ：

$$[\chi_r(\vec{x}, t), \chi_s^\dagger(\vec{x}', t)]_+ = \delta_{rs}\delta(\vec{x} - \vec{x}'), \quad [\chi_r(\vec{x}, t), \chi_s(\vec{x}', t)]_+ = 0,$$
$$[\bar{\chi}_r(\vec{x}, t), \bar{\chi}_s^\dagger(\vec{x}', t)]_+ = \delta_{rs}\delta(\vec{x} - \vec{x}'), \quad [\bar{\chi}_r(\vec{x}, t), \bar{\chi}_s(\vec{x}', t)]_+ = 0, \tag{9.51}$$
$$[\chi_r(\vec{x}, t), \bar{\chi}_s(\vec{x}', t)]_+ = [\chi_r(\vec{x}, t), \bar{\chi}_s^\dagger(\vec{x}', t)]_+ = 0.$$

また，(9.50) を $a_r(\vec{p}), b_r(\vec{p})$ について解き，これらを (9.35) に代入すると

$$H_0 = \int d^3x \sum_r \{\chi_r^\dagger(x)\sqrt{-\triangle + m^2}\,\chi_r(x) + \bar{\chi}_r^\dagger(x)\sqrt{-\triangle + m^2}\,\bar{\chi}_r(x)\},$$

$$\vec{P} = \int d^3x \sum_r \left(\chi_r^\dagger(x)(-i\vec{\nabla})\chi_r(x) + \bar{\chi}_r^\dagger(x)(-i\vec{\nabla})\bar{\chi}_r(x) \right),$$

$$N = \int d^3x \sum_r \left(\chi_r^\dagger(x)\chi_r(x) - \bar{\chi}_r^\dagger(x)\bar{\chi}_r(x) \right)$$

$$\equiv \int d^3x \sum_r \left(\rho_r(x) - \bar{\rho}_r(x) \right) \equiv \mathcal{N} - \bar{\mathcal{N}}$$

(9.52)

なる表式 (ただし c 数項は除く) が得られる．ここに $\mathcal{N}, \bar{\mathcal{N}}$ はそれぞれ全粒子数および全反粒子数を表わす．

付加パラメーター r の存在を別にすれば，上式は (9.10) と同型である．例えば，'粒子場' $\chi_r(x)$, '反粒子場' $\bar{\chi}_r(x)$ に対する運動方程式も (9.11) と同型になる．粒子状態，反粒子状態の取り扱いもスカラー場の場合と同様に行える．基礎ベクトルの構成には，シュレーディンガー演算子 $\chi_r(\vec{x}) \equiv \chi_r(\vec{x}, 0), \bar{\chi}_r(\vec{x}) \equiv \bar{\chi}_r(\vec{x}, 0)$ を用いればよい．従って，位置 $\vec{x}_j$, 内部座標 r_j $(j = 1, 2, \cdots, n)$ をもつ n 個の粒子と，位置 $\vec{y}_j$, 内部座標 $s_{\bar{j}}$ $(\bar{j} = 1, 2, \cdots, \bar{n})$ をもつ $\bar{n}$ 個の反粒子が共存する状態は

$$|\vec{x}_1 r_1, \vec{x}_2 r_2, \cdots, \vec{x}_n r_n; \vec{y}_1 s_1, \vec{y}_2 s_2, \cdots, \vec{y}_{\bar{n}} s_{\bar{n}}\rangle$$
$$= \frac{1}{\sqrt{n!\bar{n}!}} \chi_{r_1}^\dagger(\vec{x}_1)\chi_{r_2}^\dagger(\vec{x}_2)\cdots\chi_{r_n}^\dagger(\vec{x}_n)\bar{\chi}_{s_1}^\dagger(\vec{y}_1)\bar{\chi}_{s_2}^\dagger(\vec{y}_2)\cdots\bar{\chi}_{s_{\bar{n}}}^\dagger(\vec{y}_{\bar{n}})|0\rangle$$

(9.53)

と書かれる．$\vec{P}$ の固有状態 $|\vec{p}_1 r_1, \vec{p}_2 r_2, \cdots, \vec{p}_n r_n; \vec{q}_1 s_1, \vec{q}_2 s_2, \cdots, \vec{q}_{\bar{n}} s_{\bar{n}}\rangle$ についても，(9.18) を同様に一般化すればよい．

b. 位置演算子

2種の場 $\chi_r(\vec{x}), \bar{\chi}_r(\vec{x})$ に対する位置の演算子を，これまでと同じく，それぞれ

$$\vec{X} \equiv \int d^3x \sum_{r=1}^2 \chi_r^\dagger(\vec{x})\, \vec{x}\, \chi_r(\vec{x}) = i \int dw_p \sqrt{E_p} \sum_{r=1}^2 a_r^\dagger(\vec{p})\vec{\nabla}_p \left(\frac{1}{\sqrt{E_p}} a_r(\vec{p}) \right),$$

$$\vec{\bar{X}} \equiv \int d^3x \sum_{r=1}^2 \bar{\chi}_r^\dagger(\vec{x})\, \vec{x}\, \bar{\chi}_r(\vec{x}) = i \int dw_p \sqrt{E_p} \sum_{r=1}^2 b_r^\dagger(\vec{p})\vec{\nabla}_p \left(\frac{1}{\sqrt{E_p}} b_r(\vec{p}) \right),$$

(9.54)

によって定義するのが妥当であろう．$\vec{X}, \vec{\bar{X}}$ は (9.16) と同型の—ただし内部自由度 r について一般化した—交換関係を満たす．それらの各成分 $X_j, \bar{X}_j$ $(j = 1, 2, 3)$

は，もちろん，互いに可換である．とくに両種の場に対する速度演算子は

$$\vec{V} = \int dw_p \sum_{r=1}^{2} a_r^\dagger(\vec{p}) \left(\frac{\vec{p}}{E_p}\right) a_r(\vec{p}),$$
$$\vec{\bar{V}} = \int dw_p \sum_{r=1}^{2} b_r^\dagger(\vec{p}) \left(\frac{\vec{p}}{E_p}\right) b_r(\vec{p}) \tag{9.55}$$

で与えられ，これらの成分 $V_j, \bar{V}_j$ は互いに可換である．また，$\vec{V}|\vec{p}r\rangle = (\vec{p}/E_p)|\vec{p}r\rangle$ も成り立つ．

ここで，$\psi^{(\pm)}(\vec{x})\,(\equiv \psi^{(\pm)}(\vec{x},0))$ および $\chi_r(\vec{x}), \bar{\chi}_r(\vec{x})$ の定義式，すなわち (9.36) と (9.50) を比較することにより

$$\chi_r(\vec{x}) = \int d^3y\, K_{r\rho}(\vec{x}-\vec{y})\psi_\rho^{(+)}(\vec{y}),$$
$$K_{r\rho}(\vec{x}) \equiv \frac{1}{(2\pi)^3}\int dw_p\, \sqrt{mE_p}\, u_{r\rho}^*(\vec{p})e^{i\vec{p}\vec{x}}\ ; \tag{9.56}$$

$$\bar{\chi}_r(\vec{x}) = \int d^3y\, \bar{K}_{r\rho}(\vec{x}-\vec{y})\psi_\rho^{(-)\dagger}(\vec{y}),$$
$$\bar{K}_{r\rho}(\vec{x}) \equiv \frac{1}{(2\pi)^3}\int dw_p\, \sqrt{mE_p}\, v_{r\rho}(\vec{p})e^{i\vec{p}\vec{x}} \tag{9.56'}$$

が得られる．ところで $\int d^3y K_{r\rho}(\vec{x}-\vec{y})\psi_\rho^{(-)}(\vec{y}) = 0$, $\int d^3y \bar{K}_{r\rho}(\vec{x}-\vec{y})\psi_\rho^{(+)\dagger}(\vec{y}) = 0$ であるから，(9.56) 第一式右辺の $\psi_\rho^{(+)}(\vec{y})$ は $\psi_\rho(\vec{y})$ で，(9.56') 第一式右辺の $\psi_\rho^{(-)\dagger}(\vec{y})$ は $\psi_\rho^\dagger(\vec{y})$ でそれぞれ置き換えてもよい．これらの結果を (9.54) に代入すれば

$$\vec{X} = \int d^3y d^3y'\, \psi_\rho^\dagger(\vec{y})\, \vec{\mathcal{X}}_{\rho\sigma}(\vec{y},\vec{y}')\psi_\sigma(\vec{y}'),$$
$$\vec{\mathcal{X}}_{\rho\sigma}(\vec{y},\vec{y}') \equiv \int d^3x \sum_r K_{r\rho}^*(\vec{x}-\vec{y})\, \vec{x}\, K_{r\sigma}(\vec{x}-\vec{y}'); \tag{9.57}$$

$$\vec{\bar{X}} = \int d^3y d^3y'\, \psi_\rho(\vec{y})\, \vec{\bar{\mathcal{X}}}_{\rho\sigma}(\vec{y},\vec{y}')\psi_\sigma^\dagger(\vec{y}'),$$
$$\vec{\bar{\mathcal{X}}}_{\rho\sigma}(\vec{y},\vec{y}') \equiv \int d^3x \sum_r \bar{K}_{r\rho}^*(\vec{x}-\vec{y})\, \vec{x}\, \bar{K}_{r\sigma}(\vec{x}-\vec{y}') \tag{9.57'}$$

が得られる．

$K_{r\rho}(\vec{x}), \bar{K}_{r\rho}(\vec{x})$ に対して (9.56), (9.56') の表式を用いれば，$\vec{\mathcal{X}}_{\rho\sigma}(\vec{y},\vec{y}'), \vec{\bar{\mathcal{X}}}_{\rho\sigma}(\vec{y},\vec{y}')$ は

$$\vec{\mathcal{X}}_{\rho\sigma}(\vec{y},\vec{y}') = \frac{(\vec{y}+\vec{y}')}{2(2\pi)^3}\int d^3p\,\Lambda^{(+)}_{\rho\sigma}(\vec{p})e^{i\vec{p}(\vec{y}-\vec{y}')}$$

$$+\frac{i}{4(2\pi)^3}\int dw_p\,e^{i\vec{p}(\vec{y}-\vec{y}')}\left(\beta\vec{\alpha}-\frac{\beta(\vec{\alpha}\vec{p})\vec{p}}{E_p(E_p+m)}-\frac{i(\vec{p}\times\vec{\Sigma})(1-\beta)}{E_p+m}\right)_{\rho\sigma},\quad (9.58)$$

$$\vec{\bar{\mathcal{X}}}_{\rho\sigma}(\vec{y},\vec{y}') = \frac{(\vec{y}+\vec{y}')}{2(2\pi)^3}\int d^3p\,\Lambda^{(-)}_{\sigma\rho}(\vec{p})e^{i\vec{p}(\vec{y}-\vec{y}')}$$

$$+\frac{i}{4(2\pi)^3}\int dw_p\,e^{i\vec{p}(\vec{y}-\vec{y}')}\left(\beta\vec{\alpha}-\frac{\beta(\vec{\alpha}\vec{p})\vec{p}}{E_p(E_p+m)}+\frac{i(\vec{p}\times\vec{\Sigma})(1+\beta)}{E_p+m}\right)_{\sigma\rho}\quad (9.58')$$

となる．(9.57′) は荷電共役な場 $\psi^c_\rho \equiv C_{\rho\sigma}\psi^\dagger_\sigma$ ($C=-i\alpha_2$ は荷電共役行列) を用いれば，以下のようにも書かれる：

$$\vec{\bar{X}} = \int d^3y d^3y'\,\psi^{c\dagger}_\rho(\vec{y})\,\vec{\mathcal{X}}^c_{\rho\sigma}(\vec{y},\vec{y}')\psi^c_\sigma(\vec{y}'),\quad (9.57'')$$

ただし

$$\vec{\mathcal{X}}^c_{\rho\sigma}(\vec{y},\vec{y}') \equiv (C^{-1})^\dagger_{\rho\rho'}\,\vec{\bar{\mathcal{X}}}_{\rho'\sigma'}(\vec{y},\vec{y}')(C^{-1})_{\sigma'\sigma}$$

$$= \frac{(\vec{y}+\vec{y}')}{2(2\pi)^3}\int d^3p\,\Lambda^{(+)}_{\sigma\rho}(-\vec{p})e^{i\vec{p}(\vec{y}-\vec{y}')}$$

$$+\frac{i}{4(2\pi)^3}\int dw_p\,e^{i\vec{p}(\vec{y}-\vec{y}')}\left(\beta\vec{\alpha}-\frac{\beta(\vec{\alpha}\vec{p})\vec{p}}{E_p(E_p+m)}\right.$$

$$\left.-\frac{i(\vec{p}\times\vec{\Sigma})(1-\beta)}{E_p+m}\right)_{\sigma\rho}.\quad (9.57''')$$

9.2.3 フォルディ変換との関係

(9.50) 式を $a_r(\vec{p}),b_r(\vec{p})$ に就いて解き，これを (9.36) に代入することにより，$\psi(\vec{x})$ を $\chi_r(\vec{y}),\bar{\chi}_r(\vec{y})$ でもって表わすと

$$\psi(\vec{x}) = \frac{\sqrt{m}}{(2\pi)^3}\int d^3y \int dw_p\sqrt{E_p}\,e^{i\vec{p}(\vec{x}-\vec{y})}\sum_r\{u_r(\vec{p})\chi_r(\vec{y})+v_r(-\vec{p})\bar{\chi}^\dagger_r(\vec{y})\}$$

$$= \frac{1}{\sqrt{2}(2\pi)^3}\int d^3y \int dw_p\sqrt{E_p(E_p+m)}\,e^{i\vec{p}(\vec{x}-\vec{y})}$$

$$\times \begin{pmatrix} 1 & -\frac{\vec{\sigma}\vec{p}}{E_p+m} \\ \frac{\vec{\sigma}\vec{p}}{E_p+m} & 1 \end{pmatrix}\begin{pmatrix} \sum_r e_r\chi_r(\vec{y}) \\ \sum_r e_r\bar{\chi}^\dagger_r(\vec{y}) \end{pmatrix}$$

$$= \frac{1}{(2\pi)^3} \int d^3y \left\{ \int d^3p \; e^{i\vec{p}(\vec{x}-\vec{y})} U_F(\vec{p}) \right\} \chi(\vec{y}) \tag{9.59}$$

となる．ここで $\chi(\vec{y})$ は四成分スピノル

$$\chi(\vec{y}) \equiv \begin{pmatrix} \sum_r e_r \chi_r(\vec{y}) \\ \sum_r e_r \bar{\chi}_r^\dagger(\vec{y}) \end{pmatrix} \tag{9.60}$$

を表わし，また $U_F(\vec{p})$ は

$$U_F(\vec{p}) = \frac{E_p + m - \beta \vec{\alpha}\vec{p}}{\sqrt{2E_p(E_p+m)}} \tag{9.61}$$

で与えられる4行4列のユニタリ行列で，それによる変換は通常，谷–フォルディ–ヴォウトハウセン変換，または略してフォルディ変換 (Foldy transformation) と呼ばれている[*6]．

フォルディ等は，ディラック方程式 $i\dot{\psi}(\vec{p},t) = \mathcal{H}_0(\vec{p})\psi(\vec{p},t)$ 中の $\mathcal{H}_0(\vec{p})$ を変換 $U_F(\vec{p})$ によって対角化することを試みた．いま $\psi(\vec{p},t) \equiv U_F(\vec{p})\psi'(\vec{p},t)$ とおくと，変換後のハミルトニアンは $\mathcal{H}'_0(\vec{p}) \equiv U_F(\vec{p})^{-1}\mathcal{H}_0(\vec{p})U_F(\vec{p}) = E_p\beta$ であり，$i\dot{\psi}'(\vec{p},t) = E_p\beta\psi'(\vec{p},t)$ となる．従って ψ' の上 (下) 2成分がエネルギーの正 (負)，すなわち粒子 (反粒子) に対応する．彼らはこの新しい表示が—相互作用のある場合も含めて—非相対論的近似に移るのに便利であることを示した．

ところで，新しい表示において $\vec{x}$ で与えられる演算子は，元の表示では $U_F(\vec{p})\vec{x}U_F^{-1}(\vec{p}) \equiv \vec{X}_F$ であり，これを求めると

$$\vec{X}_F = \vec{x} + \frac{i\beta\vec{\alpha}}{2E_p} - \frac{i\beta(\vec{\alpha}\vec{p})\vec{p}}{2E_p^2(E_p+m)} + \frac{\vec{p}\times\vec{\Sigma}}{2E_p(E_p+m)} \tag{9.62}$$

となる[*7]．周知のように，ディラック電子論では $\vec{x}$ をそのまま電子の位置とみなすが，このとき $\dot{\vec{x}} = i[\mathcal{H}_0(-i\vec{\nabla}),\vec{x}] = \vec{\alpha}$，すなわち $|\dot{\vec{x}}|$ = 光速となり，その成分は互いに非可換である．電子は，しかしながら，瞬間的に正負エネルギー間を往復しながら複雑な顫動運動 (Zitterbewegung) をしており，実際に観測にかかるのは，$\vec{x}(t)$ や $\dot{\vec{x}}(t)$ そのものではなく，それらの時間的な平均値であろう——

[*6] L.L.Foldy and S.A. Wouthuysen : Phys.Rev.**78**(1950)29, S.Tani : Prog.Theor.Phys. **6**(1951)267.

[*7] (9.62) 式右辺第三項の分母は，フォルディ–ヴォウトハウセン論文では，$2E_p(E_p+m)p$ となっているが，これは誤植であると思われる．なお，この結果を誤植のまま引用した文献がある．

9.2 ディラック場の場合

とするのが従来の定説である．そしてフォルディ等は，上記の $\vec{X}_F$ がまさにそのような'平均位置' (mean position) に当たると考えた．この場合 $\dot{\vec{X}}_F = \vec{p}/E_p$ となり，$\vec{X}_F$ の各成分は可換である．

これに反して場 $\psi(\vec{x}, t)$ の引数 $\vec{x}$ は，対応する粒子の位置とは異なる，とするのが本書の基本的な立場である．このような観点から，彼らの $\vec{X}_F$ を再解釈すると以下のようになる．先ず $\vec{X}_F$ には，粒子および反粒子からの寄与が混在している．場 $\psi(\vec{x})$ を基本に取る限り，$\vec{X}_F$ への粒子場からの寄与を $\vec{X}$ としたとき，直接これに対応する反粒子場からの寄与は，(9.59) に見られるように，$\bar{\vec{X}}$ ではなく，むしろ

$$\bar{\vec{X}}' \equiv \int d^3x \sum_r \bar{\chi}_r(\vec{x}) \vec{x} \bar{\chi}_r^\dagger(\vec{x}) \tag{9.63}$$

であろう．実際 (9.56′) を用いてこれを計算すると

$$\begin{aligned}\bar{\vec{X}}' &= \int d^3y\, d^3y'\, \psi_\rho^\dagger(\vec{y}) \bar{\vec{\mathcal{X}}}'_{\rho\sigma}(\vec{y}, \vec{y}') \psi_\sigma(\vec{y}'), \\ \bar{\vec{\mathcal{X}}}'_{\rho\sigma}(\vec{y}, \vec{y}') &\equiv \int d^3x \sum_r \bar{K}_{r\rho}(\vec{x}-\vec{y}) \vec{x} \bar{K}_{r\sigma}^*(\vec{x}-\vec{y}')\end{aligned} \tag{9.64}$$

であり，

$$\begin{aligned}\bar{\vec{\mathcal{X}}}'_{\rho\sigma}(\vec{y}, \vec{y}') =\ & \frac{(\vec{y}+\vec{y}')}{2(2\pi)^3} \int d^3p\, \Lambda^{(-)}_{\rho\sigma}(-\vec{p}) e^{i\vec{p}(\vec{y}-\vec{y}')} \\ & + \frac{i}{4(2\pi)^3} \int dw_p\, e^{i\vec{p}(\vec{y}-\vec{y}')} \left(\beta\vec{\alpha} - \frac{\beta(\vec{\alpha}\vec{p})\vec{p}}{E_p(E_p+m)} \right.\\ & \left. - \frac{i(\vec{p}\times\vec{\Sigma})(1+\beta)}{E_p+m}\right)_{\rho\sigma}\end{aligned} \tag{9.64′}$$

となる．

(9.62) 右辺で $\vec{p} = -i\vec{\nabla}$ とみなせば，(9.57), (9.58), (9.64), (9.64′) より直ちに

$$\int d^3x\, \psi^\dagger(\vec{x}) \vec{X}_F \psi(\vec{x}) = \vec{X} + \bar{\vec{X}}' \tag{9.65}$$

であることがわかる．$\vec{X}_F$ はこのように，粒子場と反粒子場からの寄与に分解される．

この種の考察は，もちろん，他の演算子に対しても行える．例として (9.47)

で定義されたスピン演算子 $\vec{S}$ について調べてみよう．その右辺括弧内の第 1，第 2 項はそれぞれ粒子場および反粒子場のもつスピンと考えられる．いま (9.36) を $a_r(\vec{p}), b_r(\vec{p})$ について解き，これらの表式を (9.47) の各項に代入すると，次の結果が得られる．

$$\text{粒子場のスピン} \equiv \int dw_p \sum_{r,s} a_r^\dagger(\vec{p})(e_r^\dagger \frac{\vec{\sigma}}{2} e_s) a_s(\vec{p})$$

$$= \int d^3x d^3y \psi_\rho^\dagger(\vec{x}) \vec{S}_{\rho\sigma}(\vec{x}-\vec{y}) \psi_\sigma(\vec{y}), \tag{9.66}$$

$$\vec{S}_{\rho\sigma}(\vec{x}-\vec{y}) = \frac{1}{4(2\pi)^3} \int dw_p e^{i\vec{p}(\vec{x}-\vec{y})} \left\{ \vec{p}\gamma^5 - i\beta(\vec{\alpha}\times\vec{p}) \right.$$

$$\left. + (m+E_p\beta)\vec{\Sigma} + \frac{\vec{p}(\vec{p}\vec{\Sigma})(1-\beta)}{E_p+m} \right\}_{\rho\sigma}; \tag{9.66'}$$

および

$$\text{反粒子場のスピン} \equiv \int dw_p \sum_{r,s} b_r(\vec{p})(e_r^\dagger \frac{\vec{\sigma}}{2} e_s) b_s^\dagger(\vec{p})$$

$$= \int d^3x d^3y \psi_\rho^\dagger(\vec{x}) \vec{\bar{S}}_{\rho\sigma}(\vec{x}-\vec{y}) \psi_\sigma(\vec{y}), \tag{9.67}$$

$$\vec{\bar{S}}_{\rho\sigma}(\vec{x}-\vec{y}) = \frac{1}{4(2\pi)^3} \int dw_p e^{i\vec{p}(\vec{x}-\vec{y})} \left\{ -\vec{p}\gamma^5 - i\beta(\vec{\alpha}\times\vec{p}) \right.$$

$$\left. + (m-E_p\beta)\vec{\Sigma} + \frac{\vec{p}(\vec{p}\vec{\Sigma})(1+\beta)}{E_p+m} \right\}_{\rho\sigma}, \tag{9.67'}$$

ここに $\gamma^5 \equiv -i\alpha_1\alpha_2\alpha_3$．よって全スピンは，(9.66)+(9.67) で与えられ，対応する積分核は (9.66')+(9.67')，すなわち

$$\vec{S}_{\rho\sigma}(\vec{x}-\vec{y}) + \vec{\bar{S}}_{\rho\sigma}(\vec{x}-\vec{y})$$

$$= \frac{\vec{\Sigma}}{2}\delta(\vec{x}-\vec{y}) - \frac{1}{2(2\pi)^3} \int dw_p e^{i\vec{p}(\vec{x}-\vec{y})} \left\{ i\beta(\vec{\alpha}\times\vec{p}) + \frac{\vec{p}\times(\vec{\Sigma}\times\vec{p})}{E_p+m} \right\}_{\rho\sigma} \tag{9.68}$$

となる．

先に，9.2.1 項 c で (9.35) 中の項 $\int d^3x \psi^\dagger(\vec{x})(\vec{\Sigma}/2)\psi(\vec{x})$ がそのまま (9.35') 中の $\vec{S}$ に書き換えられるわけではない，と注意した．(9.68) の結果はこのことを具

体的に示している．なお，(9.68) は，フォルディ等が'平均スピン' (mean spin) と呼んだ表式 $\vec{\Sigma}_F/2$ に一致している．

9.2.4 確 率 振 幅
a. 二種の振幅 φ と Φ

粒子および反粒子を，空間のそれぞれの微小領域 d^3x に見出すための確率振幅は，スカラー場の場合と同様，場の状態 $|t\rangle$ を基礎ベクトル (9.53) で展開したときの展開係数 $\varphi_{r_1 r_2 \cdots r_n; s_1 s_2 \cdots s_{\bar{n}}}(\vec{x}_1, \vec{x}_2, \cdots, \vec{x}_n; \vec{y}_1, \vec{y}_2, \cdots, \vec{y}_{\bar{n}}; t)$ で与えられる．確率振幅の性質を見るためには，しかしながら，粒子 1 個 ($n=1, \bar{n}=0$) の場合を考察すれば十分である．他の場合 ($n>1, \bar{n}>0$) への一般化は容易である．

いま $(i\partial/\partial t - H_0)|t\rangle = 0$ を満たす 1 粒子状態を次のように書く：

$$|t\rangle = \int d^3x \sum_r \varphi_r(\vec{x}, t) |\vec{x}, r\rangle. \tag{9.69}$$

このとき

$$\begin{aligned} \varphi_r(\vec{x}, t) &= \langle \vec{x}, r | t \rangle, \\ \langle t | t \rangle &= \int d^3x \sum_r \varphi_r^*(\vec{x}, t) \varphi_r(\vec{x}, t) \end{aligned} \tag{9.69'}$$

である．よって，$\varphi_r(\vec{x}, t)$ が上記の意味の確率振幅であることを再確認できる．また (9.52) のように

$$A = \int d^3x \sum_{r,s} \chi_r^\dagger(\vec{x}) \mathcal{A}_{rs}(-i\vec{\nabla}, \vec{x}) \chi_s(\vec{x}) \tag{9.70}$$

の形をもつ演算子の行列要素は，$|t\rangle'$ を φ_r' でもって同様に定義された状態として

$$\langle t | A | t \rangle' = \int d^3x \sum_{r,s} \varphi_r^*(\vec{x}, t) \mathcal{A}_{rs}(-i\vec{\nabla}, \vec{x}) \varphi_s'(\vec{x}, t) \tag{9.70'}$$

と書かれる．例えば，H_0 に対しては $\langle t|H_0|t\rangle' = \int d^3x d^3x' \sum_r \varphi_r^*(\vec{x}, t) G_1(\vec{x}-\vec{x}') \varphi_r'(\vec{x}', t)$ となる．他方，確率振幅 $\varphi_r(\vec{x}, t)$ の時間依存性は，$i\partial/\partial t |t\rangle = H_0 |t\rangle$ より求められ

$$i\frac{\partial}{\partial t} \varphi_r(\vec{x}, t) = \sqrt{-\Delta + m^2}\, \varphi_r(\vec{x}, t) \tag{9.71}$$

である．

しかしながら，場の理論では，通常，場の演算子 $\psi(\vec{x})$ を用いて状態を与えることが多い．そこで，例えば粒子 1 個の状態として $|\vec{x}, r\rangle$ の代わりに

$$|\vec{x}, \rho\rangle\!\rangle \equiv \psi_\rho^{(+)\dagger}(\vec{x})|0\rangle = \psi_\rho^\dagger(\vec{x})|0\rangle, \quad \psi^{(+)}(\vec{x}) \equiv \psi^{(+)}(\vec{x}, 0) \tag{9.72}$$

を採ることにしよう．$|\vec{x}, r\rangle$ の場合とは異なり，基底ベクトル $\{|\vec{x}, \rho\rangle\!\rangle\}$ は直交系ではなく，(9.44) により

$$\langle\!\langle \vec{x}, \rho | \vec{x}', \sigma \rangle\!\rangle = \frac{1}{2}(\mathcal{H}_0(-i\vec{\nabla}) + \sqrt{-\triangle + m^2})_{\rho\sigma} G_{-1}(\vec{x} - \vec{x}') \tag{9.73}$$

である．いま，(9.69) の状態 $|t\rangle$ を新しい基底ベクトルでもって書き直せば，(9.56) を用いるとき

$$|t\rangle = \int d^3x \sum_\rho \Phi_\rho(\vec{x}, t) |\vec{x}, \rho\rangle\!\rangle,$$

$$\Phi_\rho(\vec{x}, t) \equiv \int d^3y \sum_r K^*_{r\rho}(\vec{y} - \vec{x}) \varphi_r(\vec{y}, t) \tag{9.74}$$

となる．また

$$\langle\!\langle \vec{x}, \rho | t \rangle = \frac{1}{2}(\mathcal{H}_0(-i\vec{\nabla}) + \sqrt{-\triangle + m^2})_{\rho\sigma} \int d^3y\, G_{-1}(\vec{x} - \vec{y}) \Phi_\sigma(\vec{y}, t) \tag{9.75}$$

でもある．

ここで (9.74) 第二式に，それぞれ $i(\partial/\partial t)$ および $\mathcal{H}_0(-i\vec{\nabla})_{\sigma\rho}$ を作用させれば，簡単な計算の結果

$$i\frac{\partial}{\partial t}\Phi_\rho(\vec{x}, t) = \int d^3y \sum_r K^*_{r\rho}(\vec{y} - \vec{x}) \left(i\frac{\partial}{\partial t}\right) \varphi_r(\vec{y}, t),$$

$$\mathcal{H}_0(-i\vec{\nabla})_{\sigma\rho}\Phi_\rho(\vec{x}, t) = \int d^3y \sum_r K^*_{r\sigma}(\vec{x} - \vec{y}) \sqrt{-\triangle_y + m^2}\, \varphi_r(\vec{y}, t) \tag{9.76}$$

が得られる．上式で (9.71) を考慮すれば

$$i\frac{\partial}{\partial t}\Phi(\vec{x}, t) = \mathcal{H}_0(-i\vec{\nabla})\Phi(\vec{x}, t) = \sqrt{-\triangle + m^2}\,\Phi(\vec{x}, t), \tag{9.77}$$

すなわち $\Phi_\rho(\vec{x}, t)$ はディラック方程式を満たす正エネルギーの解であることがわかる．このことを (9.75) で考慮し，かつ $\sqrt{-\triangle + m^2}\, G_{-1}(\vec{x}) = \delta(\vec{x})$ に留意すれば，(9.75) は

$$\langle\!\langle \vec{x}, \rho | t \rangle = \Phi_\rho(\vec{x}, t) \tag{9.75'}$$

9.2 ディラック場の場合

となる．$|\Phi_\rho(\vec{x},t)|^2$ も，従って，ある種の確率を表わすことになるが，その意味については後に述べる．

いま，$|t\rangle'$ を (9.74) で $\Phi_\rho(\vec{x},t)$ を $\Phi'_\rho(\vec{x},t)$ で置き換えて得られる状態とするとき

$$A = \int d^3x \psi^{(+)\dagger}_\rho(\vec{x})\mathcal{A}_{\rho\sigma}(-i\vec{\nabla},\vec{x})\psi^{(+)}_\sigma(\vec{x}) \tag{9.78}$$

の形をもつ演算子の行列要素 $\langle t|A|t\rangle'$ は，(9.77) により

$$\langle t|A|t\rangle' = \int d^3x \Phi^*_\rho(\vec{x},t)\mathcal{A}_{\rho\sigma}(-i\vec{\nabla},\vec{x})\Phi'_\sigma(\vec{x},t) \tag{9.78'}$$

と書かれる．また位置演算子 $\vec{X}$ に対しては

$$\langle t|\vec{X}|t\rangle' = \int d^3x d^3x' \Phi^*_\rho(\vec{x},t)\vec{\mathcal{X}}_{\rho\sigma}(\vec{x},\vec{x}')\Phi'_\sigma(\vec{x},t) \tag{9.79}$$

となる．

反粒子状態についても同様である．反粒子1個の場合の基礎ベクトルを $\overline{|\vec{x},r\rangle} \equiv \bar{\chi}^\dagger_r(\vec{x})|0\rangle$，または $\overline{|\vec{x},\rho\rangle\!\rangle} \equiv \psi^{(-)}_\rho(\vec{x})|0\rangle = \psi_\rho(\vec{x})|0\rangle$ に取ると，一般の1反粒子状態は

$$|t\rangle = \int d^3x \bar{\varphi}_r(\vec{x},t)\overline{|\vec{x},r\rangle} = \int d^3x \bar{\Phi}^*_\rho(\vec{x},t)\overline{|\vec{x},\rho\rangle\!\rangle} \tag{9.80}$$

と書かれる．このとき

$$\bar{\Phi}^*_\rho(\vec{x},t) = \int d^3y \bar{K}_{r\rho}(\vec{y}-\vec{x})\bar{\varphi}_r(\vec{y},t),$$

$$\overline{\langle\!\langle \vec{x},\rho|t\rangle} = \bar{\Phi}^*_\rho(\vec{x},t) \tag{9.80'}$$

であり，$\bar{\Phi}_\rho(\vec{x},t)$ はディラック方程式の負エネルギー解になっている．

再び1粒子状態の場合に戻り，1粒子を $[\vec{x},\vec{x}+d\vec{x}]$ の領域に見出す確率を考えてみよう．既に繰り返し述べたように，その確率密度は $\sum_r |\varphi_r(\vec{x},t)|^2 \equiv P(\vec{x},t)$ で与えられる．しかしこれは $\sum_\rho \Phi^*_\rho(\vec{x},t)\Phi_\rho(\vec{x},t) \equiv P'(\vec{x},t)$ には等しくない．実際，(9.74) 第二式を $P'(\vec{x},t)$ の表式に代入してみればわかるように，$P'(\vec{x},t) = P(\vec{x},t)$ の成り立つのは $\sum_\rho u^*_{r\rho}(\vec{p})u_{s\rho}(\vec{q}) = \delta_{rs}\sqrt{E_p E_q}/m$ のときに限られる．しかしこの条件は (9.40) に抵触する．ただし，両者の全空間にわたる積分については $\int d^3x P'(\vec{x},t) = \int d^3x P(\vec{x},t) = \langle t|t\rangle$ が成り立つ．

ディラックは，シュレーディンガー方程式に代わるべき相対論的な式として，ディラック方程式を見出し，これを満たす $\psi(x)$ に対してシュレーディンガー波

動関数と同じ物理的解釈を施した．結果的に，これが正しくなかったことは，上で見た通りである．大体，$\vec{x}$ が演算子で t がパラメーターということは，相対論の精神にそぐわない．当初のディラック理論は，それ故，歴史的に発見法的な役割を演じた，と見るべきであろう．ディラック方程式を満たすのは，シュレーディンガー波動関数と同じ意味をもつ確率振幅ではなくディラック場である，とするのが正当な—そして現在一般に受容されている—解釈である．$(\vec{x}, t)$ はこの場合，ともに場の演算子を区別する指標に過ぎない．

b. 外場のある場合

ディラック理論に対して上のような立場を採るとき，直ちに次の疑問が生じてくる．すなわち，ディラック方程式を満たす $\psi(x)$ に対して正しい物理的解釈を施した場合，従来の多くの理論的結果，例えば水素原子スペクトルの微細構造の計算も変更を要することになるのか否か，といった種類の問題である．

こうした状況を調べるために，ディラック場 $\psi(x)$ が静的な外場 $\mathcal{V}(\vec{x})$ の中にある場合を考えることにする．すなわち，シュレーディンガー表示でのハミルトニアンを (9.35) 第一式の代わりに

$$H =: \int d^3x \psi_\rho^\dagger(\vec{x}) \mathcal{H}_{\rho\sigma}(\vec{x}, -i\vec{\nabla}) \psi_\sigma(\vec{x}) :$$
$$\mathcal{H}(\vec{x}, -i\vec{\nabla}) = \mathcal{H}_0(-i\vec{\nabla}) + \mathcal{V}(\vec{x}), \tag{9.81}$$

と置く．ただし，$\mathcal{V}(\vec{x})$ は $\vec{x}$ のみの関数のエルミート行列とする．外的な静的電磁場との相互作用も，この部類に属する．

このような場合，1粒子のエネルギー固有値の問題を，場の理論における固有値問題として解くとしよう．すなわち，エネルギー固有値を ϵ，固有状態を $|\epsilon\rangle$ とするとき

$$H|\epsilon\rangle = \epsilon|\epsilon\rangle \tag{9.82}$$

であり，$|\epsilon\rangle$ としては

$$|\epsilon\rangle = \int d^3x \Phi_\rho(\vec{x}, \epsilon) |\vec{x}, \rho\rangle\!\rangle \tag{9.83}$$

の形のもの，すなわち1粒子状態に制限する．上記の相互作用ハミルトニアンは，生成・消滅演算子で書くとき，一般に (1) $a^\dagger a$ (粒子のポテンシャル)，(2) $b^\dagger b$ (反粒子のポテンシャル)，(3) $a^\dagger b^\dagger, ab$ (粒子・反粒子対の生成・消滅) の形の

項より成る．(9.83) の前提は (1) 以外の項を無視する，いわゆる木の枝近似に相当する．

この場合 (9.82) 式を変形すると，簡単な計算の結果

$$\int d^3x \left(\mathcal{H}(\vec{x}, -i\vec{\nabla}) - \epsilon \right)_{\rho\sigma} \Phi_\sigma(\vec{x},\epsilon) |\vec{x},\rho\rangle\!\rangle = 0 \tag{9.82'}$$

が得られる．上式を解くには，従って，$\psi(\vec{x})$ を c 数とした通常の固有値方程式 $\mathcal{H}(\vec{x}, -i\vec{\nabla})\psi(\vec{x}) = \epsilon\psi(\vec{x})$ が解ければ十分である．この場合，$\psi(\vec{x})$ は単なる数学的な補助関数であり，それに対する固有値方程式は数学的に処理すればよく，$\psi(\vec{x})$ やその境界条件等の物理的意味についての細かい詮索は不要である．こうして得られた $\psi_\rho(\vec{x})$ を $\Phi_\rho(\vec{x},\epsilon)$ として (9.83) に代入すれば，件の近似での場の理論としての固有解 (固有値 ϵ) が求められる．

それ故，水素原子のエネルギースペクトルの微細構造は，われわれの立場からしても，何ら変更を受けない．なお，ϵ の理論値をさらに精密化するためには，上記近似の改良のほか，量子電磁力学的な補正を考慮する必要がある．

9.3 共変性・局所性・因果性

9.3.1 χ 場とローレンツ変換

スカラー場，およびディラック場に対して上で導入した粒子演算子 $\chi(x)$ や $\chi_r(x)$ は，その構成の仕方よりして，通常のスカラーやスピノルとは異なった変換性をもつはずである．以下ではこの問題を，それぞれの場合について，具体的に検討してみる．

a. スカラー場の場合

(9.1) で与えられたラグランジアン (密度) から，エネルギー・運動量テンソル $T^\mu{}_\nu(x)$ を作れば，これを用いて空間回転 (角運動量) $\vec{L}$ およびブースト (boost) の形成演算子 $\vec{K}$ は，それぞれ次式で与えられる：

$$\begin{aligned} L_j &= \epsilon_{j\ell m} \int d^3x\, x_\ell T^0{}_m(x) = \int dw_k\, a_k^\dagger (i\vec{\nabla}_k \times \vec{k})_j a_k, \\ K_j &= \int d^3x \left(x_j T^0{}_0(x) + x_0 T^0{}_j(x) \right) = i \int dw_k\, k_0\, a_k^\dagger \partial_{k_j} a_k. \end{aligned} \tag{9.84}$$

よく知られたように，これらは $[L_j, L_\ell] = i\epsilon_{j\ell m}L_m$, $[K_j, K_\ell] = -i\epsilon_{j\ell m}L_m$, $[L_j, K_\ell] = i\epsilon_{j\ell m}K_m$ を満たす．

(9.8), (9.3) および (9.4′) を用いて，上記演算子と $\chi(x)$ との交換関係を求めれば，以下のようになる．ただし対比のため，もとのスカラー場 $\phi(x)$ の場合をも併記しておく．

$$[\chi(x), \vec{L}] = -i(\vec{x}\times\vec{\nabla})\chi(x),$$
$$[\phi(x), \vec{L}] = -i(\vec{x}\times\vec{\nabla})\phi(x); \tag{9.85}$$

$$[\chi(x), \vec{K}] = i(\vec{x}\partial_t + t\vec{\nabla})\chi(x) - \frac{1}{2\sqrt{-\Delta+m^2}}\vec{\nabla}\chi(x),$$
$$[\phi(x), \vec{K}] = i(\vec{x}\partial_t + t\vec{\nabla})\phi(x). \tag{9.86}$$

このように，空間回転の場合，$\chi(x)$ と $\phi(x)$ は同様に振舞うが，ローレンツ変換（ブースト）に対しては，前者が局所場でないことの影響が現れる．この非局所的な付加項を $(-1/2)\int d^3y\, G_{-1}(\vec{x}-\vec{y})\vec{\nabla}_y\chi(\vec{y})$ の形に書くとき，その y-積分は，しかしながら，改めて断るまでもなく実質的に，点 $\vec{x}$ からの距離がコンプトン波長程度以内の領域に限られる．何れにせよ，この項はまた，変換における共変性をも損なう．

さらに，位置演算子 $\vec{X}$ に対しては

$$[X_j, L_\ell] = i\epsilon_{j\ell m}X_m, \tag{9.87}$$

すなわち，$\vec{X}$ は確かに空間的なベクトルであるが，他方

$$[X_j, K_\ell] = -it\,\delta_{j\ell}N + \frac{1}{2}\int dw_k \frac{k_j}{k_0}(a_k^\dagger \partial_{k_\ell}a_k - \partial_{k_\ell}a_k^\dagger \cdot a_k) \tag{9.87′}$$

となる．ここに N は (9.10) で定義される演算子であり，第二項は再び非局所的な性格をもつ．こうした非局所的な寄与の影響を見るために，次のような問題を考えてみる．

ある座標系での状態 $|\,\rangle$ が，別の—これに対してローレンツ変換された—座標系では $|\,\rangle'$ で記述され，両者が $|\,\rangle' = (1+i\vec{\tau}\vec{K})|\,\rangle$（$\vec{\tau}$ は無限小ベクトル）で結ばれているとする．さらに，$|\,\rangle$ としては，1粒子が $t=0$ で原点 $\vec{x}=0$ にある場合 $|\,\rangle = |\vec{x}\rangle|_{\vec{x}=0}$ を採ってみる．このとき $|\,\rangle' - |\,\rangle = i\vec{\tau}\vec{K}|\,\rangle \equiv \delta|\,\rangle$ は，(9.86) 第三式，および後出 10.4.2 項の結果を用いると

$$\delta| \rangle = -\frac{im}{4\pi^2}\int d^3x\, \frac{K_1(m|\vec{x}|)}{|\vec{x}|}\,(\vec{\tau}\vec{\nabla})|\vec{x}\rangle \tag{9.88}$$

となる．上記積分は，再び実質的に，$|\vec{x}|$ がコンプトン波長程度以内の領域に限られる．従って，ある座標系では点的構造物であったものが，別の座標系からはコンプトン波長程度に拡がって見える (ローレンツ膨張?)，ということになる．

この奇妙な結果は，相対論的場の理論では，'粒子の空間的位置' なる概念を厳密な意味で維持することが困難になることを示唆するのかもしれない．実際，1 粒子のコンプトン波長程度の近傍では，量子論的揺らぎのため，多数の粒子・反粒子対が絶えず生成・消滅しており，問題はそれ故 1 体問題としてではなく，多体問題として取り扱わねばならないことは，つとに—場の量子論の揺籃期より—指摘されていたことである．

b. ディラック場の場合

ディラック場に対しても，状況は本質的にスカラー場の場合と同様である．従って以下では，前者に特有な事柄の幾つかについて述べるに止める．

この場合のブースト演算子は，場に内部的な自由度があるため $K_j = \int d^3x \times (x_j T^0{}_0(x) + x_0 T^0{}_j(x)) - (i/2)\int d^3x\, \psi^\dagger(x)\alpha^j\psi(x)$ で与えられ，具体的には

$$\vec{K} = i\int dw_p E_p \sum_r \{a_r^\dagger(\vec{p})\vec{\nabla}_p a_r(\vec{p}) + b_r(\vec{p})\vec{\nabla}_p b_r^\dagger(\vec{p})\}$$

$$+ \frac{1}{2}\int dw_p \sum_{r,s}\left\{\frac{e_r^\dagger(\vec{p}\times\vec{\sigma})e_s}{E_p+m}\left(a_r^\dagger(\vec{p})a_s(\vec{p}) + b_r(\vec{p})b_s^\dagger(\vec{p})\right)\right\}$$

$$\equiv \vec{K}_L + \bar{\vec{K}}_L + \vec{K}_S + \bar{\vec{K}}_S \tag{9.89}$$

となる．また，これに対応して，(9.35′), (9.47) で与えられた $\vec{J}, \vec{S}$ をも同様に分解し，$\vec{J} = \vec{L} + \bar{\vec{L}} + \vec{S},\ \vec{S} = \vec{\mathcal{S}} + \bar{\vec{\mathcal{S}}}$ と書いておく．

このとき，$\chi_r(x)$ の変換に関わるのは $\vec{K}_L, \vec{K}_S$ および $\vec{\mathcal{S}}$ のみであり

$$\begin{aligned}[\chi_r(x), \vec{L}] &= -i(\vec{x}\times\vec{\nabla})\chi_r(x),\\ [\chi_r(x), \vec{K}_L] &= i(\vec{x}\partial_t + t\vec{\nabla})\chi_r(x) - \frac{1}{2\sqrt{-\triangle+m^2}}\vec{\nabla}\chi_r(x);\end{aligned} \tag{9.90}$$

$$\begin{aligned}[\chi_r(x), \vec{\mathcal{S}}] &= (e_r^\dagger\frac{\vec{\sigma}}{2}e_s)\chi_s(\vec{x}),\\ [\chi_r(x), \vec{K}_S] &= -i\frac{e_r^\dagger(\vec{\nabla}\times\frac{\vec{\sigma}}{2})e_s}{\sqrt{-\triangle+m^2}+m}\,\chi_s(x)\end{aligned} \tag{9.91}$$

が得られる．(9.90) はスカラー場に対する (9.85), (9.86) と全く同型であり，$\chi_r(\vec{x})$ はその引数 $\vec{x}$ に関して，スカラー的に振舞う．他方，$\vec{\mathcal{S}}$ や $\vec{K}_S$ は $\chi_r(\vec{x})$ の添字 r, すなわち内部自由度の変換に関わる．自由場に関する限り，$\vec{L}$ と $\vec{\mathcal{S}}$ とはそれぞれ別個に保存する．これらはフォルディ変換によって $(\psi^\dagger \cdots \psi)$ の形に書けば，ともに非局所的な演算子となる．

なお，対比のために場 $\psi(x)$ の変換式を書いておくと

$$[\psi(x), \vec{J}] = -i(\vec{x}\times\vec{\nabla})\psi(x) + \frac{1}{2}\vec{\Sigma}\,\psi(x),$$
$$[\psi(x), \vec{K}] = i(\vec{x}\partial_t + t\vec{\nabla})\psi(x) - \frac{i}{2}\vec{\alpha}\,\psi(x) \tag{9.92}$$

であり，変換はもちろん局所的である．

おわりに，位置演算子 $\vec{X}$ の変換性について付言しておく．先に述べたように，$\vec{L}$ および $\vec{K}_L$ に対する変換性はスカラー場の場合と同型である．他方，$\vec{\mathcal{S}}$ および $\vec{K}_s$ に対しては

$$[X_j, \mathcal{S}_\ell] = 0,$$
$$[X_j, K_{S\ell}] = -i\epsilon_{j\ell m}\int dw_p \sum_{r,s} a_r^\dagger(\vec{p})\,\frac{e_r^\dagger \frac{\sigma_m}{2} e_s}{E_p+m}\,a_s(\vec{p})$$
$$\quad -i\int dw_p\, p_j \sum_{r,s} a_r^\dagger(\vec{p})\,\frac{e_r^\dagger(\vec{p}\times\frac{\vec{\sigma}}{2})_\ell e_s}{E_p(E_p+m)^2}\,a_s(\vec{p}) \tag{9.93}$$

となる．このように，$\vec{\mathcal{S}}$ による変換は空間的座標 $\vec{X}$ と全く無関係である．

9.3.2 状態の時間発展

これまでは，もっぱら一定の時刻—例えば $t=0$—における運動学的性質について考察して来た．以下では，時間 t が関わる動力学的側面を，主としてスカラー場の場合について調べることにする．

先ず，場 $\chi(x)$ の時間発展は (9.11) 式によって規定されていることに留意しよう．$\chi(\vec{x},t)$ は，それ故，$\chi(\vec{x},0)$ を与えれば次のように決定される：

$$\chi(\vec{x},t) = \int d^3x'\, G_0^{(+)}(\vec{x}-\vec{x}',t)\chi(\vec{x}',0). \tag{9.94}$$

ここで，一般に関数 $G_\nu^{(\pm)}(\vec{x},t)$ を

$$G_\nu^{(\pm)}(\vec{x},t) \equiv \frac{1}{(2\pi)^3}\int d^3k k_0^\nu e^{i\vec{k}\vec{x}\mp ik_0 t}, \quad k_0 \equiv \sqrt{\vec{k}^2+m^2} \tag{9.95}$$

によって定義しておく.因みに,さきに (9.6) で導入した $G_\nu(\vec{x})$ とは,$G_\nu(\vec{x}) = G_\nu^{(\pm)}(\vec{x},0)$ なる関係にある.

さて,10.4 節の結果を用いれば

$$G_0^{(+)}(\vec{x},t) = \begin{cases} \frac{m^2}{4\pi}\frac{t}{t^2-r^2}H_2^{(2)}(m\sqrt{t^2-r^2}) & t^2-r^2 > 0 \text{ のとき}, \\ \frac{m^2}{4\pi}\frac{t}{r^2-t^2}H_2^{(1)}(im\sqrt{r^2-t^2}) & t^2-r^2 < 0 \text{ のとき} \end{cases} \tag{9.96}$$

となる.ここに $r=|\vec{x}|, H_\nu^{(n)}(z)$ は第 n 種 ν 次のハンケル関数 (Hankel function) である.すなわち,件の波動関数は,時間の経過とともに空間的領域にも伝播する.もっとも関数 $H_\nu^{(1)}(imr)$ は $r \to \infty$ に対して $\sim e^{-mr}$ で減衰することから,空間的領域への拡がりは実質的にはコンプトン波長程度に限られることになる.とは言え,これは原理的に深刻な事態である.

この事情は,(9.21) で導入した確率振幅に対しても同様で,例えば $\varphi(\vec{x},0) = \delta(\vec{x}-\vec{a})$ に対して,$\varphi(\vec{x},t) = G_0^{(+)}(\vec{x}-\vec{a},t)$ となり,振舞いはやはり非因果的である.因みに,直接の物理的意味はないが,関数 $G_0^{(+)}(\vec{x},t)+G_0^{(-)}(\vec{x},t)$ を作ってみると,これは $t^2-r^2 < 0$ に対して 0 となる.

上の状況をもとのスカラー場 $\phi(x)$ の場合と対比してみることは興味深い.$\phi(x)$ はクライン-ゴルドン方程式を満たすので,$\phi(\vec{x},0)$ および $\pi(\vec{x},0) = \dot{\phi}(\vec{x},0)$ を与えれば決定される.(9.94) に対応した式を書くと

$$\phi(x) = \int d^3x'\{\triangle(\vec{x}-\vec{x}',t)\dot{\phi}(\vec{x}',0)+\dot{\triangle}(\vec{x}-\vec{x}',t)\phi(\vec{x}',0)\} \tag{9.97}$$

となる.ここに $\triangle(\vec{x},t)$ は不変デルタ関数 (invariant delta function) と呼ばれる関数で[*8],本書の記法を用いれば

[*8] この関数を次のように書けば,そのローレンツ不変性は明瞭である:

$$\triangle(x) = \frac{i}{(2\pi)^3}\int d^4k e^{ikx}\epsilon(k_0)\delta(\vec{k}^2+m^2-k_0^2),$$

ただし,$x > 0 \ (<0)$ に対して $\epsilon(x) = 1 \ (-1)$.
因みに,もう一つの不変デルタ関数 $\triangle^{(1)}(x)$ は

$$\triangle^{(1)}(x) \equiv \frac{1}{(2\pi)^3}\int d^4k \ e^{ikx} \ \delta(\vec{k}^2+m^2-k_0^2) = \frac{1}{2}\{G_{-1}^{(+)}(\vec{x},t)+G_{-1}^{(-)}(\vec{x},t)\}$$

であり,この関数は上述の理由により,$t^2-r^2 < 0$ に対して 0 とはならない.

$$\triangle(\vec{x},t) = \frac{i}{2}\{G_{-1}^{(+)}(\vec{x},t)-G_{-1}^{(-)}(\vec{x},t)\},$$
$$\dot{\triangle}(\vec{x},t) = \frac{1}{2}\{G_0^{(+)}(\vec{x},t)+G_0^{(-)}(\vec{x},t)\} \tag{9.98}$$

で与えられる．$\triangle(\vec{x},t)$ がクライン–ゴルドン方程式を満たし，また $\dot{\triangle}(\vec{x},t)|_{t=0}=\delta(\vec{x})$ であることは，$G_\nu^{(\pm)}(\vec{x},t)$ の定義から明らかである．また，$\triangle(\vec{x},t)$ および $\dot{\triangle}(\vec{x},t)$ が $t^2-r^2<0$ に対して 0 となることは，以下のようにして示される．先ず，$G_{-1}^{(\pm)}(\vec{x},t)$ を書き直すと

$$G_{-1}^{(\pm)}(\vec{x},t) = -\frac{1}{2\pi^2 r}\frac{\partial}{\partial r}F^{(\pm)}(r,t),$$
$$F^{(\pm)}(r,t) \equiv \int_0^\infty \frac{dk}{k_0}\cos kr\, e^{\pm ik_0 t} \tag{9.99}$$

となる．ところで，$t^2-r^2<0$ に対しては $F^{(\pm)}(r,t)$ はともに

$$F^{(\pm)}(r,t) = \frac{\pi i}{2}H_0^{(1)}(im\sqrt{r^2-t^2}) \tag{9.99'}$$

である．従ってこのとき，$\triangle(\vec{x},t) = -i/(4\pi^2 r)\cdot\partial/\partial t\left(F^{(+)}(r,t)-F^{(-)}(r,t)\right) = 0$，さらには $\dot{\triangle}(\vec{x},t) = 0$ が導かれる．

(9.97) で与えられた $\phi(x)$ がクライン–ゴルドン方程式を満たすことは自明であるが，それが二つの初期条件を満たすことは，次のようにして理解される．右辺の x'–積分は $t=0$ の 3 次元超平面において行われているが，実を言うと，この超平面は任意の空間的超曲面に変更してもよい．従って，上のことを見るためには，超曲面を点 x を含むように選べばよい．以上の結果から，(9.97) で与えられた解は，(9.94) の場合とは異なり，因果律とは完全に整合的であることがわかる．

事情はディラック場に対しても，本質的に同じである．

9.3.3 時空的記述

上で見たように，$\chi(x)$ を形式的に一種の場として取り扱うとき，変換性は複雑になり共変性を損なうばかりか，因果性にも反するかのような性質すら現れた．他方，対象の記述に $\phi(x)$ を用いる限り，そのような不都合は起こらない，とされている．もともと，$\chi(x)$ は通常の局所場ではないので，困難が現れるの

はむしろ当然と言うべきかもしれないが，しかしそれは，$\phi(x)$ 場の理論の中に本来含まれている一演算子であり，一概に捨て去るべきものでもないであろう．

場 $\phi(x)$ は，ポアンカレ群 (Poincaré group) の観点からするならば，二つの既約表現 $\phi^{(\pm)}$ の直和である．まさにこのことによって，$\phi(x)$ の理論では，一般的な共変性をはじめ[*9]，局所性や因果性も確保され，美しい形式的性質 (例えばスピンと統計の定理，CTP 定理) が賦与された．しかし，理論のこうした形式上の整備は，しばしばその物理的意味を覆い隠すことにもなる．その例の一つが粒子性である．粒子像を明確な形に定式化するために，本書では $\phi(x)$ を離れて，$\phi^{(\pm)}(x)$ さらには $\chi(x), \chi^\dagger(x)$ に逆戻りしたのである——理論の形式美を犠牲にしつつ．

もっとも，(9.13)，(9.13′) の示す如く，$\phi(x)$ と $\chi(x)$ とのずれは，質量 $m \neq 0$ である限り，コンプトン波長程度の領域に限られるから，$\chi(x)$ の示す非局所的・非因果的効果も，一般に，この程度のもの，あるいはそれが原因となったものに止まると思われる．

因果性に基づく時空的記述は，これを厳密な意味に解する限り，対象の時空的軌道の存在を前提とする．しかしこれは，量子力学的・統計的記述とは相容れない——まさにボーアがしばしば論じた問題である[*10]．ボーアはここで両記述の相補性を言うが，何れにせよ量子力学に拠る限り，厳密な意味での時空的記述，すなわち粒子的記述の徹底は，種々の困難を伴うであろうことは避けられない．

こうした事情は，それならば，場の量子論において，$\chi(x)$ とか $|\vec{x}\rangle$ などを用いてはならない，ということを意味するのであろうか．$\chi(x)$ や $|\vec{x}\rangle$ は，しかしながら既に述べたように，新たに理論の外から導入したものではなく，理論がすでに内包していた演算子や状態の一種に過ぎない．このことを認めるとき，理論は物理的要請として，使用可能性に関する束縛条件を，演算子や状態の上に課するのかとも思われる．例えば，古典場理論において，因果律に反するからとして，基本方程式の解のうち，先進解は捨て遅延解のみを採る，といった

[*9] このことは，とくに大貫義郎氏によって強調されている：『ポアンカレ群と波動方程式』(岩波書店，1976)．

[*10] 入手し易い文献としては山本義隆編訳『ニールス・ボーア論文集1 因果性と相補性』(岩波文庫，1999)．

類の束縛条件である[*11].

　この種の状況は，さらに次のような想像に誘う．本来場の量子論は――もっとも単純な自由スカラー場の理論すら――互いにあい対立し矛盾する要素から成り立っている．それらの中から適当な要素の一組を選び出し，そこでは相互に何らの矛盾も起こらないようにすること――これが'良い理論'に対する要件である，と．このことを認めるとき，例えば繰り込み理論(renormalization theory)は良い理論である．ここでは発散の困難を回避するために，繰り込まれた量のみを用いて理論を記述する[*12].

　先年，筆者の一人はこの粒子性問題について，公理的場の理論のハーグ教授(R.Haag)に意見を求めたが，それに対する彼の返答は以下のようなものであった．"かつて私自身，同じ質問をウィグナーに対して行ったことがある．そのときのウィグナーの答えは，「だから私は場の理論が嫌いなんだ」であった．なお，私自身について言うならば，まさにあなたの言う"良い理論"を作ることが，私にとっての研究なのである"と．

　相対論的場の量子論における粒子性の問題は，古くからしばしば論じられているが，数学的結果の物理的解釈に関する限り，未だ定説の域には達していないようである[*13]．1個の粒子の周囲には，他の多くの粒子が仮想的に存在するので，もとの粒子の位置を問題にすることなど，物理的に極めて非現実的である，とするのが一般的風潮であり，問題と真剣で対峙する人が少なかったからであろう．しかし，理論が理論であるならば，理論独自の解決を与えておくべきであると思われる．

[*11] この意味で，例えば「電磁現象はすべてマックスウエル方程式によって支配される」との言明は正しくない．支配するのは，上記束縛条件付きのマックスウエル方程式なのである．

[*12] 数学基礎論の権威であった故前原昭二氏は，生前次のように語ったことがある："数学の基礎をつきつめて行くと，不分明で泥沼のような一帯があり，いったんそこに踏み込むと容易に抜け出せなくなってしまう．数学の成否は，いかに泥沼を回避するかに懸っている".
　数学においても事情はかくの如くである（らしい）．なお同氏は物理理論に対する造詣も深く，『線形代数と特殊相対論』(日本評論社，1981)といった著書もある．日常会話の中でも，含蓄のある言葉をさり気なく口にすることが屡々であった．量子力学については，次の言葉が印象に残っている．"ディラックの本(The Principles of Quantum Mechanics)の方が，ノイマン(J. von Neumann: Mathematische Grundlagen der Quantenmechanik)よりも，遥かに数学的である".

[*13] 古い文献については次の論文を参照されたい．A.S. Wightman and S.S. Schweber : Phys.Rev.78 (1955)812. A.S. Wightman : Rev.Mod.Phys. 34(1962)845. また最近の研究としては K. Odaka : Proc.5th Wigner Symposium, P. Kasperkovitz and D. Gran, eds.(World Scientific, 1998)487.

ここではそれ故, 上記の考察をとりあえず, 以下の形にまとめておく. すなわち, 共変性・局所性・因果性を維持せんとする限り, $\chi(\vec{x})$ や $|\vec{x}\rangle$ 等の使用は避けねばならない——これが新たな束縛条件である. 理論に現れる変数 $(\vec{x}, t)$ 中の $\vec{x}$ は, 従って粒子の位置としての意味を失い, 場の量を指定する単なるパラメーターとなる. このことは, 相対論的領域において, 粒子の空間的位置や, それに伴うシュレーディンガー的な確率振幅は, もはや良い概念ではあり得ないことを意味する. 要するに, 相対論的粒子の位置は, 数学的に厳密に規定さるべきものではなく, コンプトン波長程度の不確定さの上に成り立つ概念とすべきであろう. 結局, われわれは上述の常識的見解に帰着したことになるが, こうした結論は, 言うまでもなく, 粒子やその位置を明確に定義した上で, 初めて可能となる類いのものである.

9.3.4 二, 三の付加事項

粒子演算子の問題に関連して, さらに二, 三の注意を付加しておこう.

a. 一般スピンの場合

2.3.3項におけると同様, 相対論的な場合にも—本来の形式での—バーグマン–ウィグナー方程式を用いるのが便利である. $\psi_{\rho_1 \rho_2 \cdots \rho_n}(x)$ を n 個のスピノル添字 ρ_k $(k = 1, 2, \cdots, n)$ をもった多重スピノルとし, 各添字に関してディラック方程式が成り立つとする:

$$\begin{aligned}\left(i\frac{\partial}{\partial t} - \mathcal{H}_0^{(k)}(-i\vec{\nabla})\right)_{\rho_k \rho_{k'}} \psi_{\rho_1 \cdots \rho_{k-1} \rho_{k'} \rho_{k+1} \cdots \rho_n}(x) &= 0, \\ \mathcal{H}_0^{(k)}(-i\vec{\nabla}) &\equiv -i\vec{\alpha}^{(k)}\vec{\nabla} + m\beta^{(k)} \quad (k = 1, 2, \cdots, n).\end{aligned} \quad (9.100)$$

すなわち, ここでは n 組のディラック行列 $\vec{\alpha}^{(k)}, \beta^{(k)}$ を導入しており, $\psi_{\rho_1 \rho_2 \cdots \rho_n}(x)$ は n 個のディラック・スピノルの直積となっている.

従ってスピン $S = n/2$ の粒子を記述する場としては, $\psi_{\rho_1 \rho_2 \cdots \rho_n}^{(+)}(x)$ の成分(後出)の中, $u_{r_1}^{(1)} u_{r_2}^{(2)} \cdots u_{r_n}^{(n)}$ を $(r_1, r_2, \cdots, r_n)$ については対称化した形の項を採ればよい. この種の項の総数は丁度 $n+1 = 2S+1$ である. また, $\psi_{\rho_1 \rho_2 \cdots \rho_n}^{(-)}(x)$ に対しては $u_r^{(k)}$ の代わりに $v_r^{(k)}$ を用いればよい. 結局, (9.36) に対応して $\psi_{\rho_1 \rho_2 \cdots \rho_n}(x)$ は, 次の形に書かれる:

$$\psi_{\rho_1\rho_2\cdots\rho_n}(x) = \sqrt{\frac{m}{(2\pi)^3}} \int dw_p \sum_{n_1=0}^{n} \{U_{n_1,\rho_1\rho_2\cdots\rho_n}(\vec{p})a_{n_1}(\vec{p})e^{ipx}$$
$$+V_{n_1,\rho_1\rho_2\cdots\rho_n}(\vec{p})b_{n_1}^{\dagger}(\vec{p})e^{-ipx}\}, \tag{9.101}$$

ただし，次元については $[\psi_{\rho_1\rho_2\cdots\rho_n}] = [\psi_\rho]$ とした．上式における各種記号は次のように定義される．先ず

$$U_{n_1,\rho_1\rho_2\cdots\rho_n}(\vec{p}) \equiv \mathcal{N}_{n_1} \sum_{(12)} u_{1\rho_1}^{(1)}(\vec{p}) u_{1\rho_2}^{(2)}(\vec{p}) \cdots u_{1\rho_{n_1}}^{(n_1)}(\vec{p})$$
$$\times u_{2\rho_{n_1+1}}^{(n_1+1)}(\vec{p}) \cdots u_{2\rho_n}^{(n)}(\vec{p}), \tag{9.102}$$

$$a_{n_1}(\vec{p}) = \mathcal{N}_{n_1} \sum_{(12)} a_{(1\cdots12\cdots2)}, \quad \mathcal{N}_{n_1} \equiv \left(\frac{n_1!(n-n_1)!}{n!}\right)^{1/2}$$

であり，$\sum_{(12)}$ は n_1 個の 1, $(n-n_1)$ 個の 2 より成る配列 $(11\cdots12\cdots2)$ およびこれから 1 と 2 を並べ変えて得られる他の総ての配列についての和とする．以後，役割の自明なスピノル添字は省略することがある．$V_{n_1}(\vec{p}), b_{n_1}(\vec{p})$ についても同様に定義すればよい．

このとき $U_{n_1}(\vec{p}), V_{n_1}(\vec{p})$ に対して次の関係式が成り立つ：

$$U_{n_1}^{\dagger}(\vec{p})U_{n_1'}(\vec{p}) = V_{n_1}^{\dagger}(\vec{p})V_{n_1'}(\vec{p}) = \left(\frac{E_p}{m}\right)^n \delta_{n_1 n_1'},$$
$$U_{n_1}^{\dagger}(\vec{p})V_{n_1'}(-\vec{p}) = 0;$$
$$\sum_{n_1=0}^{n} U_{n_1,\rho_1\rho_2\cdots\rho_n}(\vec{p})\, U_{n_1,\rho_1'\rho_2'\cdots\rho_n'}^{\dagger}(\vec{p}) \tag{9.103}$$
$$= \frac{1}{n!}\left(\frac{E_p}{m}\right)^n \sum_{\sigma \in S_n} \Lambda_{\rho_1\rho_{\sigma1}'}^{(+)}(\vec{p})\Lambda_{\rho_2\rho_{\sigma2}'}^{(+)}(\vec{p}) \cdots \Lambda_{\rho_n\rho_{\sigma n}'}^{(+)}(\vec{p}).$$

また上式で $U_{n_1}, \Lambda^{(+)}$ を $V_{n_1}, \Lambda^{(-)}$ で置き換えた式も成り立つ．上記の構成により $\psi_{\rho_1\rho_2\cdots\rho_n}(x)$ はスピノル添字の置換に関して対称となっている．

他方，$a_{n_1}(\vec{p}), b_{n_1}(\vec{p})$ の交換関係については，

$$[a_{n_1}(\vec{p}), a_{n_1'}^{\dagger}(\vec{p}')]_{\mp} = [b_{n_1}(\vec{p}), b_{n_1'}^{\dagger}(\vec{p}')]_{\mp} = E_p \delta_{n_1 n_1'} \delta(\vec{p}-\vec{p}'),$$
$$[a_{n_1}(\vec{p}), b_{n_1'}(\vec{p}')]_{\mp} = [a_{n_1}(\vec{p}), b_{n_1'}^{\dagger}(\vec{p}')]_{\mp} = 0 \tag{9.104}$$

とすれば，場 $\psi(x), \psi^{\dagger}(x)$ に対して

$$[\psi_{\rho_1\rho_2\cdots\rho_n}(x), \psi_{\rho_1'\rho_2'\cdots\rho_n'}^{\dagger}(x')]_{\mp}$$

$$= \frac{1}{2^n n!} \left(\frac{1}{m}\right)^{n-1} \sum_{\sigma \in S_n} \left(i\partial_t + \mathcal{H}_0(-i\vec{\nabla})\right)_{\rho_1 \rho'_{\sigma 1}} \left(i\partial_t + \mathcal{H}_0(-i\vec{\nabla})\right)_{\rho_2 \rho'_{\sigma 2}}$$

$$\cdots \left(i\partial_t + \mathcal{H}_0(-i\vec{\nabla})\right)_{\rho_n \rho'_{\sigma n}}$$

$$\times \left\{ G^{(+)}_{-1}(\vec{x}-\vec{x}', t-t') \mp (-1)^n G^{(-)}_{-1}(\vec{x}-\vec{x}', t-t') \right\} \tag{9.105}$$

となる．ここで，場の(反)交換関係が空間的な $(x-x')$ に対して零となるべしと要請するならば，上式右辺の{ }内の関数は $(G^{(+)}_{-1} - G^{(-)}_{-1})$ でなくてはならない (9.3.2項，とくに (9.98) 式および脚注 8 を参照)．すなわち $\mp (-)^n = -1$，従って $n = 2S = $ 偶(奇)に応じて，(9.105) の複号の上(下)を採る必要がある．これはスピンと統計の定理に他ならない．

上記の結果を用いれば，粒子演算子の導入は容易である．すなわち，(9.50) におけると同じく

$$\begin{aligned}
\chi_{n_1}(x) &\equiv \frac{1}{\sqrt{(2\pi)^3}} \int dw_p \sqrt{E_p}\, a_{n_1}(\vec{p}) e^{ipx} \\
&= \int d^3x' \left\{ \frac{m^{n-1/2}}{(2\pi)^3} \int \frac{d^3p}{E_p^{n-1/2}}\, U^\dagger_{n_1}(\vec{p}) e^{i\vec{p}(\vec{x}-\vec{x}')-iE_p t} \right\} \psi(\vec{x}', t), \\
\bar{\chi}_{n_1}(x) &\equiv \frac{1}{\sqrt{(2\pi)^3}} \int dw_p \sqrt{E_p}\, b_{n_1}(\vec{p}) e^{ipx}
\end{aligned} \tag{9.106}$$

$$(n_1 = 0, 1, 2, \cdots, n)$$

とすればよい．粒子・反粒子状態の取り扱いは，先の場合と同様に行える．

空間回転やブーストに対する形成演算子 $\vec{J}$ や $\vec{K}$ も，$a_{n_1}, a^\dagger_{n_1}, b_{n_1}, b^\dagger_{n_1}$ でもって書き下すことができる．このとき例えば，$[\psi_{\rho_1\rho_2\cdots\rho_n}(x), \vec{K}] = i(\vec{x}\partial_t + t\vec{\nabla})\psi_{\rho_1\rho_2\cdots\rho_n}(x) - (i/2)\sum_{k=1}^n \vec{\alpha}^{(k)}_{\rho_k \rho'_k} \psi_{\rho_1\rho_2\cdots\rho_{k-1}\rho'_k\rho_{k+1}\cdots\rho_n}(x)$ が得られる．ここで次のことを注意しておく．もし仮に，$\psi_{\rho_1\rho_2\cdots\rho_n}(x)$ に対する表式が (9.101) ではなく，そこでの $\sqrt{m}\int dw_p$ を $m^{k-1/2}\int d^3p/E_p^k$ で置き換えたもので与えられたとしよう．このとき $[\psi_{\rho_1\rho_2\cdots\rho_n}(x), \vec{K}]$ の表式には，上記 2 項の他に $(k-1)\times$(非局所的な表式) が現れる．従って，$\psi_{\rho_1\rho_2\cdots\rho_n}(x)$ が共変的であること，すなわちその変換性が引数 x およびスピノル添字のみによって規定されるべしとするならば，$k=1$，すなわち表式 (9.101) が唯一の可能性となる．このとき，$\psi_{\rho_1\rho_2\cdots\rho_n}(x)$ はローレンツ群の表現ともなっている．共変性とは，このような意味あいをもつ．

b. 質量 $m=0$ の場合

質量 $m=0$ で不連続スピン (通常のヘリシティ) をもつ場は，バーグマン–ウィグナー方程式で $m=0$ と置き，それから右・左成分を選び出した式を満たす[*14]．それ故，上記の議論における $m=0$ の極限を調べてみることは興味深い．ここでの関心は，$m \to 0$ で粒子演算子 $\chi_{n_1}(x), \bar{\chi}_{n_1}(x)$ が存在するか否かである．

このために，$\chi_{n_1}(x)$ に対する表式 (9.106) 式の右辺第二行に着目する．$m=0$ に対する $\psi(\vec{x}', t)$ が存在するとしたとき，括弧 $\{\ \}$ 内の表式の m 依存性が問題となる．容易にわかるように $\{\ \} \propto m^{(n-1)/2}$ であり，$n \geq 2$ の場合には $\{\ \} \to 0$，従って $\chi_{n_1}(x)$ は存在しない．すなわち，これが存在し得るのは $n=1$ の場合のみである．他方，$n=0$ の場合は上記の議論の枠内には収まらないが，9.1 節の結果で $m=0$ とすれば $\chi(x)$ が求められる．これを要するに，粒子演算子が存在し得るのは $S=0, 1/2$ の場合に限られる．因みにこの結果は，ニュートン–ウィグナーの $m=0$ の局在状態に対する存在条件と一致する．

ところで，$m=0$ のスカラー場，ディラック場に対して，たとえ $\chi_{n_1}(x)$ が存在したとしても，この演算子は $m \neq 0$ の場合に比して，さほど有用ではあるまいと思われる．$m=0$ の場合，非局所的領域の大きさの目安を与えるコンプトン波長が無限大であるため，$\chi_{n_1}(x)$ は極度の非局所性をもつからである．ただしこの問題は，さらに立ち入った検討が必要であろう．

c. 相互作用がある場合

これまではもっぱら自由場に対する粒子演算子について考察してきた．相互作用のある場合には，しかしながら，事情は極めて複雑となり，見通しのよい議論を行うことは困難である．もともと，場が相互作用している場合に，個々の粒子の挙動を細かく追跡することは，あまり意味のあることではない，とも言えよう．

現段階でわれわれのなし得ることは，それ故，上記の議論を漸近場に対して適用することである．散乱問題において，相互作用が行われる遥か以前，あるいは遥か以後における場—漸近場—は，一般に自由場であり，ここでは，粒子的描像が十分に意味をもつと考えられるからである．

[*14] 大貫義郎，前掲書．

10

その他の関連問題

本章では，これまでの議論で，その本筋からいささか逸脱するとして保留してきた幾つかの問題を取り上げる．

10.1 5次元形式の場の理論

第2, 3章では，5次元的な場 $\phi(x), \chi(x), \cdots$（ただし $x \equiv (x^1, x^2, \cdots, x^5)$）を議論の基礎とした．しかし，量子力学の具体的な諸問題を取り扱う第4章以降では，不必要な煩雑さを避けるため，これらの場から導出された4次元的な場 $\psi(\vec{x},t)$ に，もっぱら準拠した．本節では，場を5次元空間における場の理論によって取り扱い，その結果が，通常の4次元的な取扱いと同等であることを示す．

10.1.1 5次元場の正準形式

簡単のため，ここでは自由なスカラー場 $\phi(x)$ を例にとり，先ずその古典論を調べる[*1]．この場合の基本方程式は (2.33), (2.35) であり，この両式を導出し得るラグランジアン密度として，次の明白に G_5-不変な表式を採用してみる：

$$\mathcal{L} = -\frac{\hbar^2}{2m}\left\{\eta^{\mu\nu}\partial_\mu\phi^*\partial_\nu\phi + \frac{1}{u}B^*\left(\partial_5 + \frac{ium}{\hbar}\right)\phi + \frac{1}{u}\left(\partial_5 - \frac{ium}{\hbar}\right)\phi^\dagger \cdot B\right\}, \quad (10.1)$$

あるいは

$$= -\frac{\hbar^2}{2m}\left\{\vec{\nabla}\phi^*\vec{\nabla}\phi - \partial_s\phi^*\partial_t\phi - \partial_t\phi^*\partial_s\phi + B^*\left(\partial_s + \frac{im}{\hbar}\right)\phi + \left(\partial_s - \frac{im}{\hbar}\right)\phi^* \cdot B\right\}. \tag{10.1'}$$

[*1] 第2章，脚注5の文献を参照．

ここで，$B(x)$ は補助スカラー場である．2.3.1項で述べたように s の変域は $[0,\ell]$ であり，この変数について周期的境界条件を ϕ および B に課するものとする．ところで，$\int d^5x \mathcal{L} = \int dt d^3x ds \mathcal{L}$ であるから，系のラグランジアンは $L = \int d^3x \int_0^\ell ds \mathcal{L}$ で，また作用量は $I \equiv \int dt L$ で与えられる．このように，手続きの物理的意味を明示するためには，5次元座標として，第2章で導入した $x^\mu (\mu = 1,2,\cdots,5)$ よりも，$(\vec{x},t,s)$ の方が便利であり，以下では後者を採用する．

さて I の変分から必要な2式が導出されることは，次のようにしてわかる．先ず，B^* の変分により，直ちに (2.35) が得られる．この式より，$\phi(x)$ の s 依存性は $\exp(-ims/\hbar)$ であることがわかる．次に ϕ^* の変分により，$\eta^{\mu\nu}\partial_\mu\partial_\nu\phi + (\partial_s + im/\hbar)B = 0$ が導かれるが，この式は，$B(x)$ の s に関するフーリエ係数が $\exp(-ims/\hbar)$ に対するもの以外，すべて 0 となることを示している．従って上式の第二項は 0 となり，(2.33) が得られる．(10.1) あるいは (10.1′) は，それ故，$\mathcal{L}$ に対する正しい選択であった．

変数 s に関する $\phi(x)$ および $B(x)$ のフーリエ展開を詳しく書くと，

$$\begin{aligned}\phi(x) &= \frac{1}{\sqrt{\ell}} \sum_k \phi_k(\vec{x},t) e^{-iks/\hbar}, \\ B(x) &= \frac{1}{\sqrt{\ell}} \sum_k B_k(\vec{x},t) e^{-iks/\hbar}\end{aligned} \qquad (10.2)$$

となる．ここで $k = 2\pi\hbar n/\ell$ $(n = 0, \pm 1, \pm 2, \cdots)$．場の新しい変数 ϕ_k, B_k でラグランジアンを書き直すと，

$$\mathcal{L} = \frac{\hbar^2}{2m} \int d^3x \left[\sum_k \left\{ -\vec{\nabla}\phi_k^* \vec{\nabla}\phi_k + \frac{i}{\hbar}k(\phi_k^*\dot{\phi}_k - \dot{\phi}_k^*\phi_k) \right\} - \frac{i}{\hbar}\sum_{k \neq m}(\phi_k^*\widetilde{B}_k - \widetilde{B}_k^*\phi_k) \right] \qquad (10.3)$$

となる．ただし，上式で $\widetilde{B}_k \equiv (k-m)B_k$ であり，例えば記号 ϕ_k は $\phi_k(\vec{x},t)$ を意味する．

ハミルトン形式への移行には，いまの場合束縛条件があるので，事情はいささか複雑となる．以下では，ディラックの方法[*2]を用いて論ずる．先ず，

[*2] P.A.M.Dirac : Canad.J.Math.**2**(1950)129 ; Proc.Roy.Soc.**A246**) (1958) 326 ; Phys.Rev.**114** (1959) 924.

$\phi_k, \phi_k^*, \widetilde{B}_k, \widetilde{B}_k^*$ に正準共役な運動量を，それぞれ $\pi_k, \pi_k^*, p_k, p_k^*$ とすると，次のような第一次束縛条件 (primary constraint) が存在する[*3]：

$$\Omega_k \equiv \pi_k - \frac{i\hbar}{2m}k\phi_k^* \simeq 0 \ , \ \Omega_k^* \equiv \pi_k^* + \frac{i\hbar}{2m}k\phi_k \simeq 0, \tag{10.4}$$

$$p_{k\neq m} \simeq 0 \ , \ p_{k\neq m}^* \simeq 0 . \tag{10.5}$$

このとき，系のハミルトニアンは

$$\begin{aligned}H = &\ \frac{\hbar^2}{2m}\int d^3x \left[\sum_k \vec{\nabla}\phi_k^*\vec{\nabla}\phi_k + \frac{i}{\hbar}\sum_{k\neq m}(\phi_k^*\widetilde{B}_k - \widetilde{B}_k^*\phi_k) \right.\\ &+ \left.\sum_k \left\{ u_k\left(\pi_k - \frac{i\hbar}{2m}k\phi_k^*\right) + u_k^*\left(\pi_k^* + \frac{i\hbar}{2m}k\phi_k\right) \right\} + \sum_{k\neq m}(v_k p_k + v_k^* p_k^*) \right].\end{aligned}\tag{10.6}$$

ここで u_k, u_k^*, v_k, v_k^* は，正準変数の—この段階では未定の—関数である．

ポアソン括弧を $\{,\}$ で表わすとき，上記の束縛条件 (10.4), (10.5) が整合的であるための条件 (consistency condition) として，次の式—第二次束縛条件 (secondary constraint) —が成り立たねばならない：

$$\{\Omega_k, H\} = \frac{\hbar^2}{2m}\left[\triangle\phi_k^* + \frac{i}{\hbar}(1-\delta_{km})\widetilde{B}_k^* - \frac{i\hbar}{m}k u_k^*\right] \simeq 0, \tag{10.7}$$

$$\{p_{k\neq m}, H\} = -\frac{i\hbar}{2m}\phi_{k\neq m}^* \simeq 0, \tag{10.8}$$

$$\{\phi_{k\neq m}, H\} = \frac{\hbar^2}{2m}u_{k\neq m} \simeq 0, \tag{10.9}$$

およびこれらに複素共役の式．

ここで，正準変数に対する関係式 $\{q_i(\vec{x},t), p_j(\vec{x}',t)\} = \delta_{ij}\delta(\vec{x}-\vec{x}')$ 等を用いた．さて，(10.4), (10.8) より，先ず

$$\pi_{k\neq m} \simeq 0 , \qquad \pi_{k\neq m}^* \simeq 0 \tag{10.10}$$

が得られる．他方，$k=m$ に対する (10.7) より

$$u_m = \frac{i}{\hbar}\triangle\phi_m , \qquad u_m^* = -\frac{i}{\hbar}\triangle\phi_m^* \tag{10.11}$$

として，u_m, u_m^* が決定される．また，$k\neq m$ に対する (10.7) を (10.8), (10.9) と

[*3] 通常の強等号 (strong equality)= とは異なり，$\simeq$ は束縛条件下においてのみ成り立つ，いわゆる弱等号 (weak equality) を表わす．

組み合わせると

$$\widetilde{B}_{k\neq m} \simeq 0 , \qquad \widetilde{B}^*_{k\neq m} \simeq 0 \tag{10.12}$$

となる．さらに，(10.12) の整合性の条件として

$$\{\widetilde{B}_{k\neq m}, H\} = \frac{\hbar^2}{2m} v_{k\neq m} \simeq 0 ,\text{および複素共役の式} \tag{10.13}$$

が得られる．

　上記の結果をまとめると，先ず，関数 u_k, u_k^* は，(10.11) および (10.9) により，また関数 v_k, v_k^* は (10.13) により，それぞれ決定される．さらに束縛条件は，すべて第二種 (second class) となり，次の形にまとめられる：

$$\begin{aligned}
&\Omega^{(1)} \equiv \pi_m - \tfrac{i\hbar}{2}\phi_m^* \simeq 0 , \quad &&\Omega^{(2)} \equiv \pi_m^* + \tfrac{i\hbar}{2}\phi_m \simeq 0 , \\
&\Omega^{(3)} \equiv \phi_{k\neq m} \simeq 0 , &&\Omega^{(4)} \equiv \pi_{k\neq m} \simeq 0 , \\
&\Omega^{(5)} \equiv \phi^*_{k\neq m} \simeq 0 , &&\Omega^{(6)} \equiv \pi^*_{k\neq m} \simeq 0 , \\
&\Omega^{(7)} \equiv \widetilde{B}_{k\neq m} \simeq 0 , &&\Omega^{(8)} \equiv p_{k\neq m} \simeq 0 , \\
&\Omega^{(9)} \equiv \widetilde{B}^*_{k\neq m} \simeq 0 , &&\Omega^{(10)} \equiv p^*_{k\neq m} \simeq 0 .
\end{aligned} \tag{10.14}$$

　次にポアソン括弧から，次式で定義されるディラック括弧(Dirac bracket)$\{A, B\}_D$ に移行する：

$$\{A, B\}_D \equiv \{A, B\} - \{A, \Omega^{(\alpha)}\} D^{-1}_{\alpha\beta} \{\Omega^{(\beta)}, B\} , \tag{10.15}$$

ここで $\alpha, \beta = 1, 2, \cdots, 10$ であり，D は行列要素 $D_{\alpha\beta} = \{\Omega^{(\alpha)}, \Omega^{(\beta)}\}$ をもつ 10 行 10 列の行列である．(実際には，$\Omega^{(3)} \sim \Omega^{(10)}$ に対しては，その各々に対して可能な k の数だけ条件があるが，本質的な影響はないので，簡単のため，D を 10 行 10 列とした．) 簡単な計算の結果，

$$\begin{aligned}
\{\phi_k(\vec{x}, t), \phi^*_{k'}(\vec{x}', t)\}_D &= \frac{1}{i\hbar} \delta_{km} \delta_{k'm} \delta(\vec{x} - \vec{x}') , \\
\{\phi_k(\vec{x}, t), \phi_{k'}(\vec{x}', t)\}_D &= 0;
\end{aligned} \tag{10.16}$$

$$\{X_{k\neq m}, Y\}_D = 0 \tag{10.17}$$

が導かれる．ただし，$X_{k\neq m}$ は添字 $k \neq m$ をもった任意の量，Y はたんに任意の量を表わす．(10.16) をもとの場の量で書き直せば

$$\begin{aligned}
\{\phi(\vec{x}, t, s), \phi^*(\vec{x}', t, s')\}_D &= \tfrac{1}{i\hbar\ell} e^{-im(s-s')/\hbar} \delta(\vec{x} - \vec{x}') , \\
\{\phi(\vec{x}, t, s), \phi(\vec{x}', t, s')\}_D &= 0
\end{aligned} \tag{10.18}$$

となる．

上述のように，束縛条件 (10.14) の $\Omega^{(\alpha)}$ はすべて第二種であり，ディラック括弧を用いる限り，$\Omega^{(\alpha)} = 0$ としてよい．また $X_{k \neq m}$ は何ら本質的な役割を演じないから，われわれの用いるべきハミルトニアンとしては，(10.6) の代わりに

$$H = \frac{\hbar^2}{2m} \int d^3x ds \vec{\nabla} \phi^*(x) \vec{\nabla} \phi(x) \tag{10.19}$$

とすればよい．

ここで，$\phi_m(\vec{x}, t) \equiv \psi(\vec{x}, t)$ と置けば[*4]，この成分に対する，(10.18)，(10.19) はそれぞれ

$$\begin{aligned}\{\psi(\vec{x}, t), \psi^*(\vec{x}', t)\}_D &= \tfrac{1}{i\hbar} \delta(\vec{x}-\vec{x}') , \\ \{\psi(\vec{x}, t), \psi(\vec{x}', t)\}_D &= 0 ;\end{aligned} \tag{10.20}$$

および

$$H = \frac{\hbar^2}{2m} \int d^3x \, \vec{\nabla} \psi^*(\vec{x}, t) \vec{\nabla} \psi(\vec{x}, t) \; \left(= -\frac{\hbar^2}{2m} \int d^3x \psi^*(\vec{x}, t) \mathcal{H} \psi(\vec{x}, t) \right) \tag{10.21}$$

となる．これらの結果は，2.4節で与えられた (2.64)，(2.65) と本質的に同じである．

容易にわかるように，運動方程式 $\partial \psi(\vec{x}, t)/\partial t = \{\psi(\vec{x}, t), H\}_D$ は (2.37) と一致する．(10.21) は，また，場に対するエネルギー密度，および全エネルギーに対する表式を与える．

2.3.2項で論じたスピノル場の場合にも，上記に類似の取り扱いができるが，ここでは割愛する[*5]．

量子論への移行は，通常の場合のように，ボーズないしはフェルミ量子化に応じて，(10.18) の $[\ ,\ ]_D$ を $[\ ,\ ]_\pm$ で置き換えればよい．結果は (4.66) に一致する．

10.1.2　形成演算子

ラグランジアン密度 $\mathcal{L}$ を不変にする変換 G_5 は，次の変換より成る．すなわち，(i) x^i-軸 $(i = 1, 2, 3)$ 方向への併進，(ii) t 軸方向への併進，(iii) s 軸方向への併進，(iv) 空間回転，および (v) ガリレイ変換の5種である．これらの変換に

[*4]　これは $\phi(x) = \frac{1}{\sqrt{\ell}} \psi(\vec{x}, t) \exp(-ims/\hbar)$ なる規格化に対応する ((2.36) 参照)．
[*5]　第2章，脚注5の文献参照．

対する形成演算子は，以下のようにして求められる．10.1.1 項同様，ここでも 5 次元座標 $(\vec{x}, t, s)$ を用い，これを改めて x^μ と記す．すなわち $x^4 = t, x^5 = s$.

a. 始めに幾つかの一般公式を与えておく．複数個の場 $\phi_\alpha(x)(\alpha = 1, 2, \cdots)$ から成る系をとり，これに対して変換

$$\begin{aligned} x'^\mu &= x^\mu + \delta x^\mu, \\ \phi'_\alpha(x') &= \phi_\alpha(x) + \delta\phi_\alpha(x) \end{aligned} \quad (10.22)$$

を考える．このとき

$$\begin{aligned} \partial'_\mu \phi'_\alpha(x') &= \partial_\mu \phi_\alpha(x) + \partial_\mu(\delta\phi_\alpha(x)) - \partial_\nu \phi_\alpha(x)\partial_\mu(\delta x^\nu), \\ \mathcal{L}(\phi'_\alpha(x'), \partial'_\mu \phi'_\alpha(x')) &= \mathcal{L}(\phi_\alpha(x), \partial_\mu \phi_\alpha(x)) + \frac{\partial \mathcal{L}}{\partial \phi_\alpha(x)}\delta\phi_\alpha(x) \\ &\quad + \frac{\partial \mathcal{L}}{\partial(\partial_\mu \phi_\alpha)}\left(\partial_\mu(\delta\phi_\alpha) - \partial_\nu \phi_\alpha \partial_\mu(\delta x^\nu)\right), \\ d^5 x' &= d^5 x + \partial_\mu(\delta x^\mu) d^5 x \end{aligned} \quad (10.23)$$

である．よって

$$\begin{aligned} \delta I &\equiv \int d^5 x' \mathcal{L}(\phi'_\alpha(x'), \partial'_\mu \phi'_\alpha(x')) - \int d^5 \mathcal{L}(\phi_\alpha(x), \partial_\mu \phi_\alpha(x)) \\ &= \int d^5 x \left[\left\{\frac{\partial \mathcal{L}}{\partial \phi_\alpha} - \partial_\mu\left(\frac{\partial \mathcal{L}}{\partial(\partial_\mu \phi_\alpha)}\right)\right\}(\delta\phi^\alpha - \partial_\nu \phi_\alpha \delta x^\nu) \right. \\ &\quad \left. + \partial_\mu\left\{\frac{\partial \mathcal{L}}{\partial(\partial_\mu \phi_\alpha)}\delta\phi_\alpha - \delta x^\nu T^\mu{}_\nu\right\}\right], \end{aligned} \quad (10.24)$$

ただし $T^\mu{}_\nu$ はエネルギー・運動量テンソル (energy-momentum tensor) と呼ばれ

$$T^\mu{}_\nu(x) \equiv \frac{\partial \mathcal{L}}{\partial(\partial_\mu \phi_\alpha)}\partial_\nu \phi_\alpha - \delta^\mu{}_\nu \mathcal{L} \quad (10.25)$$

で与えられる．

さて，$\phi_\alpha(x)$ が場の方程式を満たすときには，

$$\delta I = \int d^5 x \partial_\mu \left\{\frac{\partial \mathcal{L}}{\partial(\partial_\mu \phi_\alpha)}\delta\phi_\alpha - \delta x^\nu T^\mu{}_\nu\right\} \quad (10.24')$$

となり，さらにもし $\delta I = 0$ ならば，次の保存則

$$\partial_\mu \left\{\frac{\partial \mathcal{L}}{\partial(\partial_\mu \phi_\alpha)}\delta\phi_\alpha - \delta x^\nu T^\mu{}_\nu\right\} = 0 \quad (10.26)$$

が成り立つ．

変換 (10.22) が無限小パラメーター ϵ_r $(r=1,2,\cdots)$ を用いて

$$\delta x^\mu = \epsilon_r \xi_r^\mu(x),$$
$$\delta \phi_\alpha = \epsilon_r M_r^{\alpha\beta}(x) \phi_\beta \tag{10.27}$$

で与えられるとき, (10.26) より各 ϵ_r に対応してネーター流 (Noether current) $J_r^\mu(x)$ が定義され, その保存則

$$J_r^\mu(x) = \xi_r^\nu(x) T^\mu{}_\nu(x) - \frac{\partial \mathcal{L}}{\partial(\partial_\mu \phi_\alpha)} M_r^{\alpha\beta}(x) \phi_\beta(x),$$
$$\partial_\mu J_r^\mu(x) = 0 \tag{10.28}$$

が導かれる.

またこのとき, 上の変換に対する $\phi_\alpha(x)$ のリー微分 (Lie derivative) $\mathcal{D}_r \phi_\alpha(x)$ は

$$\mathcal{D}_r \phi_\alpha(x) = \lim_{\epsilon \to 0} \left\{ \frac{\phi'_\alpha(x) - \phi_\alpha(x)}{\epsilon_r} \right\} = M_r^{\alpha\beta}(x) \phi_\beta(x) - \xi_r^\mu \partial_\mu \phi_\alpha(x) \tag{10.29}$$

で定義される.

従って, 各 (無限小) 変換の形成演算子 T_r を

$$T_r \equiv \int d\sigma_\mu J_r^\mu(x) = \int d^3x ds\, \xi_r^\nu(x) T^4{}_\nu(x) - \int d^3x ds\, \pi_\alpha(x) M_r^{\alpha\beta}(x) \phi_\beta(x) \tag{10.30}$$

で与えたとき, 次の関係

$$\{\phi_\alpha(x), T_r\} = -\mathcal{D}_r \phi^a(x) \tag{10.31}$$

が成り立つことがわかる. ただし, (10.30) 中の $\pi_\alpha(x)$ は $\phi_\alpha(x)$ に対する正準共役運動量 $\partial \mathcal{L}/\partial(\partial_4 \phi_\alpha(x))$ を表わす.

b. さて変換として (2.12) の G_5 に対する無限小形

$$x'^i = x^i + \epsilon_{ijk} x^j \delta\omega^k - \delta v^i x^4 + \delta\alpha^i,$$
$$x'^4 = x^4 + \delta\alpha^4, \tag{10.32}$$
$$x'^5 = x^5 - \delta v^i x^i + \delta\alpha^5$$

について考える. このとき, 各無限小パラメーターは $r=$(i),(ii),$\cdots$,(v) とすれば $\epsilon_{(i)} = \delta\alpha^i$ $(i=1,2,3), \epsilon_{(ii)} = \delta\alpha^4, \epsilon_{(iii)} = \delta\alpha^5, \epsilon_{(iv)} = \delta\omega^k$ $(k=1,2,3), \epsilon_{(v)} = \delta v^i$ $(i=1,2,3)$ であり, それぞれに対する $\xi_r^\mu(x)$ は

$$\begin{aligned}
\xi^\mu_{(i)}(x) &= (\delta^\mu{}_i, 0, 0), \\
\xi^\mu_{(ii)}(x) &= (0, 0, 0, 1, 0), \\
\xi^\mu_{(iii)}(x) &= (0, 0, 0, 0, 1), \\
\xi^\mu_{(iv)}(x) &= (\epsilon_{\mu jk} x^j, 0, 0), \\
\xi^\mu_{(v)}(x) &= (-x^4 \delta^\mu{}_i, 0, -x^i)
\end{aligned} \quad (10.33)$$

となる．

とくに，場 $\phi_\alpha(x)$ とし G_5 変換の下でのスカラー場のみを考えることにすれば，$M^{\alpha\beta}_r(x)$ はすべてゼロであるから，(10.30) の形成演算子 T_r は

$$T_r = \int d^3x\, ds\, \xi^\nu_r(x) T^4{}_\nu(x) \tag{10.30$'$}$$

で与えられる．従って，$r =$(i),(ii),$\cdots$,(v) に対応する T_r は，(10.33), (10.30$'$) より

$$\begin{aligned}
T_{(i)i} &= \int d^3x\, ds\, T^4{}_i, & T_{(ii)} &= \int d^3x\, ds\, T^4{}_4, \\
T_{(iii)} &= \int d^3x\, ds\, T^4{}_5, & T_{(iv)i} &= -\epsilon_{ijk} \int d^3x\, ds\, x^j T^4{}_k, \\
T_{(v)i} &= -\int d^3x\, ds\, (x^4 T^4{}_i + x^i T^4{}_5)
\end{aligned} \quad (10.34)$$

となる．ここで (10.1$'$), (10.25) より $T^4{}_\mu(x)$ はそれぞれ

$$\begin{aligned}
T^4{}_i &= \frac{\hbar^2}{2m}(\partial_5 \phi^*(x) \partial_i \phi(x) + \partial_i \phi^*(x) \partial_5 \phi(x)), \\
T^4{}_4 &= \frac{\hbar^2}{2m}\left\{\vec{\nabla}\phi^*(x)\vec{\nabla}\phi(x) + B^*(x)\left(\partial_5 + \frac{im}{\hbar}\right)\phi(x) + \left(\partial_5 - \frac{im}{\hbar}\right)\phi^* \cdot B\right\}, \\
T^4{}_5 &= \frac{\hbar^2}{m}\partial_5 \phi^*(x) \partial_5 \phi(x)
\end{aligned} \quad (10.35)$$

で与えられる．

他方 (10.29) より，各 r に対するスカラー場 $\phi(x)$ のリー微分は

$$\begin{aligned}
\epsilon_r \mathcal{D}_r \phi(x) =& -(\delta\alpha^i + \epsilon_{ijk} x^j \delta\omega^k - x^4 \delta v^i)\partial_i \phi(x) \\
& -\delta\alpha^4 \partial_4 \phi(x) - (\delta\alpha^5 - x^i \delta v^i)\partial_5 \phi(x)
\end{aligned} \quad (10.36)$$

となる．

c. さて，4次元形式との関係を見るために，(10.14) で定義された第二種の束縛条件 $\Omega^{(1)} \sim \Omega^{(10)}$ のすべてをゼロにとると，$\phi(x), \phi^*(x), B(x), B^*(x)$ はそれぞれ

10.1 5次元形式の場の理論

$$\phi(x) = \tfrac{1}{\sqrt{\ell}}\phi_m(\vec{x},t)e^{-ims/\hbar}, \quad \phi^*(x) = \tfrac{1}{\sqrt{\ell}}\phi^*_m(\vec{x},t)e^{ims/\hbar},$$
$$B(x) = \tfrac{1}{\sqrt{\ell}}B_m(\vec{x},t)e^{-ims/\hbar}, \quad B^*(x) = \tfrac{1}{\sqrt{\ell}}B^*_m(\vec{x},t)e^{ims/\hbar} \tag{10.37}$$

と表わされる．これらを (10.35) に代入して積分すれば

$$\int_0^\ell ds T_i^4 = \frac{i\hbar}{2}\phi_m^*(\vec{x},t)\overset{\leftrightarrow}{\partial}_i \phi_m(\vec{x},t)$$

$$\int_0^\ell ds T_4^4 = \frac{\hbar^2}{2m}\vec{\nabla}\phi_m^*(\vec{x},t)\vec{\nabla}\phi_m(\vec{x},t) \tag{10.38}$$

$$\int_0^\ell ds T_5^4 = m\phi_m^*(\vec{x},t)\phi_m(\vec{x},t),$$

が得られる．またこのとき (10.36) は

$$\epsilon_r \mathcal{D}_r \phi(x) = -\frac{1}{\sqrt{\ell}}e^{-ims/\hbar}\Big[(\delta\alpha^j + \epsilon_{jj'k}x^{j'}\delta\omega^k - x^4\delta v^j)\partial_j$$
$$+ \delta\alpha^4 \partial_4 - \frac{im}{\hbar}(\delta\alpha^5 - x^j\delta v^j)\Big]\phi_m(\vec{x},t) \tag{10.36'}$$

となる．(10.31), (10.36') より

$$\{\phi_m(\vec{x},t), T_{(\mathrm{i})i}\}_D = \partial_i \phi_m(\vec{x},t),$$
$$\{\phi_m(\vec{x},t), T_{(\mathrm{ii})}\}_D = \partial_4 \phi_m(\vec{x},t),$$
$$\{\phi_m(\vec{x},t), T_{(\mathrm{iii})}\}_D = -\tfrac{1}{\hbar}m\phi_m(\vec{x},t), \tag{10.39}$$
$$\{\phi_m(\vec{x},t), T_{(\mathrm{iv})i}\}_D = -\epsilon_{ijk}x^j \partial_k \phi_m(\vec{x},t),$$
$$\{\phi_m(\vec{x},t), T_{(\mathrm{v})j}\}_D = (-x^4 \partial_j + \tfrac{im}{\hbar}x^j)\phi_m(\vec{x},t)$$

が導かれる．ここで，(10.34), (10.38) を用いれば

$$T_{(\mathrm{i})j} = \frac{i\hbar}{2}\int d^3x\, \phi_m(\vec{x},t)\overset{\leftrightarrow}{\partial}_j \phi_m(\vec{x},t),$$

$$T_{(\mathrm{ii})} = \frac{\hbar^2}{2m}\int d^3x\, \vec{\nabla}\phi_m^*(\vec{x},t)\vec{\nabla}\phi_m(\vec{x},t),$$

$$T_{(\mathrm{iii})} = m\int d^3x\, \phi_m^*(\vec{x},t)\phi_m(\vec{x},t), \tag{10.40}$$

$$T_{(\mathrm{iv})j} = -\frac{i\hbar}{2}\epsilon_{jj'k}\int d^3x\,(\phi_m(\vec{x},t)x^{j'}\partial_k \phi_m(\vec{x},t) - \partial_k\phi_m^*(\vec{x},t)x^{j'}\phi_m(\vec{x},t)),$$

$$T_{(\mathrm{v})j} = -\frac{i\hbar}{2}x^4\int d^3x\, \phi_m(\vec{x},t)\overset{\leftrightarrow}{\partial}_j \phi_m(\vec{x},t) - m\int d^3x\, \phi_m^*(\vec{x},t)x^j \phi_m(\vec{x},t)$$

である．

(10.40) で $\phi_m(\vec{x},t)$ を $\psi(\vec{x},t)$ と同一視すれば，形成演算子 $T_{(i)}, T_{(ii)}, \cdots, T_{(v)}$ の表式は，4次元的な考察から求められた (2.67) における $-\vec{P}, P_t, M, \vec{L}, \vec{G}$ にそれぞれ一致する．

また，$\psi^*(\vec{x},t)$ を $\psi^\dagger(\vec{x},t)$ で置き換えれば，(10.40) は量子論的な表式となる．

10.2　ハミルトンの主関数とシュレーディンガーの波動関数

第8章では，'一般振動子'と呼ばれる簡単な系に対し，古典解から出発して量子力学的な解を求める方法について考察した．本節では，同じ問題をこれとは別の観点から再検討してみたい．

10.2.1　ハミルトン–ヤコビ方程式との関係

考察する系は再び一般振動子とし，そのハミルトニアンを (8.1) とする．このとき，シュレーディンガー方程式は

$$i\hbar \frac{\partial \varphi(q,t)}{\partial t} = \left\{ -\hbar^2 X \frac{\partial^2}{\partial q^2} - i\hbar Y \left(\frac{\partial}{\partial q} q + q \frac{\partial}{\partial q} \right) + Z q^2 \right\} \varphi(q,t) \tag{10.41}$$

となるが，

$$\varphi(q,t) \equiv \exp\left[\frac{i}{\hbar} \tilde{S}(q,t) \right] \tag{10.42}$$

とおけば，$\tilde{S}(q,t)$ に対しては

$$X \left(\frac{\partial \tilde{S}}{\partial q} \right)^2 + 2Yq \frac{\partial \tilde{S}}{\partial q} + Zq^2 + \frac{\partial \tilde{S}}{\partial t} - i\hbar \left(X \frac{\partial^2 \tilde{S}}{\partial q^2} + Y \right) = 0 \tag{10.43}$$

が成り立つ[*6]．

ここで

[*6]　ボームも類似の表式を考察した．D. Bohm: Phys.Rev.**85**(1952)166. 上記の $\tilde{S}$ を $\tilde{S} = \tilde{S}_r + i\tilde{S}_i$ と実虚両部分に分解すれば，彼の表式が得られる．ただし $\tilde{S}_i = -\frac{\hbar}{2}\log\rho$. しかしこの分解はここでは余り便利ではない．

なおハミルトン，シュレーディンガー両関数間の上述のような関係が，前期量子論の段階で注意されなかったのは不思議なことである．この点については，例えば H.Goldstein: *Classical Mechanics* (Addison-Wesley, 1950) 参照．

10.2 ハミルトンの主関数とシュレーディンガーの波動関数

$$F \equiv X\frac{\partial^2 \tilde{S}}{\partial q^2}+Y \tag{10.44}$$

なる関数を導入しよう．もし，$\tilde{S}(q,t)$ が q に関して 2 次以下の多項式で与えられる場合には，F は q に依存せず t のみの関数 $F(t)$ となる．以下では，もっぱらこの場合を考える．いま新たな関数 $S(q,t)$ を

$$S(q,t) \equiv \tilde{S}(q,t) - i\hbar \int^t F(t')dt' \tag{10.45}$$

によって定義すると，$S(q,t)$ に関しては (10.43) より

$$X\left(\frac{\partial S}{\partial q}\right)^2 + 2Yq\frac{\partial S}{\partial q} + Zq^2 + \frac{\partial S}{\partial t} = 0 \tag{10.46}$$

が成り立ち，これはまさに古典的なハミルトン–ヤコビの方程式 (8.3) に他ならない．従ってこの場合，(10.46) の解，すなわちハミルトンの主関数 $S(q,t)$ が，q に関する 2 次以下の多項式として一個求められたとすると，$F(t) = X(\partial^2/\partial q^2)\tilde{S}(q,t)+Y = X(\partial^2/\partial q^2)S(q,t)+Y$ から $F(t)$ が決まり，従って (10.45) により $\tilde{S}(q,t)$ が，さらには (10.42) によりシュレーディンガーの波動関数 $\varphi(q,t)$ が決まることになる[*7]．

どのような $S(q,t)$ がどのような $\varphi(q,t)$ を与えるかは，物理的に興味ある問題であり，二, 三の場合について以下で検討する．

10.2.2 二, 三の具体例

a. $S(q,t)$ が (8.26') の $S_2(q,\gamma,t)$ で与えられる場合．すなわち $S(q,\gamma,t) = \frac{\gamma}{f}q - \frac{g}{2f}q^2 - \gamma^2\tilde{\varphi}(t)$ と置く．8.1.3 項での結果を用いると

$$\begin{aligned}F &= \frac{\dot{f}}{2f} = \frac{d}{dt}\log\sqrt{f}, \\ \tilde{S}(q,\gamma,t) &= \frac{\gamma}{f}q - \frac{g}{2f}q^2 - \gamma^2\tilde{\varphi}(t) + i\hbar\log\sqrt{f}\end{aligned} \tag{10.47}$$

である．このとき，(10.42) によって得られる波動関数を $\varphi_\gamma(q,t)$ と書くと

$$\varphi_\gamma(q,t) = \mathrm{const.} \times \frac{1}{\sqrt{f}}\exp\frac{i}{\hbar}\left[\frac{\gamma}{f}q - \frac{g}{2f}q^2 - \gamma^2\tilde{\varphi}(t)\right] \tag{10.48}$$

[*7] S. Sakoda, et al.: Proc.XXIV Internat. Colloquium on Group Theoretical Methods in Physics, 15–20 July 2002 Paris, Inst. of Phys. Conference Series 173(2002)601.

となる．この波動関数に対しては，(8.24), (8.36) を考慮すると

$$\hat{\gamma}\varphi_\gamma(q,t) = (f\frac{\hbar}{i}\frac{\partial}{\partial q}+gq)\varphi_\gamma(q,t) = \gamma\varphi_\gamma(q,t),$$
$$\hat{\eta}\varphi_\gamma(q,t) = \{-2f\tilde{\varphi}\frac{\hbar}{i}\frac{\partial}{\partial q}+(\frac{1}{f}-2g\tilde{\varphi})q\}\varphi_\gamma(q,t) = \frac{\hbar}{i}\frac{\partial}{\partial \gamma}\varphi_\gamma(q,t) \qquad (10.49)$$

が示される．すなわち，$\varphi_\gamma(q,t)$ は $\hat{\gamma}$ を対角化するような波動関数になっている．

b. 上記の $S(q,\gamma,t)$ にルジャンドル変換 (Legendre transformation) を行う場合．変換によってハミルトン–ヤコビ方程式の他の解 $S(q,\eta,t)$ に移行したとすると

$$S(q,\eta,t) \equiv S(q,\gamma,t) - \eta\gamma = \left(\frac{1}{4f^2\tilde{\varphi}} - \frac{g}{2f}\right)q^2 - \frac{1}{2f\tilde{\varphi}}q\eta + \frac{1}{4\tilde{\varphi}}\eta^2 \qquad (10.50)$$

であり，この場合の $F(t)$ は

$$F = \frac{1}{2}\left(\frac{\dot{\tilde{\varphi}}}{\tilde{\varphi}} + \frac{\dot{f}}{f}\right) \qquad (10.51)$$

となる．これらの導出には，再び 8.1.3 項の諸式を用いた．

よって，この場合の $\tilde{S}(q,\eta,t)$ は

$$\tilde{S}(q,\eta,t) = S(q,\eta,t) + i\hbar\log\sqrt{f\tilde{\varphi}} \qquad (10.52)$$

であり，対応する波動関数を $\varphi_\eta(q,t)$ と書けば，(10.42) により

$$\varphi_\eta(q,t) = \text{const.}\times\frac{1}{\sqrt{f\tilde{\varphi}}}\exp\frac{i}{\hbar}\left[\left(\frac{1}{4f^2\tilde{\varphi}} - \frac{g}{2f}\right)q^2 - \frac{1}{2f\tilde{\varphi}}\eta q + \frac{1}{4\tilde{\varphi}}\eta^2\right] \qquad (10.53)$$

となる．これは (8.75′) 式で与えた $\langle q|\eta,t\rangle$ に一致する．すなわち，$\varphi_\eta(q,t)$ は $\hat{\eta}$ を対角化する波動関数に他ならない．

c. コヒーレント状態 (8.67)．この状態を (10.42) の形に書き，対応する $\tilde{S}(q,\alpha,t)$ を求めると，これは q に関する2次式であり

$$\tilde{S}(q,\alpha,t) = -\frac{B-i\sqrt{\kappa}}{2A}q^2 - i\hbar\xi\alpha q e^{-i\varphi} + \frac{i\hbar}{2}\alpha^2 e^{-2i\varphi} - \frac{\hbar}{2}\varphi - \frac{i\hbar}{2}\log\xi \qquad (10.54)$$

となる．この場合

$$F = \frac{\dot{A}}{4A} + \frac{i}{2}\dot{\varphi} \qquad (10.55)$$

であり，これと (10.45) より $S(q,\alpha,t)$ を求めると

$$S(q,\alpha,t) = -\frac{B-i\sqrt{\kappa}}{2A}q^2 - i\hbar\xi\alpha q e^{-i\varphi} + \frac{i\hbar}{2}\alpha^2 e^{-2i\varphi} \qquad (10.56)$$

となる．これは実関数ではないが，ハミルトン–ヤコビの方程式を満たす．

そこで形式的に $S(q,\alpha,t)$ を正準変換の母関数とみなし,変換で得られる正準運動量を α,その共役座標を β とすると

$$
\begin{aligned}
p &= \frac{\partial S(q,\alpha,t)}{\partial q} = -\frac{B-i\sqrt{\kappa}}{A}q - i\hbar\xi\alpha e^{-i\varphi}, \\
\beta &= \frac{\partial S(q,\alpha,t)}{\partial \alpha} = i\hbar(\alpha e^{-i\varphi} - \xi q)e^{-i\varphi}
\end{aligned}
\tag{10.57}
$$

が成り立つ.よって

$$
\begin{aligned}
\alpha &= \sqrt{\frac{1}{2\hbar\sqrt{\kappa}A}}\left\{(\sqrt{\kappa}+iB)q + iAp\right\}e^{i\varphi}, \\
\beta &= -i\hbar\alpha^*
\end{aligned}
\tag{10.58}
$$

が得られる.

上の結果を (8.44) の $a, a^\dagger$ と比較すると,これらを c 数の量 a, a^* とみなすとき,$\alpha = ae^{i\varphi}, \beta = -i\hbar a^* e^{-i\varphi}$ の関係にあることがわかる.従って次のように言うことができる.正準座標 p, q を複素数の変数 α, β に移す正準変換の母関数を $S(q,\alpha,t)$ とするとき,これに対応する $\tilde{S}(q,\alpha,t)$ から作った $\varphi_\alpha(q,t)$ は,a の固有状態 (固有値 α) になっている.この結果は,コヒーレント状態が a の固有状態であることと整合的である.

10.3 中性スカラー場の密度流

前章で見たように,相対論的な場に対する粒子演算子 $\chi(x), \chi_r(x), \cdots$ は,$\mathcal{H}$ に対する表式を除けば,非相対論的な場合と形式的によく似た理論形式をもっている.例えばスカラー場の物質密度の演算子は,非相対論の場合と同じく,$\rho(x) = \chi^\dagger(x)\chi(x)$ で与えられる.ところで非相対論の場合には,この $\rho(x)$ と組になる流れベクトル $\vec{J}(x)$ が存在し,これらに対して保存則 $\dot{\rho}(x) + \vec{\nabla}\cdot\vec{J}(x) = 0$ が成立した.同じように相対論的な場合にも,上記の $\rho(x)$ と組になるべき流れベクトル $\vec{J}(x)$ は存在するであろうか.言うまでもなく,たとえ存在したとしても,$\vec{J}(x)$ は非局所的な量となるはずである.本節ではこの問題を,中性スカラー場の場合について検討する.

場 $\chi(x)$ の運動方程式は (9.11),すなわち $i\dot{\chi}(x) = \mathcal{H}\chi(x), \mathcal{H} \equiv \sqrt{-\Delta + m^2}$,で

与えられる．しかし，微分演算子 $\mathcal{H}$ をこのままで取り扱うのは困難であり，以下の議論では次のような展開式を用いることにする：

$$\mathcal{H} = m\sum_{n=0}^{\infty} \frac{(-1)^n f^{(n)}(0)}{n! m^{2n}} \triangle^n \equiv \sum_{n=0}^{\infty} A_n \triangle^n, \tag{10.59}$$

ここで $f(x) \equiv \sqrt{1+x} = \sum_{n=0}^{\infty} \frac{1}{n!} f^{(n)}(0) x^n$ $(|x|<1)$ とした．よって

$$A_0 = m, \quad A_n = -\frac{(2n-3)!!}{2^n n! m^{2n-1}} = A_n^* \quad (n \geq 1). \tag{10.60}$$

さて，$\vec{J}(x)$ の表式を求めるために，先ず $i\dot{\rho}(x)$ を計算すると

$$i\dot{\rho}(x) = \sum_{n=1}^{\infty} A_n \left\{ \chi^\dagger(x)\triangle^n \chi(x) - \triangle^n \chi^\dagger(x)\cdot\chi(x) \right\} \tag{10.61}$$

であり，これがさらに

$$= \sum_{n=1}^{\infty} A_n \vec{\nabla}\vec{j}^{(n)}(x) \tag{10.61'}$$

であるような $\vec{j}^{(n)}(x)$ を見出すことが，ここでの問題である．その導出はともかく，答は簡単で

$$\vec{j}^{(n)}(x) = \sum_{r=0}^{n-1} \left(\triangle^r \chi^\dagger(x)\cdot\triangle^{n-1-r}\vec{\nabla}\chi(x) - \triangle^r \vec{\nabla}\chi^\dagger(x)\cdot\triangle^{n-1-r}\chi(x) \right) \tag{10.62}$$

と取ればよい．$\vec{\nabla}\vec{j}^{(n)}(x) = \chi^\dagger(x)\triangle^n \chi(x) - \triangle^n \chi^\dagger(x)\cdot\chi(x)$ を見るのは容易である．従って求めるベクトル $\vec{J}(x)$ は

$$\vec{J}(x) = i\sum_{n=1}^{\infty} A_n \vec{j}^{(n)}(x) \tag{10.63}$$

で与えられる．因みに非相対論的な場合には $A_1 = -(1/2m), A_n = 0$ $(n \geq 2)$ であり，(10.63) はよく知られた表式に帰着する．内部自由度のある場合の $\chi_r(x)$ に対しても，事情は同じである．

(10.63) の $\vec{J}(x)$ は，予想どおり非局所的な形をしている．残念ながら，$\triangle$ の展開によらない表式を求めることには，未だ成功していない．

10.4 関数 $G_\nu^{(\pm)}(\vec{x}, t)$

相対論的な場の理論に特有な関数 $G_\nu^{(\pm)}(\vec{x}, t)$ は，すでに (9.6)，(9.95) で定義されている．すなわち

$$G_\nu^{(\pm)}(\vec{x}, t) \equiv \frac{1}{(2\pi)^3} \int d^3k\, k_0^\nu e^{\mp ik_0 t + i\vec{k}\vec{x}}. \tag{10.64}$$

次の性質は定義から自明である：

$$G_\nu^{(\pm)*}(\vec{x}, t) = G_\nu^{(\mp)}(\vec{x}, t), \quad \dot{G}_\nu^{(\pm)}(\vec{x}, t) = \mp i G_{\nu+1}^{(\pm)}(\vec{x}, t),$$

$$\int d^3y\, G_{\nu_1}^{(\pm)}(\vec{x}_1 - \vec{y}, t_1 - \tau) G_{\nu_2}^{(\pm)}(\vec{y} - \vec{x}_2, \tau - t_2) = G_{\nu_1 + \nu_2}^{(\pm)}(\vec{x}_1 - \vec{x}_2, t_1 - t_2). \tag{10.65}$$

なお，これらの関数は次の表式をもつ．

10.4.1 $t \neq 0$ のときの表式

$G_{-1}^{(\pm)}(\vec{x}, t)$ および $G_0^{(\pm)}(\vec{x}, t)$ の表式

1) $t^2 - r^2 > 0$ のとき

$$\begin{aligned}
G_0^{(+)}(\vec{x}, t) &= \frac{1}{4\pi} \frac{m^2 t}{t^2 - r^2} H_2^{(2)}(m\sqrt{t^2 - r^2}), \\
G_0^{(-)}(\vec{x}, t) &= \frac{1}{4\pi} \frac{m^2 t}{t^2 - r^2} H_2^{(1)}(m\sqrt{t^2 - r^2}), \\
G_{-1}^{(+)}(\vec{x}, t) &= \frac{i}{4\pi} \frac{m}{\sqrt{t^2 - r^2}} H_1^{(2)}(m\sqrt{t^2 - r^2}), \\
G_{-1}^{(-)}(\vec{x}, t) &= -\frac{i}{4\pi} \frac{m}{\sqrt{t^2 - r^2}} H_1^{(1)}(m\sqrt{t^2 - r^2});
\end{aligned} \tag{10.66}$$

2) $t^2 - r^2 < 0$ のとき

$$\begin{aligned}
G_0^{(\pm)}(\vec{x}, t) &= \mp \frac{1}{4\pi} \frac{m^2 t}{r^2 - t^2} H_2^{(1)}(im\sqrt{r^2 - t^2}), \\
G_{-1}^{(\pm)}(\vec{x}, t) &= -\frac{1}{4\pi} \frac{m}{\sqrt{r^2 - t^2}} H_1^{(1)}(im\sqrt{r^2 - t^2}).
\end{aligned} \tag{10.67}$$

ここに，$H_\nu^{(n)}(z)$ は第 n 種 ν 次のハンケル関数である．

10.4.2 $t=0$ のときの表式

このとき $G_\nu^{(\pm)}(\vec{x},0) \equiv G_\nu(\vec{x})$ の表式は以下のようになる．

$$
\begin{aligned}
G_1(\vec{x},0) &= -\frac{1}{(2\pi)^2}\left(\frac{m}{r}\right)^2 K_2(mr), \\
G_{1/2}(\vec{x},0) &= -\frac{\Gamma(5/4)}{4\pi^2\sqrt{2\pi}}\left(\frac{2m}{r}\right)^{7/4} K_{-7/4}(mr), \\
G_0(\vec{x},0) &= \delta(\vec{x}), \\
G_{-1/2}(\vec{x},0) &= \frac{\Gamma(3/4)}{4\pi^2\sqrt{2\pi}}\left(\frac{2m}{r}\right)^{5/4} K_{-5/4}(mr), \\
G_{-1}(\vec{x},0) &= \frac{m}{2\pi^2 r} K_1(mr), \\
G_{-2}(\vec{x},0) &= \frac{1}{4\pi r} e^{-mr}.
\end{aligned}
\tag{10.68}
$$

ここに，$K_\nu(z)$ は変形されたベッセル関数である．

これらの関数の $r\to\infty$ および $r\to 0$ での振舞いは：

1) $|z|\to\infty$ のとき，$K_\nu(z)$ の漸近展開は (ν に無関係に)

$$
K_\nu(z) \sim \sqrt{\frac{\pi}{2z}} e^{-z}\left(1+O\!\left(\frac{1}{z}\right)\right), \quad |z|\to\infty. \tag{10.69}
$$

よって，$r\to\infty$ のとき

$$
\begin{aligned}
G_1(\vec{x},0) &\sim -\frac{m^4}{2^{5/2}\pi^{3/2}}\frac{1}{(mr)^{5/2}} e^{-mr}, \\
G_{1/2}(\vec{x},0) &\sim -\frac{\Gamma(5/4)m^{7/2}}{2^{5/4}\pi^2}\frac{1}{(mr)^{9/4}} e^{-mr}, \\
G_{-1/2}(\vec{x},0) &\sim \frac{\Gamma(3/4)m^{5/2}}{2^{7/4}\pi^2}\frac{1}{(mr)^{7/4}} e^{-mr}, \\
G_{-1}(\vec{x},0) &\sim \frac{m^2}{2^{3/2}\pi^{3/2}}\frac{1}{(mr)^{3/2}} e^{-mr}
\end{aligned}
\tag{10.70}
$$

となる．

2) $z\to 0$ のとき

10.4 関数 $G_\nu^{(\pm)}(\vec{x},t)$

$$K_n(z) \sim (-1)^{n+1} \left(\frac{z}{2}\right)^n \frac{\log z}{n!},$$
$$K_{-\nu}(z) \sim \frac{\pi}{2} \frac{1}{\sin \nu\pi} \left(\frac{z}{2}\right)^{-\nu} \frac{1}{\Gamma(1-\nu)}, \qquad (10.71)$$

ただし，ν は正の数で，かつ整数 n ではないものとする．これらを (10.68) で用いれば，$G_\nu(\vec{x},0)$ の $r \to 0$ での振舞いが求められる．

跋——量子力学小論

a. ψの二分法(ダイコトミー)

記号 ψ が量子力学の主役である．このギリシャ文字の意味するものは，ある事象に対する確率—正確にはそれを与えるための確率振幅—であると了解されている．確率は，しかしながら，文章に喩えるならば，述語にあたる．それならば，その文章の主語は，一体，何処へ行ったのか．もちろん，ψ はシュレーディンガー方程式を満たし，この式の中には当該系のハミルトニアン，従って問題の主語に関する情報の一部が含まれている．言うなれば，述語の性質を規定する修飾語としてのみ，主語，すなわち系の主体が顔を出す．この間の事情を，先に序文では競馬における (競走馬やレース) 対 (馬券) の関係に喩えた．

これに反して本書では，ψ の役割を主語と述語とに二分した．そして主語の ψ を物質波，述語の ψ を確率波と呼び，区別のため，後者には記号 φ を当てた．この二分法により，当初の単一 ψ にまつわり付いていた神秘性・多義性は一掃されたのではないかと期待される．役割のこうした二分は，すでに 5.3.2 項 (脚注 11) でも指摘したように，ド・ブロイの嚮導波理論—粒子・波動の二元論—に，概念的に極めて近い．具体的には，彼の粒子が本書の $|\vec{x}\rangle$ に，彼の嚮導波が本書の φ に対応する．そのことはともかく，コペンハーゲン解釈の正統視が，ド・ブロイ流解釈を一方的に排除してしまったのは，この意味で大変残念なことである．可能性は可能性として残しておくべきであったろう．概念構成におけるのみならず，一般に，不分明は二 (ないしは多) 分法によって分明となる．

因みに，二分法や二重構造は，量子力学の構成の中に，しばしば出現する．上記以外の場合については，すでに 4.1 節で述べた．

本書の立場では，物質波 (場) ψ を量子劇の主役，すなわち物理的実在とみなすわけであるが，このプログラムは，ボーズ物質の場合に総てが直接的な形で

遂行される．しかし，第5, 6章で述べたように，フェルミ物質に対しては，その存在の確認(観測)が間接的となってしまう．ボーズ物質の場合とは異なり，ψ そのものが観測可能量とはならないからである．ことの原因は，フェルミ物質固有の超選択則にある．それにも拘わらず，フェルミ場の演算子 ψ が，理論の構成上，基本的な役割を演ずるという事実は，まさに不可思議と言うべきである．この意味でフェルミ場は，アインシュタインの想像したよりも遥かに「大胆な空想力を必要とする概念」(1.2節参照)と言うべきであろう．

b. 観測問題

いわゆる「解釈の問題」と「観測の問題」は，量子力学の概念的基礎に関わるものとして，その成立時以来今日に至るまで，なお論争が続けられている問題である．前者は ψ の物理的解釈に関するものであり，これに対して本書では，上述のような二分法的な立場をとった．他方，後者については，本文で触れる余裕はなかったが，具体的には次のような問題である．

量子力学に対する基本的立場として本書では，4.1節に見られるように，原則的にコペンハーゲン解釈に拠っている．おそらく初学者は，実際筆者自身もそうであったように，この解釈から一種の文化的衝撃を受けるのではなかろうか．それまで馴れ親しんできた古典物理学に較べ，全く異質で斬新な考え方が提示されているからである．

この解釈にもっとも特徴的な事柄の一つに，波束の収縮—(4.4)式による状態の変化—がある．「解釈」はこれを，観測時に観測(機器)が観測対象に及ぼす影響の発現であると説く．ここでは観測が，一般的・抽象的に述べられているが，具体的には，もちろん，一種の物理的過程であるはずである．そしてこれを認めるとき，直ちに次の問題が起こってくる．すなわち，当該物理的過程をいかに理論的に，できれば量子力学的に説明するのか，との問題である．

観測には，そこで使用される機器や，さらには観測対象を取りまく環境などが影響を与えると考えられる．これらは，大抵の場合，マクロな物体であり，対象に較べて遥かに多くの自由度をもっている．実際，これまでに提出されてきた「観測理論」の多くは，こうした多自由度系の特質を十二分に利用したものである．

ところで，観測行為の全体を一つの物理的過程として取り扱うためには，(対

象＋観測機器＋環境＋…)の全体系を考えなくてはならない．因みに，上記の'…'に，観測者の意識まで含めようという説もある．しかし，このような全体系に対して量子力学をそのまま適用したとしても，当初の目的は果たされない．全体系のもつ自由度は，いかに多いとは言っても畢竟は有限である．全体系の時間発展は，それ故，ユニタリ変換による一意的・連続的な変化となるはずであり，(4.4) 式の示すような統計的・不連続的な変化は起こり得ない．観測の説明には，従って，何らかの非量子力学的な要素を理論にもち込まなくてはならない．ここで'非量子力学'とは，例えば古典力学・統計力学，あるいは量子力学自体の拡張・変更などを含むであろう．

すでに述べたように，観測理論の歴史は長い．多くの研究家が己がじし理論を展開し，甲論乙駁，現在に至るも未だ定説と言えるものは現れていないようである．恐らくその主な理由は，ある著者が採用した非量子力学的機構が，他の著者の好みに合わないからであろう．しかし，理論の良し悪しが，好みによって判断されるのは，科学的とは言えまい．かく申す筆者が，自らの理論を何ら提示せず，徒に批判的言辞のみを弄するのは心苦しいが，理論が真に科学的理論であるためには，科学的にその成否が判断でき得るような，何らかの―できうれば定量的な―予言を含んでいて欲しいものである．数多くの試みが，単なる煩瑣哲学や訓詁の学に終わってしまわないためにも，である．

「理論」の現状を眺めるとき，筆者は次のような印象を拭いきれない．すなわち，量子力学は，状態の連続的変化―シュレーディンガー方程式に従う―に関して，理論的に十分成熟しているが，波束の収縮なる不連続的変化―基本方程式がない―に関しては，甚だ未熟である．言うなれば，後者はいまだ前期量子論的な段階に止まっているのではないのか，と．逆説的な言い方になるが，もし数々の観測理論の試みが先ず始めにあり，その後に至ってこれら諸理論から，それらの共通性として抽出され，それらを支えるものとして，コペンハーゲン解釈が提出されたとしたならば，この解釈はわれわれに，今とは大いに違った形で，もっと素直に受け容れられたのではなかろうか．

c. 超量子力学

これまで多大の成功を収めてきた量子力学も，過去の歴史が示すように，何れはまた新しい力学に取って代わられるであろうことは，十分に予想できる．

もっとも，相対論や量子論の出現を否応なく強制したような経験的事実は，現時点において未だ現れていないが．このような，量子力学のすぐ先にあると思われる力学のことを，ここでは「超量子力学」と呼んでおく．

　ところで，上述の観測問題との関連で言うならば，当該問題の最終的解決は，超量子力学の到来まで待たなくてはならないのでは，というのが筆者の予想である．これまでの議論は，量子力学を含む既知の理論の枠内で行われており，ために問題の解決にとって本質的な事柄を，われわれは未だ知らないのではないか，と思うからである．

　周知のように，ある言語の構造を，その言語を用いて分析すると矛盾に逢着する．分析のためには，従って，より高次の「超言語」を用いなくてはならない．そしてこのことは，観測理論の場合にも，そのまま当て嵌るのではなかろうか．もしそうであるとすると，従来の試みの総てには，表面上隠されているかもしれないが，もともと矛盾が含まれていることになる．問題の解決には，より高い立場，すなわち超量子力学からの検討が必要となるであろう．

　新力学が要望されるもう一つの理由として，最近の実験技術の進歩がある．従来は，例えば原子線——多原子の集合体——に対して行われていたような実験に代わって，原子一個ずつ——原子の単体——を追跡するような実験が可能となりつつある．

　しかし量子力学の扱う ψ は，統計的解釈によれば，個々の単体に対する実験結果の平均値，すなわち集合体に対する予言を与えるに止まる．個々の単体に対する個々の実験結果が物理的事実として厳然として存在する限り，それに対する理論がなくてはなるまい——物理理論が総ての物理的現実に対処すべきものであるとするならば，である．対象がたとえ原子であったとしても，つねに平均値だけで満足してはいられない状況が到来しつつあるのである．こうした単体に対して定量的予測を与え得る力学が，取りも直さず超量子力学であろう．ここでの主役は記号 Ψ であり，$\psi = \langle \Psi \rangle$ なる関係式が成り立つはずである．ただし $\langle \cdots \rangle$ は，単体に関する量の集合体についての平均値を表わす．

　(量子力学)→(超量子力学) なる転移を促す直接的な契機は，精密な実験結果の中に見出されるであろう．従ってそれは，'高' よりはむしろ '低' エネルギー物理学によって提供されるのではないか，と予想される．

朝倉書店編集部より本書の執筆依頼を受けたのは，筆者たちの筑波大学在職中であったから，今から十数余年も昔のことになる．そのための準備として，以来筆者たちが折にふれて書き溜めてきた「量子力学ノート」に，本書は基づいている．このような常識とは桁違いの長期間にわたり，ときに執筆を促しはするが，しかし決して強要はせず，ひたすら待ちの姿勢に徹せられた編集部スタッフの超忍耐力には，ひたすら驚嘆する他はない．この小著が，とにもかくにも，こうして日の目を見るに到ったことは，偏にスタッフの理解と督励の賜であり，ここに記して感謝申し上げる．

2002 年 11 月

索 引

ア 行

アハロノフ–アナンダン位相　158
アフィン接続係数　42

異常ケース (交換関係の)　89
位置置換　93
一般振動子　168

運動の恒量　143

H–J 表示　182
S 型方程式　34
エネルギー・運動量テンソル　242
エネルギー論　4
エネルギー量子　65
エルミート演算子　57
遠隔作用論　5

オイラー–ラグランジュ方程式　28, 64

カ 行

角変数　167
確率的解釈　58
確率波　3, 107
過剰完全　97
ガリレイ共変性　10
ガリレイ群　12
ガリレイ推進　30
ガリレイの相対性原理　11
ガリレイ変換　11, 12
干渉現象　124
慣性力　42
完全系　57
完全対称化の演算子　94
観測可能量　57

幾何学的位相　158

擬スカラー　32
奇セクター　91
期待値　58
木の枝近似　115
強等号　239
嚮導波　107
共変座標　18
共変的　17
共変テンソル　18
共変微分　42
共変ベクトル　18
共役量　20
局在状態　206
極小波束　98
局所性条件　87
局所場　87
近接作用論　5

偶奇性　32
偶セクター　91
クライン–ゴルドン型方程式　21
クライン変換　91
クラスター性　117
グラスマン数　98
繰り込み理論　232
クリストフェル記号　42
クリフォード代数　19

形式解　131
形状因子　87
形成演算子　12
計量テンソル　16
ゲージ変換　35
結合項　38
原子論　4
検針　102

交換関係　61

交換関係の正常ケース　89
交換子　13
光子　85
構造をもたない系　206
5脚場　33, 47
古典場　4, 82
コヒーレント状態　96
コペンハーゲン解釈　60
固有ガリレイ変換　12
固有状態　57
混合状態　91
コンプトン波長　200

サ　行

再帰時間　158
再帰状態　158
作用変数　167
作用量　167

g 因子　38
時間配列の演算子　138
時間発展の演算子　139
4脚場　47
自己充足的な交換関係の組　80
自己相互作用　106
実在波　2
質量超選択則　30
質量保存の法則　36
射影表現　21
弱等号　239
射線ベクトル　56
集合体　58
重畳原理　57
自由場　31, 82
シュレーディンガー演算子　84
シュレーディンガーの波動関数または確率振幅　107
シュレーディンガー表示　44, 61
シュレーディンガー方程式　27, 106
シュワルツの不等式　58
循環座標　168
純粋状態　91
状態　56
状態空間　56
消滅演算子　65
真空条件　76
真空状態　76
シンプレクティック群　67

吸い込み　112
ストークスの定理　161
スピノル　18

スピン接続係数　48
スピンと統計の定理　9, 86
スピンの流れ　25

正準量子化　67
正常ケース(交換関係の)　89
生成演算子　65
正統的解釈　60
正(負)振動部分　62
先進力　5
選択則　90

相互作用項　82
相互作用ハミルトニアン　82
相補的　102
測定　56
束縛条件　15

タ　行

第一次束縛条件　239
対応原理　63
対称群　92
対称変換　142
第二次束縛条件　239
第二量子化　7
多脚場　47
多重交換子　156
多重スピノル　20
断熱近似　135
断熱不変量　135, 167

遅延力　4
置換演算子　92
中心拡大　15
超選択則　90

強い局所性条件　88

ディラック括弧　240
ディラック方程式　25
電子　85

等価原理　54
統計性　9, 76
統計的解釈　58
同種粒子　86
動力学　84
動力学的位相　159
ド・ブロイの関係式　62

ナ　行

ノルム　59

索　引

ハ 行

場　3
バーグマン–ウィグナー型方程式　25
配位空間　107
ハイゼンベルクの運動方程式　62
ハイゼンベルク表示　45, 61
ハウスドルフの公式　156
パウリ行列　19
パウリ近似　25
パウリの排他律　86
波束　85
波束の収縮　59
波動演算子　103
波動場　3
波動力学　2
場に対する量子　85
場の量子化　7
場の量子論　3, 8
ハミルトニアン　29
ハミルトンの主関数　168, 182
ハミルトン–ヤコビの方程式　168
ハミルトン–ヤコビ表示　182
ハンケル関数　229, 252
反交換子　13
反復可能性　59
反変座標　15
反変テンソル　17
反変ベクトル関数　17

非エルミート　59
非可換ゲージ変換　141
非慣性系　39
非コンパクト群　68
ヒルベルト空間　56

フェルミオン　9
フェルミ型　69
フェルミ型量子化　8
フェルミ振動子　71
フェルミ統計　9, 86
フェルミ場　85
フェルミ物質　85
フェルミ粒子　86
フェルミ量子化　9
フォック空間　80
フォルディ変換　218
不可識別性　110
物質波　3, 100
物質不滅の法則　36
物理的観測　56
物理量　57

不変デルタ関数　229
プランク定数　33

平均二乗偏差　181
平均スピン　221
ベータ崩壊　115
ベクトル表現　21
ベッセル関数　196
ベリー位相　160
変換理論　76
変形されたベッセル関数　200, 252
変数置換　93

ポアソン括弧　13, 61
ポアソン分布　98
ポアンカレ群　231
ボーズ型　65
ボーズ型量子化　8
ボーズ振動子　67
ボーズ統計　9, 86
ボーズ場　85
ボーズ物質　85
ボーズ粒子　86
ボーズ量子化　9
ボゾン　9
保存量　143

マ 行

マックスウエル方程式　36

無限小因果律　6
無限小変換　142
無限大運動量系　17

明白な共変性　13, 21

ヤ 行

ヤングの実験　124

有限因果律　6
ユニタリ　59
ユニタリ表現　68

良い理論　232
横座標　17
弱い局所性条件　88

ラ 行

リー群　12
リー形成演算子　67
リー代数　68
リー超群　69

リー超代数　69
リー微分　243
粒子演算子　103
量子化　7
量子化条件　63
量子条件　63
量子の数を表わす演算子　65
量子場　8, 82
量子力学の解釈　60

量子力学の基礎仮定　56

ルジャンドル変換　248

ローレンツ共変性　9
ローレンツ変換　11, 13

ワ行

湧き出し　112

著者略歴

亀　淵　　迪（かめふち　すすむ）
1927年　石川県に生まれる
1950年　名古屋大学理学部卒業
1976年　筑波大学教授
現　在　筑波大学名誉教授
　　　　理学博士

表　　　實（おもて　みのる）
1943年　福井県に生まれる
1971年　東京教育大学大学院
　　　　理学研究科博士課程修了
現　在　慶應義塾大学商学部教授
　　　　理学博士

朝倉物理学大系 13
量子力学特論　　　　　　　　　　　定価はカバーに表示

2003年 2月 1日　初版第 1刷
2014年 3月25日　第 4刷

著　者　亀　淵　　　迪
　　　　表　　　　　實
発行者　朝　倉　邦　造
発行所　株式会社 朝　倉　書　店
　　　　東京都新宿区新小川町 6-29
　　　　郵便番号 162-8707
　　　　電　話 03(3260)0141
　　　　Ｆ Ａ Ｘ 03(3260)0180
　　　　http : // www.asakura.co.jp

〈検印省略〉

©2003〈無断複写・転載を禁ず〉　　　　東京書籍印刷・渡辺製本

ISBN 978-4-254-13683-8 C 3342　　　Printed in Japan

JCOPY 〈(社)出版者著作権管理機構 委託出版物〉
本書の無断複写は著作権法上での例外を除き禁じられています．複写される場合は，そのつど事前に，(社) 出版者著作権管理機構 (電話 03-3513-6969, FAX 03-3513-6979, e-mail: info@jcopy.or.jp) の許諾を得てください．

朝倉物理学大系

荒船次郎・江沢　洋・中村孔一・米沢富美子編集

1	解析力学 I	山本義隆・中村孔一
2	解析力学 II	山本義隆・中村孔一
3	素粒子物理学の基礎 I	長島順清
4	素粒子物理学の基礎 II	長島順清
5	素粒子標準理論と実験的基礎	長島順清
6	高エネルギー物理学の発展	長島順清
7	量子力学の数学的構造 I	新井朝雄・江沢　洋
8	量子力学の数学的構造 II	新井朝雄・江沢　洋
9	多体問題	高田康民
10	統計物理学	西川恭治・森　弘之
11	原子分子物理学	高柳和夫
12	量子現象の数理	新井朝雄
13	量子力学特論	亀淵　迪・表　實
14	原子衝突	高柳和夫
15	多体問題特論	高田康民
16	高分子物理学	伊勢典夫・曽我見郁夫
17	表面物理学	村田好正
18	原子核構造論	高田健次郎・池田清美
19	原子核反応論	河合光路・吉田思郎
20	現代物理学の歴史 I	大系編集委員会編
21	現代物理学の歴史 II	大系編集委員会編
22	超伝導	高田康民